동물매개치료를 위한 기본 지침서

동물매개치료 입문

김 옥 진 지음

동일출판사

PROLOGUE

동물매개치료는 동물을 사람 대상자의 치료 목적을 달성하기 위하여 중재의 도구로 활용하여 심리치료 또는 재활치료를 수행하는 것을 말한다. 국내외적으로 동물매개치료의 놀라운 효과는 과학적 연구 결과로 잘 알려져 있다.

국내에서도 한국동물매개심리치료학회(www.kaaap.org)가 2008년 창립되어 국내 동물매개치료의 학술적 지원과 자격을 갖춘 동물매개심리상담사를 양성하는 데 기여하고 있으며, 동물매개치료의 과학적 접근과 학술적 지원을 위하여 국내 유일의 동물매개치료 전공을 2008년 원광대학교 보건보완의학대학원에 신설하여 동물매개치료의 효과에 대한 과학적 학술활동을 수행하고 있다.

또한 지은이는 많은 노력을 기울여 2008년 국내 유일의 동물매개치료학 전공의 대학원 과정을 원광대학교 보건보완의학대학원 동물매개심리치료학과로 신설하여 동물매개치료 전문 인력 양성에 노력을 기울이고 있다.

그 동안의 학술활동을 통하여 습득한 동물매개치료의 놀라운 효과와 과학적 검증 결과들을 접하면서, 지은이는 동물매개치료를 보다 쉽게 이해하고 활동 가이드라인을 활용할 수 있도록 동물매개심리상담사와 동물매개치료를 학습하는 학생들에 도움을 드리고자 동물매개치료 표준 지침서로 활용될 수 있는 도서를 계획한 바 있다.

지은이는 그 동안 동물매개치료 관련 전문 서적을 국내에 보급하고자 노력하여, '동물매개치료와 심리상담, 동일출판사(2013)', '동물매개치료학, 동일출판사(2011)', '동물매개치료 이해와 적용, 문운당92012)', '동물매개치료, 학지사(2007)', '동물매개심리상담사 자격 수험서, 동일출판사(2013)', '동물매개예술치료, 이담북스(2014)', '동물매개치료-CTAC 방법: 개를 활용한 중재활동 기법과 프로그램, 문운당(2015)'과 같은 교재를 저술한 바 있다.

그 동안 동물매개치료 관련 많은 교재를 저술하면서, 다양한 자료를 참고하고 정리하며, 저자에 따른 용어 사용의 통일성, 활동에 필요한 기본 가이드라인의 부재 등의 아쉬움이 있어왔다. 이러한 저술 활동 동안에 느꼈던 필요성들을 모아, 이 번에 동물매개치료 용어의 정리와 기본 가이드라인을 포함한 동물매개치료 지침서를 작성하고자 계획을 하였다.

본 교재는 동물매개심리상담사와 동물매개치료 관련 전문가들에 동물매개치료의 표준 용어를 제공하고 활동에 필요한 가이드라인을 제시하는 기본 지침서로 동물매개치료 활동에 큰 도움을 줄 것으로 확신한다.

본 교재의 완성에 큰 도움을 주신 분으로 그 누구 보다 본 교재의 출판을 허락해 주시고 꼼꼼한 출간 작업으로 교재의 완성도를 높여주신 동일출판사 정창희 대표님에게 큰 감사를 드린다. 또한 동물매개치료 관련 자료의 수집과 정리를 맡아준 이시종 선생님과 바쁜 시간에도 기꺼이 동물매개치료에 의한 사회봉사활동을 매 학기 수행한 원광대학교 뉴퍼피드림 학생들의 노고를 잊을 수 없을 것이다. 여러 가지로 감사할 일들이 많았던 여름이었지만 특히 교재 작성을 꼼꼼히 도와준 홍선화 박사의 노고에 감사하고, 또한 원고 완성을 위하여 그림 작업과 꼼꼼한 교정 작업으로 노력해준 이현아 박사와 강원국 선생에게도 큰 감사를 드린다. 본 교재의 완성을 위하여 인용 및 발췌를 허락하여 주신 여러 선배님들에게 또한 감사드린다.

본 교재가 동물매개치료에 대한 이해를 도모하고 관련 활동과 연구의 방향을 제시하여 줄 수 있으면 하는 바람으로 이 글을 맺을까 한다.

지은이 김옥진
한국동물매개심리치료학회 회장
원광대학교 보건보완의학대학원 동물매개심리치료학과 교수
www.kaaap.org

CONTENTS

Chapter 05
치료도우미동물

Chapter 06
치료도우미동물 선택과 평가

Chapter 07
치료도우미동물의 복지

CONTENTS

Chapter 10

동물매개치료의 적용 분야

Chapter 11

대상자에 따른 동물매개치료

CONTENTS

CHAPTER 01

동물매개치료 개요

Introduction of Animal Assisted Therapy

Ⅰ. 동물매개치료 용어

Ⅱ. 인간과 동물의 유대

인간과 동물은 자연스럽게 상호 교감을 나누는 애정의 관계가 자연스레 형성되게 되는데, 이를 인간과 동물의 유대, Human animal bond, 줄여서 HAB라고 부르고 있다. 동물매개중재(Animal assisted Intervention; AAI)는 HAB의 이점을 활용하여 사람 대상자에 유익한 효과를 이끌어 내는 활동으로 동물을 활용하여 대상자에 영향을 주는 모든 계획 활동을 말한다. 동물매개중재의 한 분야로 동물매개치료는 대상자의 치료 목표를 설정하고 동물매개심리상담사가 심리치료와 재활치료를 수행하는 것을 말한다.

I. 동물매개치료 용어

학습목표

1. 동물매개치료 용어의 변화를 이해할 수 있다.
2. 동물매개치료 용어의 정의를 알 수 있다.
3. 동물매개치료 용어를 비교 정리할 수 있다.

1 용어의 변화

역사를 거슬러 올라가보면, 인류와 다양한 동물 종류들과의 긴밀한 관계들은 구석기 원시인부터 오랜 기간 동안 존재하여 왔다. 더욱이, 치료 프로그램에 길들여진 동물들을 적용하여 왔다. 집중적이고, 구조화되고 서류화되어 정리되는 동물을 활용한 프로그램은 상대적으로 최근에 이루어졌다. 결과적으로 이러한 영역에서 다양한 인쇄 서적들을 보면, canine therapy, co-therapist, animal assisted therapy 등의 다양한 용어들이 사용되고 있는 것을 발견하게 된다.

동물매개치료에 대한 많은 정의들이 있다. A.M. Beck은 "동물매개치료는 치료의 도구들로서 동물의 사용을 포함하는 것이다."라고 하였다. A.H. Katcher는 "동물매개치료는 접촉에 의한 동물들의 치료 능력 활용"이라고 하였고, Granger와 Kogan은 Delta Society(현재 Pet Partners)의 정의를 인용하여 "치료 과정의 통합 부분으로서 사람과 동물의 유대를 활용하여 치료 대상자들을 대하는 하나의 중재 활동"으로 이야기 하고 있다.

Delta Society(현재 Pet Partners)에 따르면, 동물매개치료(animal assisted therapy, AAT)와 구분되는 동물매개활동(animal assisted activities, AAA)의 목표는 사람과 동물의 유대를 활용하여 개인 대상자의 삶의 질을 향상시키는 것이지만, 치료사가 운영하는 전문 프로그램이 아니기 때문에 서류정리나 평가가 제대로 이루어지지 않는다.

동물매개치료에 관한 서적들이나 매뉴얼, 논문들, 강의들이나 연수프로그램들에서 우리는 사람과 동물 사이의 상호교감 활동을 뜻하는 아래 용어나 약자를 볼 수 있다.

AAA 동물매개활동(Animal Assisted Activities)
AAT 동물매개치료(Animal Assisted Therapy)
AAE 동물매개교육(Animal Assisted Education)

동물매개중재(animal assisted intervention; AAI)는 환자 또는 사용자와 치료적 상호반응 관점에서 이용되는 용어이고, 동물매개치료 용어를 포함하는 너무도 많은 용어들이 있다.

사람과 동물과의 상호반응들을 설명할 수 있는 다양한 용어들을 정확히 규정하고 설명하여 사용하는 것이 필요하다.

치료 therapy 대신 중재 intervention이라는 용어를 사용하면서, 사용되는 용어와 약자도 바뀌게 되었다. 대상자, 내담자라 할 수 있는 '치료 수혜자(Receiver of therapy; RT)'라고 부르던 용어도 '중재 수혜자(Receiver of intervention; RI)' 또는 동물매개중재 프로그램으로부터 이익을 받는 '사용자(User)', **대상자**라는 용어를 사용하고 있다.

치료전문가(Therapy Professional; TP)는 중재 전문가(Intervention Professional; IP), **동물매개심리상담사(Animal Assisted Psychotherapist)**로 부르게 되었다. **동물매개심리상담사**는 대상자의 건강이나 교육을 위한 활동을 관장하는 전문가를 말한다.

동물매개치료 테크니션(Animal Assisted Therapy Technician, ATT)은 동물중재 테크니션(animal assisted intervention technician, AIT), **펫파트너(Pet Partner)**로 부르게 되었다. **펫파트너**는 동물매개중재 활동 세션 동안 뿐 아니라, 활동 전·후의 동물의 신체 및 정신적 복지를 관리하는 전문가이다. **펫파트너**는 대상자와 동물 사이에 상호반응을 유도하고 증대시키는 역할을 수행한다.

새로운 용어로 **중재 단위(Intervention Unit; IU)**는 동물매개중재 세션 동안에 사용되어지기 위하여 특별히 선발되고 훈련된 치료도우미동물과 펫파트너 한 쌍으로 구성되는 활동 단위라 할 수 있다.

표 1-1. 동물매개치료와 관련된 용어

1. 동물매개중재(Animal Assisted Intervention, AAI)
2. 동물매개활동(Animal Assisted Activity, AAA)
3. 동물매개치료 (Animal Assisted Therapy, AAT)
4. 동물매개교육(Animal Assisted Education, AAE)
5. 대상자(Client, 내담자)
6. 치료도우미동물(Therapy animal)
7. 동물매개심리상담사(Animal Assisted Psychotherapist)
8. 펫파트너 (Pet Partner)
9. 도우미동물 평가사(Evaluator for therapy animal)
10. 동물행동상담사 (Animal Behavior Counselor)

2 용어의 정의

동물매개중재(Animal assisted Intervention; AAI)는 동물을 활용하여 대상자에 영향을 주는 모든 계획 활동을 말한다. 구상(conception), 개발(development), 실행(execution), 평가(evaluation)를 수행하는 전문가들에 따라 분류된다. 동물매개중재를 5개 범주로 분류할 수 있다.

동물매개중재(Animal assisted Intervention; AAI)

- 동물을 활용하여 대상자에 영향을 주는 모든 계획 활동
- 동물매개활동 + 동물매개치료 + 동물매개교육 + 기타 동물 활용 활동

1) 동물매개활동(Animal Assisted Activities; AAA)

팀에서 이전에 미리 마련해 놓은 프로그램을 활용하여 목표한 효과를 얻을 수 있도록 중재단위(IU)를 1명이나 더 많은 사용자(RI)인 대상자들로 구성하여 활동을 수행한다. 중재단위 IU는 활동에 활용되는 동물과 펫파트너로 구성된다.

동물매개활동을 도식으로 설명하면, 아래와 같다.

AAA = IU(동물 + 펫파트너) + RI(s).

즉, 동물매개활동은 중재단위로 구성된 활동 팀인 중재단위(IU)가 수혜자 RI인 대상자들과 이루어지는 활동이라 할 수 있다. AAA는 하나의 중재단위와 한 명의 대상자 또는 여러 대상자들이 매칭될 수 있다.

동물매개활동(Animal Assisted Activities; AAA)

- 동물을 활용하여 대상자와 상호반응을 얻는 활동
- 치료적 목표와 과학적 평가 과정이 부재된 동물을 활용한 프로그램 운영
- 동물매개심리상담사의 부재

2) 동물매개치료(Animal Assisted therapy; AAT)

목표한 건강 치료 효과를 얻을 수 있도록 전문가인 중재전문 IP인 **동물매개심리상담사**가 '중재 수혜자(receiver of intervention; RI)인 **대상자**와의 세션 동안 **치료도우미견**이 대상자 RI를 위한 촉매 역할과 동기 부여 및 지원의 기능을 수행한다. **중재단위(IU)**에 정신과, 신경학, 심리학, 간호, 물리치료, 작업치료 등의 전문가들이 포함될 수 있다. 임상을 위한 자격증, 학위를 가진 모든 전문가들이 치료 목표 달성을 위해서 계획된 역할들을 수행한다.

동물매개치료를 도식으로 설명하면, 아래와 같다.

AAT = IU(치료도우미동물+펫파트너) + IP + RI.

즉, 동물매개치료는 중재단위로 구성된 활동 팀 **중재단위(IU)**가 **동물매개심리상담사**(중재전문가 IP)와 **대상자**(수혜자 RI)와 이루어지는 치료 목표 지향적인 전문 프로그램이라 할 수 있다.

동물매개치료는 **동물매개심리상담사**(중재전문가 IP)가 반드시 필요하며, 하나의 중재단위와 한 명의 사용자가 매칭 된다.

동물매개치료(Animal Assisted therapy; AAT)

- 대상자의 목표한 **치료 효과**를 얻을 수 있도록 **동물매개심리상담사**가 전문 지식을 활용하여 치료 목표 달성을 위한 프로그램의 준비와 과학적 평가 등의 잘 짜인 계획된 치료 활동

3) 동물매개교육(Animal Assisted Education; AAE)

목표한 교육 효과를 얻을 수 있도록 전문가인 동물매개심리상담사(중재전문 IP)가 대상자(중재 수혜자, receiver of intervention; RI)와의 세션 동안 치료도우미견이 대상자 RI를 위한 촉매 역할과 동기 부여 및 지원의 기능을 수행한다.

동물매개교육을 도식으로 설명하면, 아래와 같다.

AAE = IU(치료도우미동물+펫파트너) + IP+ RI.

즉, 동물매개교육은 중재단위로 구성된 활동 팀 중재단위(IU)가 교육 중재전문가 IP인 동물매개심리상담사와 대상자(수혜자 RI)와 이루어지는 교육 목표 지향적인 전문 프로그램이라 할 수 있다.

동물매개교육(Animal Assisted Education; AAE)

대상자의 목표한 **교육 효과**를 얻을 수 있도록 **동물매개심리상담사**가 전문 지식을 활용하여 교육 목표 달성을 위한 프로그램의 준비와 과학적 평가 등의 잘 짜인 계획된 교육 활동 **교육 목표 지향적인 전문 프로그램**

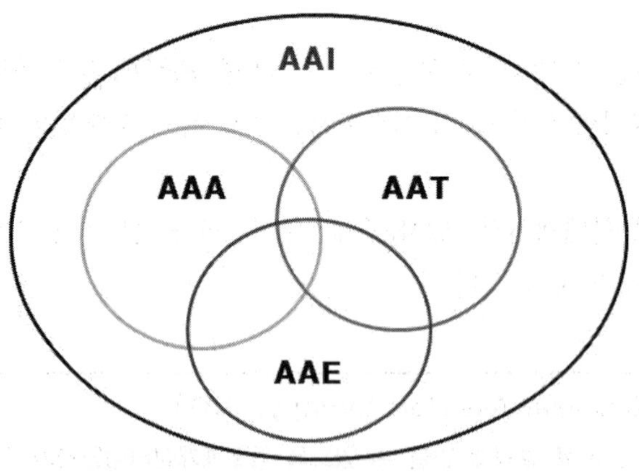

[AAI: 동물매개중재, AAA: 동물매개활동, AAT: 동물매개치료, AAE: 동물매개교육]

그림 1-1. 동물매개중재의 범위

4) 동물매개평가(Animal Assisted Evaluation; AAEv)

진단 또는 치료 프로그램을 평가하기 위하여 대상자(수혜자 RI)와 동물 사이의 상호반응 이점들을 평가할 수 있도록 다학제적 분야로 구성된 팀(inter-disciplinary team)과 중재단위로 구성된 활동 팀 중재단위(IU)가 함께 평가를 수행한다.

동물매개평가를 도식으로 설명하면, 아래와 같다.

AAEv = IU + inter-disciplinary team+ RI

즉, 동물매개평가는 중재단위로 구성된 활동 중재단위(IU)가 다학제적 분야로 구성된 팀 inter-disciplinary team과 대상자(수혜자 RI)와 이루어지는 평가 수행활동이라 할 수 있다.

5) 동물상주 프로그램(Animal Resident Program; PAR)

동물이 사용자가 있는 기관 안에 상주하여 키우게 하면서 대상자들과 매일 일상을 함께 하도록 하는 것이다. 이러한 동물은 치료도우미견으로 특별히 훈련 받고 같은 기관에서 동물매개중재 활동에 활용될 수 있다.

6) 인간과 동물의 유대(Human Animal Bond; HAB)

사람과 동물의 긍정적 상호반응을 유도하는 관계로 인간과 동물의 상호작용(Human Animal Interaction: HAI)이라고도 한다.

7) 대상자(Client, 내담자)

① 도움을 필요로 하는 사람
② 동물매개중재 활동의 목표가 되는 증상이나 질병, 부족을 가지고 있는 사람

8) 동물매개심리상담사(Animal Assisted Psychotherapist)

한국동물매개심리치료학회에서 인증을 받은 동물매개치료 프로그램을 운영하는 전문가
= 이전 용어: 동물매개치료사(Animal Assisted Therapist)

9) 치료도우미동물(Therapy animal)

① 동물매개중재 활동에 활용될 수 있는 일정한 자격을 갖춘 동물
② 한국동물매개심리치료학회의 정해진 기준에 따른 수의학적 관리, 훈련, 동물복지적 기준을 충족하는 동물로서 평가에 합격하고 인증된 동물
③ 치료도우미견(Therapy dog)
④ 치료도우미 고양이(Therapy cat)

10) 펫파트너(Pet Partner)

동물매개치료 활동에서 치료도우미동물과 파트너로 활동할 수 있는 자격을 한국동물매개심리치료학회에서 취득한 자

11) 도우미동물 평가사(Evaluator for therapy animal)

동물매개치료 활동에 있어서 치료도우미동물을 평가할 수 있는 자격을 한국동물매개심리치료학회에서 취득한 자

12) 동물행동상담사(Animal Behavior Counselor)

동물행동상담을 수행할 수 있는 자격을 한국동물매개심리치료학회에서 취득한 자

13) 동물에 따른 동물매개치료 종류

(1) 치료도우미견 이용한 동물매개치료

Canine Visiting Program, Canine Assisted Therapy, Pet Therapy, 동물보조요법

(2) 말을 이용한 동물매개치료(재활승마)

승마치료, 재활승마, Equine Assisted Therapy, Hippotherapy

(3) 돌고래를 이용한 동물매개치료(돌고래매개 치료)

Dolphin Assisted Therapy, Dolphin Therapy

14) 적용 분야에 따른 분류

(1) 동물매개심리치료(Animal Assisted Psychotherapy)

심리치료를 목표로 하는 동물매개중재 활동

(2) 동물매개재활치료(Animal Assisted Therapy in Rehabilitation)

재활치료를 목표로 하는 동물매개중재 활동

(3) 동물매개심리상담(Animal Assisted Counselling)

심리상담을 목표로 하는 동물매개중재 활동

(4) 동물매개교육(Animal Assisted Education)

대상자의 교육을 목표로 하는 동물매개중재 활동

3 용어의 비교 정리

동물매개치료와 관련된 용어를 정리하면 〈표 1-2〉과 같다.

표 1-2. 동물매개치료 관련 용어

	중재 명칭	중재 참여 구성원			
		대상자 (내담자, 수혜자)	동물매개 심리상담사 (중재전문가)	중재단위(IU)	
				펫파트너 (동물중재테크니션)	치료도우미견
동물매개중재 (AAI)	동물매개활동(AAA)	O	–	O	O
	동물매개치료(AAT)	O	O	O	O
	동물매개교육(AAE)	O	O	O	O
	동물매개평가(AAEv)	O	O	O	O
	동물상주프로그램(ARP)	O	–	–	O

II. 인간과 동물의 유대

학습목표

1. 인간과 동물의 유대 개념을 이해할 수 있다.
2. 인간과 개의 유대에 대해 알 수 있다.
3. 인간과 동물의 유대 이점을 이해할 수 있다.

1 인간과 동물의 유대

1) 인간과 동물의 유대 역사

인류는 목적에 따라서 동물을 길들여 사육하게 되었는데, 이를 축화 또는 가축화(domestication)라고 부른다. 인류가 가장 먼저 길들여 함께 생활한 동물은 개라 할 수 있다. **기원전 1만 2천 년 전의 구석기 원시인**들이 이미 개를 길들여 함께 생활한 것을 화석이나 여러 가지 유물을 통하여 알 수 있다. 개를 인류가 길들인 목적으로는 야생 동물의 공격으로부터 집을 지키거나 사냥에 도움을 주는 목적이었을 것으로 추정하고 있으나, 흥미로운 화석으로는 구석기 원시인 무덤에서 온전한 개의 뼈가 발굴된 예가 있다. 이러한 사실로부터 구석기 원시인들조차도 개와 교감을 나누며 함께 생활하는 반려동물로 여겼다는 것을 알 수 있다.

오늘날 **반려동물로 가장 대표적인 동물은 개와 고양이**라 할 수 있다. **개는 가장 먼저 인류가 길들인 반려동물로 인간과 상호 교감이 가장 뛰어난 동물**이라 할 수 있다. 고양이는 기원전 약 5,000년 전에 가축화되었다. 인류가 정착생활을 하여 식량으로 곡물을 생산하면서 수확한 곡물창고에 쥐떼가 모여들자 쥐를 사냥하기 위해서 고양이를 창고지기로 활용하였고 이 후 왕실이나 귀족사회에서 애완동물로 사육된 것으로 알려져 있다.

애완 고양이의 특징은 동작이 아름답고, 집안에서 기르기에 알맞고, 청결한 성격으로 애완동물로서 큰 사랑을 받고 있다. 고대 이집트 벽화 속에서 고양이의 모습을 볼 수 있다. 오래 전부터 고양이는 인류와 함께 생활을 하였다는 것을 알 수 있다. 오늘날 고양이는 애완동물이 아닌 반려동물로 받아들여지고 있으며 사람들의 많은 사랑을 받고 있다.

이와 같이, **반려동물들은** 처음 사람들의 필요에 의해 실용적으로 야생동물로부터 길들여져 사람과 함께 살게 되었으나, **사람과 상호 교감이 지속적으로 발달하여 오늘날 가족과 같은 반려동물로 받아들여지게 되었다.**

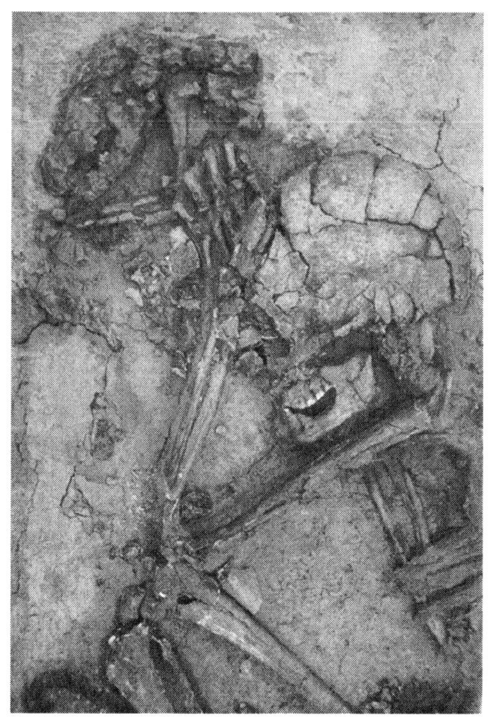

출처 : SCIENCE, 348 (6232):277~279, 17 APRIL 2015

그림 1-2. 구석기 원시인과 개의 화석: 북부 이스라엘에서 발굴한 기원전 1만 2천년전 구석기 원시인 화석

인간과 동물의 유대(human and animal bond, HAB)는 이와 같이 동물과 사람 간에 끈끈한 감정을 말한다. 인간과 동물의 유대는 구석기 무덤의 주인과 개의 관계에서 보듯이 사람이 가장 먼저 가축화한 개와 가장 먼저 이루어졌을 것으로 판단되며, 오늘날 인간과 동물의 유대는 개와 고양이 같은 반려동물들뿐만 아니라 말이나 야생동물과 같은 다양한 동물 종에서도 접촉하는 사람과 동물 간에 이루어지고 있다.

인간과 동물의 유대는 사람과 동물과의 상호작용에서 생기는 사람과 동물 쌍방에 정신적, 신체적으로 생기는 좋은 효과를 인식해 사람과 동물 쌍방의 행복을 증진시키고 양자의 복지를 증진할 수 있다. 인간은 사육하는 동물과의 상호 교감으로부터 많은 이로운 반응들을 얻을 수 있다. 최근 인간과 동물의 유대에 대한 체계적인 연구가 활발히 수행되고 있으며, 이를 이용한 사람의 치료, 즉 동물매개치료가 수행되고 있다.

2 인간과 개의 유대

1) 무조건적인 복종과 사랑

동물이 우리에게 주는 무조건적인 사랑이 사람들이 동물과 함께 활동하면서 즐거움과 정신적 위안을 갖게 되며, 이러한 효과가 다양한 치료 효과를 유도한다.

〈**그림 1-3**〉은 도쿄의 시부야 역 앞에 있는 하치코 개의 동상인데, 실제로 있었던 실화를 바탕으로 얼마 전에는 미국의 리처드 기어가 주인공으로 영화가 만들어진 것도 볼 수 있다. 하치코의 예와 같이, 반려동물은 인류와 오랜 역사를 가지고 있고, 무조건적인 사랑을 보여 주는 강한 유대 관계를 형성하고 있다.

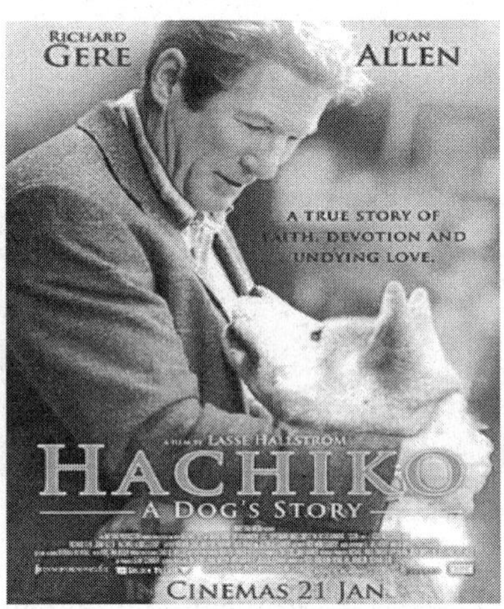

그림 1-3. 일본 시부야 전철역의 충견 하치코 동상과 영화의 한 장면

〈**그림 1-4**〉은 전북 임실군 오수면에 있는 오수의견 동상과 의견비이다. 오수의견은 고려시대 김개인이 술에 취해 산에서 잠이 들었는데, 화재가 나 위험한 처지에 처한 것을 따르던 개가 물을 적셔 주인을 구하고 죽은 이야기에 감동을 받은 고려 충렬왕이 그 충성심을 기리기 위해 특별히 하사하여 세운 비로 전세계적으로 유일하게 왕이 세운 개 비석이다.

이와 같이 개들은 자신의 주인을 위해 무조건적인 사랑을 보여 주고, 이러한 사랑이 사람에게 위안과 치유의 힘을 주는 것으로 해석할 수 있다.

그림 1-4. 전북 임실군 오수면의 오수의견 동상과 의견비

2) 사람과 개의 상호반응에 의한 생리적 변화

사람과 개가 서로 눈을 응시할 경우 사랑의 호르몬이 분비돼 교감을 느끼는 것으로 나타났다.

일본 아자부대 동물과학과 미호 나가사와 교수 연구진은 개와 사람이 서로 오랫동안 응시하게 되면 뇌에서 사랑과 신뢰의 호르몬으로 알려진 '옥시토신'이 분비, 서로 교감하며 친밀감을 느낀다고 밝혔다. 연구결과는 세계적 과학저널 '사이언스' 2015년 4월호에 게재됐다.

연구진은 30마리의 개와 그들의 주인을 작은 방에 가둔 뒤 쓰다듬거나 말을 걸고, 서로 응시하도록 했다. 그 뒤 소변을 채취해 분석한 결과 개와 주인 모두 옥시토신의 분비량이 늘어난 것이 확인됐다. 오랫동안 응시할수록 옥시토신의 양은 많았다. 개의 코에 옥시토신을 발라놓았을 때는 더 오랫동안 주인을 바라보는 것으로 나타났다. 이런 개를 본 주인의 뇌에서도 더 많은 옥시토신이 분비됐다.

자궁수축 호르몬으로 알려진 옥시토신은 친밀감을 느끼게 해주는 역할을 한다. 산모가 아기에게 젖을 물릴 때도 분비되며 여성이 남성에게 모성본능을 느낄 때도 많이 분비되는 것으로 알려져 왔다. 옥시토신을 코에 묻히면, 상대방을 더욱 친밀하게 느끼는 연구결과도 이미 발표된 바 있다.

연구진은 개와 인간의 눈맞춤이 옥시토신을 분비하게 된 이유는, 개가 인간과 친밀하게 지내기 위한 진화의 결과물이라고 설명했다. 같은 실험을 개의 조상인 늑대(인간에게 길들여진 늑대)를 대상으로 시행했지만 옥시토신이 전혀 분비되지 않았기 때문이다. 나가사와 교수는 "늑대가 처음 인간에게 길들여진 뒤, 친한 친구가 될 수 있었던 이유가 바로 옥시토신 덕분"이라며 "초기 개가 그들의 새로운 가족인 인간과 친해지기 위해 인간이 옥시토신을 분비하는 능력을 진화시켜 왔다"고 설명했다. 학계에서는 늑대가 약 3만~1만 5000년 전 인간과 함께 살기 시작하며 가축화된 것으로 보고 있다.

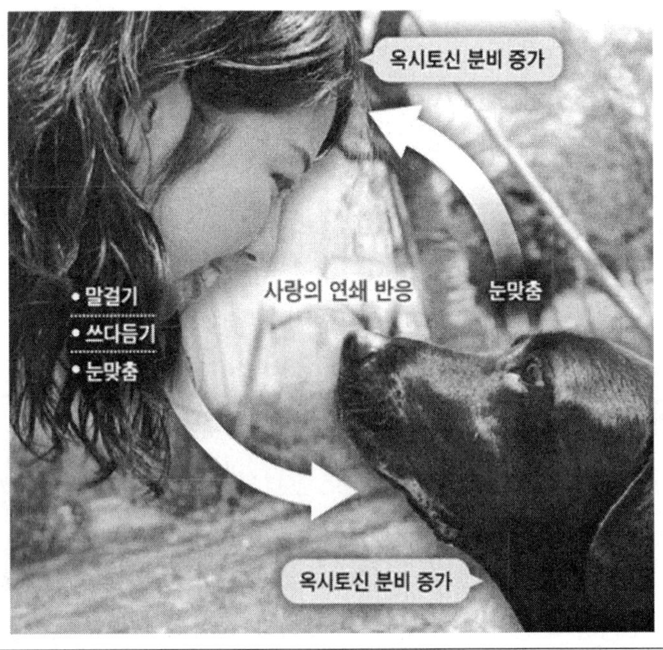

출처 : SCIENCE, 348 (6232):333~336. 17 APRIL 2015

그림 1-5. 인간과 개의 유대에 의한 옥시토신 분비

3 인간과 동물의 유대에 의한 이점

1) 반려동물의 이점

인간과 동물은 자연스럽게 상호 교감을 나누는 애정의 관계가 자연스레 형성되게 되는데, 이를 **인간과 동물의 유대,** Human animal bond, 줄여서 HAB라고 부르고 있다.

심리학적으로 인간은 사랑을 받고자 하는 기본 욕구를 가지고 있다고 한다. 인간은 부모로부터, 친구로부터, 자녀로부터 뿐만 아니라, 다른 주변 사람들에게서 **사랑 받기를 원하고 또한 자신들이 가치 있다고 느끼기를 원한다**는 것이다. 소외감과 고독감은 현대 사회를 살아가는 모든 사람들의 문제일 수 있다. 인간의 가장 기본적인 욕구는 상대방으로부터 사랑받고 싶은 마음이라 할 수 있는데, 주변의 사람들로부터 조건 없는 사랑을 받기란 여간 어려운 일이 아니다. 심지어 부부 간에도, 부자간에도 정도의 차이는 있지만 서로에게 주고받는 보상이 필요하며, 대인 관계에서 사람들은 무의식 중에 늘 상대방에게 잘 보여야 한다는 생각과 평가 받고 있다는 강박관념에 일종의 긴장 상태를 유지해야 한다.

반려동물들은 인간들과 자연스레 상호 교감, 즉 HAB를 형성하며, 인간들의 사랑에 대한 필요를 충족시켜줄 수 있다. 사람들은 다른 사람들에게서 끊임없는 평가를 받는 긴장 관계에 노출되어 있다 할 수 있다. 내가 다른 사람들에게서 사랑은 받기 위해서는 그들의 요구조건에 합당한 행동을 보여 주어야 한다는 스트레스를 받고 있다고 할 수 있다.

반려동물들은 주인에게 무조건적인 애정과 사랑을 보여주기 때문에, 반려동물과의 상호작용은 대상자들이 다른 사람들로부터 거부되거나 부정적 평가를 받을 수 있다는 불안감을 해소시켜줄 수 있다.

반려동물은 이와 같이 인간에게 조건 없는 사랑을 주는 상호교감의 동반자적인 관계로서 일상의 **스트레스에 지친 현대인들에게 청량제와 같은 휴식을 제공하는 존재**라 할 수 있다. 이러한 반려동물의 역할은 **현대인들에게 정신적 위안과 상처 받은 마음의 치유 기능까지 제공**할 수 있다.

표 1-3. 반려동물과 함께하면 얻을 수 있는 10가지 좋은 점

1. 스트레스를 줄인다.	6. 사람들과의 사회화 과정이 쉬워진다.
2. 혈압수치를 낮춘다.	7. 뇌졸중을 방지한다.
3. 고통을 인내하는 능력이 향상된다.	8. 혈당체크를 빠짐없이 유지 관리한다.
4. 콜레스테롤을 낮춘다.	9. 알러지를 예방하고 면역력을 증가시킨다.
5. 정신적, 감성적 모드를 풍부하게 유지시킨다.	10. 아이들의 감수성 발달을 증대시킨다.

2) HAB를 이용한 동물매개치료

인간과 동물의 유대감과 관계에 대한 많은 연구들과 반려동물이 인간에게 주는 이점들에 대한 많은 연구들이 있다. 많은 전문가들은 동물들이 사람의 사회성을 증가시키고 통증을 잊게 해 주기도 한다고 하였다. 많은 연구가들이 동물이 인간의 삶의 질을 향상시킨다고 보고하고 있다. HAB를 활용하여 환자의 마음을 안정시키고 심리적 치료를 돕거나, 관련 프로그램을 활용하여 환자의 재활을 돕는 치료적 목적의 동물 중재 활동을 **동물매개치료**(animal assisted therapy, AAT)라 한다.

동물매개치료의 환자에 대한 치료 효과 유발의 기원은 환자가 중재활동을 하고 있는 동물들에서 느끼는 유대감, 즉 HAB로부터 나올 수 있다고 할 수 있다. 동물매개치료는 다양한 프로그램들로 구성되는데, 동물매개심리상담사가 환자에 적합한 프로그램을 준비할 때, 가장 중요한 요소는 HAB가 가장 활발히 이루어질 수 있는 방향이라 할 수 있다. HAB의 실제적인 적용은 임상 활동으로 환자들의 치료를 도울 수 있는 동물매개치료라 할 수 있으며, 동물매개치료의 프로그램들은 대상 환자들의 HAB를 활성화할 수 있는 방법들을 동원하여 이루어지고 있다. 최근 동물매개치료 프로그램을 통하여 환자의 건강을 향상시킨다는 많은 보고들이 있으며 과학적인 연구를 위한 다양한 활동들이 수행되고 있다.

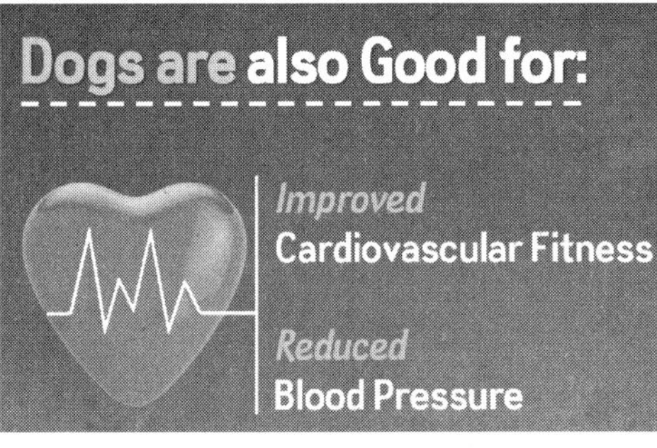

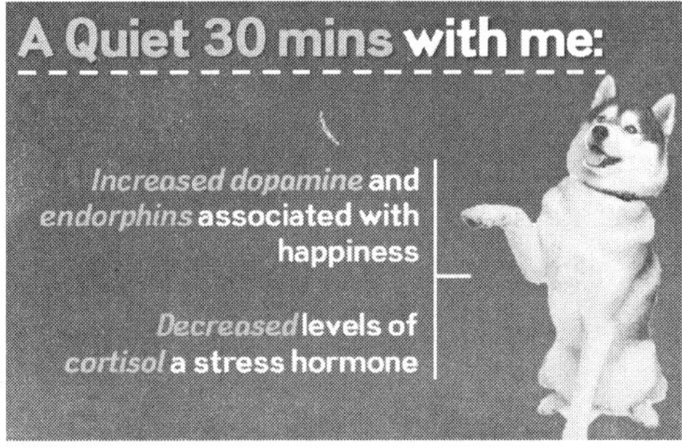

출처 : The Health Benefits of Dogs by The Presentation Designer

그림 1-6. 반려견이 주는 이점

Q&A

대상자란?

- 내담자(client), '치료 수혜자(Receiver of therapy; RT)', '중재 수혜자(Receiver of intervention; RI)' 또는 동물매개중재 프로그램으로부터 이익을 받는 '사용자(User)를 말하며, 동물매개중재활동의 중재 목표가 되는 환자 또는 해당 참여자를 말함.

동물매개심리상담사(Animal Assisted Psychotherapist)란?

- 동물매개치료사, 치료전문가(Therapy Professional; TP), (Intervention Professional; IP)로 불리며, 동물매개중재 활동을 관장하는 전문가를 말한다.

라포(rapport)란?

- 라포르(rapport), 라포 또는 라뽀는 사람과 사람사이에 생기는 상호신뢰관계를 말하는 심리학용어이다. 프랑스어로 환자와 의사 사이의 심리적 신뢰 관계를 뜻하는 말이다. 서로 마음이 통한다든지 어떤 일이라도 터놓고 말할 수 있거나, 말하는 것이 충분히 감정적으로나 이성적으로 이해하는 상호 관계를 말한다.

Tips 알아둡시다

라포 형성의 기술

심리학자들은 라포를 **촉진적인 인간관계**라 하며 대표적 기술들은 아래와 같다.

① 동물을 중재로 활용하여 쉽고 빠르게 강한 라포 형성을 얻을 수 있다.
② 자신과 상대를 편안하게 하기. 가벼운 대화 등으로 시작.
③ 상대가 보이는 얼굴표정, 신체반응, 목소리 등 비언어적 행동을 잘 읽고 적절한 반응을 해준다.
④ 상대가 거리를 유지하고 피하면 기다리고 천천히 다가감.
⑤ 상대가 비유를 사용하여 말하면 그 비유를 그대로 사용하여 반응함
⑥ 상대를 공감하고 존중하며 일치하는 점을 찾으려 이해한다.
⑦ 상대에 대한 무조건적인 긍정적 관심을 표현한다. 상대가 어떤 것이든 느끼는 그대로 표현하도록 한다.
⑧ 다른 생각에 잠기지 않는다. 상대의 주의를 산만하게 할 일을 피한다.
⑨ 다른 사람과 결부시키지 않는다.

단원학습정리

1. 동물매개중재(Animal assisted Intervention; AAI)는 동물을 활용하여 대상자에 영향을 주는 모든 계획 활동을 말한다.
2. 동물매개활동(Animal Assisted Activities; AAA)은 동물을 활용하여 대상자와 상호반응을 얻는 활동으로 동물매개심리상담사가 없는 상태의 활동이다.
3. 동물매개치료(Animal Assisted therapy; AAT)는 대상자의 목표한 치료 효과를 얻을 수 있도록 동물매개심리상담사가 전문 지식을 활용하여 치료 목표 달성을 위한 프로그램의 준비와 과학적 평가 등의 잘 짜인 계획된 치료 활동이다.
4. 동물매개교육(Animal Assisted Education; AAE)은 대상자의 목표한 교육 효과를 얻을 수 있도록 동물매개심리상담사가 전문 지식을 활용하여 교육 목표 달성을 위한 프로그램의 준비와 과학적 평가 등의 잘 짜인 계획된 교육 활동이다.
5. 인간과 동물의 유대(Human Animal Bond; HAB)는 사람과 동물의 긍정적 상호반응을 유도하는 관계로 인간과 동물의 상호작용(Human Animal Interaction: HAI)이라고도 한다.
6. 동물매개심리상담사(Animal Assisted Psychotherapist)는 한국동물매개심리치료학회에서 인증을 받은 동물매개치료 프로그램을 운영하는 전문가이다. 예전에는 동물매개치료사(Animal Assisted Therapist)로 불렀으나 보건복지부 정책에 따라 동물매개심리상담사로 변경되었다.
7. 펫파트너(Pet Partner)는 한국동물매개심리치료학회에서 인증한 동물매개심리상담 활동에서 치료도우미동물과 파트너로 활동할 수 있는 자격을 갖춘 자를 말한다.
8. 치료도우미동물(Therapy animal)은 한국동물매개심리치료학회의 정해진 기준에 따른 수의학적 관리, 훈련, 동물복지적 기준을 충족하는 동물로서 평가에 합격하고 인증된 동물을 말한다.
9. 중재단위(IU)는 치료도우미동물과 펫파트너가 구성된 한 팀을 말하며, 동물매개중재 활동 과정 동안에 대상자와 상호작용을 유도하는 역할을 수행한다.

쉬어가기

동물이 주는 감정이입에 의한 공감 효과

연구결과에 따르면 가족의 구성원으로 동물을 받아들이는 가정에 살고 있는 어린이들은 동물을 키우지 않는 집의 어린이들 보다 감정이입이 잘되고 사회성이 높다.

어린이들은 동물을 동료(peers)로서 받아들이고 감정이입에 의한 공감(empathy)이 되어 동물들을 가르치려 한다. 이러한 과정에서 어린이들은 낯선 사람과의 초기 접촉시 서로 대화하고 친해지는 사회성을 비교적 접근이 쉬운 동물과의 관계형성을 통하여 향상시킬 수 있고 나아가 다른 사람들과의 원만한 관계형성에도 도움을 받을 수 있다.

어린이들은 동물들과 함께 보는 것을 함께 느끼고, 함께 놀며 사회성을 키우게 된다. 동물들은 단순한 행동을 하기 때문에 어린이들은 사람으로부터 감정을 느끼는 것보다 쉽게 동물들로부터 감정을 느낄 수 있다.

공감(empathy)은 동물들과의 경험으로부터 사람과의 경험으로 나이가 들어감에 따라 옮겨질 수 있고 자연스러운 사회성의 향상으로 결과되어진다. 이러한 감정이입에 대한 연구는 길들여진 반려동물을 비롯한 애완동물에 국한되어 있지만, 야생동물도 공감(empathy)의 발달과 감정의 전이 기회를 제공할 것으로 추정된다.

CHAPTER 02

동물매개치료 역사

History of Animal Assisted Therapy

Ⅰ. 동물매개치료 기원과 발전

Ⅱ. 국내외 동물매개치료의 현황

기원전 1만 2천 년 전, 구석기 원시인들도 그들이 키우던 개들과 교감을 통하여 인간과 동물의 유대를 형성하였을 것으로 추정된다. 동물매개치료의 역사는 이와 같이 구석기 시대 인류의 역사부터 시작한다고 할 수 있다.

동물매개치료의 발전에 기여한 사람들은 나이팅게일과 보사드 박사, 프로이드 박사 및 레빈슨 박사 등이 있으며, 동물매개치료는 다양한 영역에 적용이 확대되고 있다. 미국의 가장 큰 동물매개치료 단체는 Delta Society인데, 최근 'Pet Partners'로 명칭이 변경되었다. 국내는 '한국동물매개심리치료학회'가 유일한 동물매개치료 학술단체이다.

Ⅰ. 동물매개치료 기원과 발전

학습목표

1. 동물매개치료의 기원에 대하여 알 수 있다.
2. 동물매개치료 발전에 기여한 사람들에 대해 알 수 있다.

1 동물매개치료의 기원

기원전 1만 2천 년 전, **구석기 원시인**들도 그들이 키우던 개들과 교감을 통하여 **인간과 동물의 유대**를 형성하였을 것으로 추정된다. 동물매개치료의 역사는 이와 같이 **구석기 시대 인류의 역사부터 시작**한다고 할 수 있다.

이 후 인류는 다양한 동물을 길들여 가축화하여 함께 살게 되었고, 인간과 동물의 유대는 자연스럽게 형성되었을 것으로 추정된다. 〈**그림 2-2**〉와 같이 약 2천 5백 년 전의 이집트 벽화에서는 반려견과 함께 산책하는 모습의 벽화가 발견되고 있다. 반려동물은 특히 인류와 강한 유대감을 형성하면서 오늘날 현대인들에게 정신적 위안과 사랑을 주는 소중한 가족과

그림 2-1. 기원전 1만 2천 년 전 구석기 원시인 무덤에서 발굴된 개의 화석

같은 존재로 받아들여지고 있다.

인간과 동물의 유대의 역사는 이와 같이 인류의 시작부터 형성되었고, 자연스레 형성된 인간과 동물의 유대는 사람의 건강을 위한 동물의 다양한 효과를 불러일으키고 이러한 현상을 활용한 동물매개치료로 발전되게 되었다.

그림 2-2. 기원전 2천 5백년 전 고대 이집트 벽화에서 볼 수 있는 개와 산책하는 사람

2 동물매개치료의 발전에 기여한 사람들

1) 나이팅게일

간호 영역에서 애완동물을 활용한 치료는 **1800년대**부터 존재하였다. Florence Nightingale (간호사 나이팅게일, 1820~1910)은 동물을 활용한 치료인 동물매개치료의 효과에 대하여 실질적인 발견을 하였다. **나이팅게일**은 동물들이 환자들의 좋은 동반자 역할을 한다고 추천하였고 환자의 치료 촉진을 위하여 **동물을 활용한 간호 활동**을 적극 활용하였다. **〈그림 2-3〉**은 나이팅게일과 그녀의 애완용 새인 올빼미 '아테나'의 모습이다.

나이팅게일은 "장기입원 환자에게 작은 애완동물이 우수한 동반감을 제공 한다. 케이지 안의 애완용 새가 수년 동안 같은 병실에 갇혀져 있는 환자들에게 종종 유일한 즐거움을 제공할 수 있다."고 하였다

그림 2-3. 나이팅게일과 그녀의 애완 올빼미 '아테나'

2) 프로이드

상담 영역에서의 동물매개치료는 이미 정신분석학 분야에서 저명한 **프로이드(지그문트 프로이트,** 1856~1939) 박사가 그의 반려견 차우차우 종인 조피와 함께 심리상담을 실시하면서 상담에서 보조치료사로서 개의 역할은 잘 알려져 있다. 〈**그림 2-4**〉와 같이 조피는 치료 세션을 진행할 때, 가만히 앉아 있는 것만으로도 상담치료에 도움을 주는 것을 프로이트 박사가 알게 되었다. 조피가 치료실 안의 긴장 분위기를 감소시키고 환자들은 쉽게 마음을

그림 2-4. 프로이드(지그문트 프로이트) 박사와 그의 애견 조피

열고 상담을 하는 것이었다. 이와 같이 프로이드 박사는 상담 영역에서 치료도우미동물의 활용이 치료 효과를 높이는 것을 확인하고 상담의 한 분야로 동물매개치료를 병합하여 즐겨 수행하였다.

3) 보사드

1944년에 **제임스 보사드(James H.S. Bossard)** 박사는 반려동물로서 개를 기르는 것이 그 주인에 치료적 이점을 주는 것에 대하여 보고하였다. 이 연구 보고에는 반려동물을 기르는 이점에 대하여 여러 가지를 서술하고 있다. 반려동물은 주인에게 무조건적인 사랑의 원천, 사랑을 표현하기 위한 사람들의 욕구를 받아줄 수 있는 대상, 아동에게 배변훈련이나 성교육과 책임과 같은 주제들에 대한 선생님의 역할, 사회적 윤활제, 반려동반자 역할을 할 수 있는 것으로 알려져 있다(Fine, 2000).

4) 레빈슨

1962년에 미국의 소아정신과 의사인 보리스 레빈슨 박사는 현대의학적인 관점에서 동물매개치료를 정립하고 발전시키는 데 크게 기여 하였다. **보리스 레빈슨 박사**는 **'보조치료사로서 개(The dog as a co-therapist)'**라는 제목으로 출판한 논문에서 사람의 치료 영역에서 동물들의 중재 활동들의 이점에 대한 보사드 박사의 생각을 더욱 정립하여 밝혔다(Fine, 2000).

레빈슨 박사는 **'애완동물치료(pet-therapy)'**, **'애완동물 기반 심리치료(pet-oriented psychotherapy)'**, **'사람-반려동물치료(human-companion animal therapy)'**라는 명칭을 도입하였다(Fine, 2000).

레빈슨 박사는 자기 방어적이고 조용한 아동과 개가 신뢰관계를 형성하는 라포(rapport) 관계를 쉽게 생성한다는 것을 발견하였다. 레빈슨 박사는 개를 이용한 세션 과정에서 참여 대상 아동들이 활동의 중재 매체로서 이용된 개와 이야기를 나누게 되는데 오랜 시간이 소요되지 않는다는 것을 또한 발견하였다.

레빈슨 박사는 개를 중재 매체로 이용하여 참여 대상자와 라포를 형성하는 과정을 **'사회적 소통(social facilitation)'**이라 불렀다(Fawcett & Gullone, 2001). 레빈슨 박사는 또한 **"동물들은 사람들을 도와줄 수 있는 감각을 극대화하여 '치료의 힘(healing power)'을 가지고 있으며, 특히 어린이와 노인들에 이러한 치료 효과가 더 크다"**고 하였다(Panzer-Koplow, 2000).

그림 2-5. 보리스 레빈슨 박사의 저서 '애완동물 기반 심리치료(pet-oriented psychotherapy)'

II. 국내외 동물매개치료의 현황

학습목표

1. 국외 동물매개치료 역사를 이해할 수 있다.
2. 국내 동물매개치료 발전과 현황에 대해 알 수 있다.
3. 국내외 동물매개치료 대표 기관을 알 수 있다.

1 국외 동물매개치료 역사와 현황

동물매개치료의 국외 발전 현황을 간략히 살펴보면 아래와 같다.

1) 동물매개치료 태동기

(1) 기원전 1만 2천 년 전

구석기 원시인들 - 개와 인간과 동물의 유대 형성

(2) 인간과 동물의 유대 발전

인류의 역사 발전과 더불어 개와 고양이 뿐 아니라 다양한 동물의 가축화와 더불어 인간과 동물의 유대 관계 발전

2) 체계화된 동물매개치료 발전 현황

(1) 초창기 : 1700년대~1800년대

① 9세기. 벨기에 길(Gheel)지방에 장애를 가진 환자들을 위한 동물을 활용한 치료 프로그램 적용

② 1790년. 영국 요크 지방에 정신 병원 환자를 위한 토끼와 닭을 치료 프로그램에 적용

③ 1830년. 영국 자선 위원회(Charity Commission)가 정신 병원 기관에 동물을 활용한 치료를 권장

④ 1867년. 독일 빌레펠트 안에 있는 베텔에서 간질 환자에게 새나 고양이, 개, 말 등을 돌볼 수 있게 하는 프로그램 적용.

(2) 도입기 : 1900년대~1950년대

① 1901년. 영국의 헌트와 선즈가 재활승마 치료

② **1900년대 초. 프로이드(지그문트 프로이트, 1856~1939) 박사 - 애견을 중재로 활용한 심리상담 요법 시행**

③ 1919년. 미국 래인이 정신 질환을 앓는 군인의 치료에 개를 활용.

④ 1942년. 미국 뉴욕에 있는 파울링 공군요양병원 부상 병사 치료- 농장동물 프로그램을 적용

⑤ **1944년. 제임스 보사드 박사. 애완동물 개의 치료적 이점 연구 보고. 개를 기르는 사람의 정신 건강 'The Mental Hygiene of Owning a Dog' 저술**

⑥ 1958년. 영국에서 장애인 조랑말 승마단체가 설립

(3) 발전기 : 1960년대~1970년대

① **1962년대. 미국 소아과 의사인 레빈슨 박사가 애견 '징글'을 치료매개로 활용. 보조치료사로서 개** 'The Dog as the Co-therapist' 저술.

② 1964년. 유럽지역 재활승마 단체 간 협력 위원회가 결성

③ 1966년. 노르웨이의 베이토스톨런 장애인 재활센터에서 말 치료요법 적용

④ 1969년. 영국 재활승마협회(RDA, Riding for the Disabled Association) 결성

(4) 성장 · 보급기 : 1970년대 이후

① 1970년. 미국 미시간에 있는 'Ann Arbor' 아동 정신병원 정신과 의사 'Michael McCulloch'는 아동 환자들에 애완견과 함께 놀기를 처방

② 1970년대. 맬런은 발달 및 정서 · 행동장애아의 '치료농장 프로그램'운영

③ 1972년. 보리스 레빈슨 박사 조사 결과, 미국 뉴욕의 심리치료사 3분의 1 이상이 심리상담에 애견을 활용.

④ 1973년. 미국 파이크스 피크지역의 요양원 환자를 위한 '이동 애완동물 방문프로그램'적용

⑤ 1975년. 오하이오 주립대학의 코손은 반려동물을 이용해 양로원 환자를 치료

⑥ 1976년. 영국에서 미국으로 이주한 스미스는 국제치료견협회(TDI)를 설립
⑦ 1977년. Dean Katcher 박사와 Erika Friedmann 박사. 혈압과 생존율에 애완동물의 이점 연구 보고
⑧ **1980년. 미국에서 델타협회(Delta Society)가 발족**
⑨ **1990년. 국제인간-동물상호작용연구협회 (IAHAIO) 발족** (22개국 30단체)
⑩ 1980년. 세계장애인승마연맹(FRD) 창립
⑪ **2012년. 미국에서 델타협회(Delta Society)가 Pet Partners로 명칭 변경**

2 국내의 동물매개치료 현황

1) 국내 동물매개치료 발전 현황

(1) 국내동물매개치료 활동 연혁

① 1990년. 한국동물병원협회. '동물은 내 친구' 활동 시작
② 1994년. 삼성화재 안내견 학교 설립
③ 2001년. 삼성재활 승마단 발족
④ 2002년. 삼성 치료도우미견센터 발족
⑤ **2008년. 한국동물매개심리치료학회 설립**
⑥ 2012년. 한국동물매개심리치료학회지 창간

(2) 국내 동물매개치료 교육활동 현황

① **2008년. 원광대학교 보건보완의학대학원 동물매개심리치료학과 신설**
② 2018년. 원광대학교 반려동물산업학과 신설

2) 국내 동물매개치료 활동 현황

국내의 동물매개치료는 초창기 한국동물병원협회 주도로 '동물은 내친구' 활동(1990년)이 동기가 되어, 1994년에는 삼성화재 안내견 학교가 설립되었으며, 2001년에는 삼성재활 승마단 발족되었다. 이후, 2002년에는 삼성 치료도우미견센터 발족으로 국내 동물매개치료 활동이 확산되는 계기가 되었다. 2008년에 원광대학교에 보건보완의학 대학원에 동물매개

심리치료학과가 설립되어 동물매개치료에 대한 학술적 연구와 전문가 육성 교육이 이루어지게 되었다. 2008년 9월 한국동물매개심리치료학회가 설립되어 정기 학술대회와 학회지 발간을 통하여 국내 동물매개치료 관련 연구자들의 학술 교류가 이루어지고 있다.

국내 동물매개치료 적용의 기간은 다른 대체보완요법에 비해 짧지만, 다른 대체요법에 비교하여 효과 달성이 빠르고, 대상자들의 높은 참여율 및 능동성이 우수하기 때문에, 다양한 분야의 대상자들에 적용이 확대되고 있으며, 시스템을 갖춘 동물매개치료 상담 지원센터들이 늘어나고 있다.

최근에는 한국동물매개심리치료학회에서 다양한 연구와 임상 연구를 통한 과학적인 결과들이 도출되고 있어, 국내 실정에 맞는 다양한 동물매개치료 프로그램이 보급되고 임상에서 적용될 수 있을 것으로 기대되고 있다.

■■ 국외 동물매개치료 관련 기관

1. 미국

- **PET PARTNERS (Delta Society에서 변경)**
  875 124th Ave NE #101, Bellevue, WA 98005, U.S.A.
  Phone: (425) 679-5500
  http://www.petpartners.org / e-mail: operations@petpartners.org

- **Therapy Dog Internetional**
  88 Bartley Road, Flanders, NJ 07836, USA.
  Phone: (973) 252-9800, Fax: (973) 252-7171
  http://tdi-dog.org / e-mail: tdi@gti.net

2. 영국

- **Pets As Therapy**
  14a High Street, Wendover, Aylesbury, Buckinghamshire, HP22 6EA, UK.
  http://www.petsastherapy.org / e-mail: Email: reception@petsastherapy.org

3. 호주

- **Delta Society Australia**
  Shop 2, 50 Carlton Crescent, Summer Hill, NSW2130, Australia
  Phone: (02) 9797 7922, Fax: (02) 9799 5009
  http://www.deltasociety.com.au / e-mail: info@deltasociety.com.au

4. 일본

- **Japan Animal Therapy Association**
  Chuou 4-6-27 Ban Building 1-A, Yamato, Kanagawa 242-0021, Japan.
  Phone: 046-263-1782, Fax: 046-263-1783
  http://animal-assisted-therapy.com / e-mail: info@animal-t.or.jp

■■ 국내 동물매개치료 관련 기관

1. **한국동물매개심리치료학회**
   전북 익산시 익산대로 460
   원광대학교 동물자원개발연구센터(內) 한국동물매개심리치료학회 사무국
   (063) 850-6089, 6668
   http://www.kaaap.org / e-mail: kaaap@daum.net

2. **원광대학교 보건보완의학대학원 동물매개심리치료학과**
   전북 익산시 익산대로 460
   원광대학교 보건보완의학대학원 교학팀
   (063) 850-5878, 6668
   http://hcmed.wku.ac.kr / e-mail: kimoj@daum.net

Q&A

보조치료사란?

• 치료를 맡은 전문가인 치료사는 아니지만, 치료 과정에 도움을 주는 스텝을 말한다. 동물매개치료 과정에서 치료도우미동물은 종종 '보조치료사(co-therapist)로 불린다.

사회적 소통이란?

• 레빈슨 박사는 개를 중재 매체로 이용하여 참여 대상자와 라포를 형성하는 과정을 '사회적 소통(social facilitation)'이라 불렀다.

Healing power란?

• 레빈슨 박사는 "동물들은 사람들을 도와줄 수 있는 감각을 극대화하여 '치료의 힘(healing power)'"을 가지고 있다고 하였다.

Tips 알아둡시다

IAHAIO

• 1990년 발족된 국제인간-동물상호작용연구협회로 전 세계 회원국을 두고 인간과 동물의 상호작용에 대한 연구 결과 교류를 하고 있다.

Delta Society

• 1980년 창립된 미국의 동물매개활동 단체로 치료도우미동물과 자원봉사자들을 교육하고 지역별 네트워크 구축을 통하여 동물매개활동을 지원하고 있는 단체로, 2012년 'Pet Partners'로 명칭을 변경하였다.

Pet Partners

• 미국의 동물매개활동 단체인 '델타협회(Delta Society)'가 2012년 'Pet Partners'로 명칭을 변경하였다.

단원학습정리

1. 기원전 1만 2천 년 전, 구석기 원시인들도 그들이 키우던 개들과 교감을 통하여 인간과 동물의 유대를 형성하였을 것으로 추정된다.

2. 동물매개치료의 역사는 구석기 시대 인류의 역사부터 시작한다고 할 수 있다.

3. 나이팅게일은 동물들이 환자들의 좋은 동반자 역할을 한다고 추천하였고 환자의 치료 촉진을 위하여 동물을 활용한 간호 활동을 적극 활용하였다.

4. 프로이드 박사는 상담 영역에서 치료도우미동물의 활용이 치료 효과를 높이는 것을 확인하고 상담의 한 분야로 동물매개치료를 병합하여 즐겨 수행하였다.

5. 제임스 보사드 박사는 반려동물인 개의 치료적 이점에 대한 연구를 통해 개를 기르는 사람의 정신 건강에 대한 책을 저술하였다.

6. 미국의 소아정신과 의사인 보리스 레빈슨 박사는 현대의학적인 관점에서 동물매개치료를 정립하고 발전시키는 데 크게 기여 하였다.

7. 레빈슨 박사는 "동물들은 사람들을 도와줄 수 있는 감각을 극대화하여 '치료의 힘(healing power)'"을 가지고 있다고 하였다.

8. 한국의 유일한 동물매개치료 학술단체인 한국동물매개심리치료학회는 2008년 설립되었다.

쉬어가기

치료도우미견 치로리 이야기

1992년 여름 비 오는 날, 쓰레기장에 버려졌던 '치로리'는 볼품없는 잡종개였습니다. 그런데 '치로리'는 최고의 성적으로 치료도우미견 프로그램을 통과합니다. 그리고 백만불짜리 미소로 아픈 사람들의 마음을 치유해주었습니다.

'치로리'는 기적을 일으킵니다. 세상과 등지고 어둠에 갇힌 은둔형 외톨이(히키코모리) 소년 '료이치'를 세상 밖으로 나오게 하고, 언어를 잊은 '라쿠' 할머니에게 말을 찾아주고, 전신마비 '헤이코' 할머니를 말도 하게하고 손도 움직이게 했고, 말도 못하고 움직이지도 못하고 침대에 누워만 있던 90살 '하세가와' 아저씨를 걷게 했지요.

몸과 마음이 아픈 환자들은 '치로리' 이름을 부르기 위해 말을 했고, '치로리'와 함께 걸어보기 위해 몸을 움직였습니다. 사람에게 버려져 죽음 직전까지 갔던 유기견이 사람에게 사랑을 전하고 기적을 일으킨 것입니다.

치로리에게 도움을 받았던 노인들 중에는 마지막 눈을 감은 순간 "치로짱, 고마워!"라는 말을 유언으로 남긴 분도 있었습니다. 그렇게 치로리는 1억 일본인의 사랑을 받는 개가 되었습니다. 치료도우미견이 되어 13년 동안 활약하며 기적을 일으킨 '치로리'는 암에 걸려 2006년 3월 16일 세상을 떠났습니다.

'치로리'가 떠난 뒤 사람들은 작은 추모제를 준비했고, 이 자리에는 '치로리'에게 도움을 받은 환자와 가족들 300여명이 참석했습니다. 추모제에서 치로리를 훈련하고 돌봐준 '오키 토오루'는 "사람들은 내가 너를 구했다고 하지만 사실은 네가 나를 구한 것"이라고 말하며 울먹였습니다. 또한 치로리에게 도움을 받은 환자들도 '천국에서 다시 만나자'는 말로 슬픔을 대신했습니다.

사람에게 버려진 '치로리'는 사람들에게 사랑을 남기고 떠났습니다.

[출처] 치료견 치로리. 책공장더불어. 2007년.
https://www.youtube.com/watch?v=e_4Qoneb6us

CHAPTER 03

동물매개치료 구성 요소

Constituents of Animal Assisted Therapy

동물매개치료(Animal assisted therapy, AAT)는 살아있는 동물을 활용하여 사람 대상자의 치유 효과를 얻는 보완대체의학적 요법이라 할 수 있다. 자격을 갖춘 치료도우미동물을 활용하여 도움을 필요로 하는 사람 대상자인 내담자(client)의 심리치료와 재활치료를 돕는 것이 동물매개치료이다.

동물매개치료의 4대 구성 요소는 도움을 필요로 하는 대상자인 내담자와 도움을 줄 수 있는 전문가인 동물매개심리상담사 및 훈련과 위생 등의 일정한 자격을 갖춘 매개체인 치료도우미동물, 동물매개중재 프로그램을 구현하는 실천현장과 같이 4대 요소로 구성된다.

Ⅰ. 동물매개치료 구성 요성

학습목표

1. 동물매개치료 개념을 이해할 수 있다.
2. 동물매개치료의 4대 구성 요소에 대해 알 수 있다.
3. 동물매개치료의 4대 특징을 이해할 수 있다.

1 동물매개치료란?

1) 동물매개치료의 정의

동물매개치료(Animal assisted therapy, AAT)는 살아있는 동물을 활용하여 사람 대상자의 치유 효과를 얻는 보완대체의학적 요법이라 할 수 있다.

자격을 갖춘 **치료도우미동물**을 활용하여 도움을 필요로 하는 사람 대상자인 **내담자**(client)의 심리치료와 재활치료를 돕는 것이 동물매개치료이다.

동물매개치료는 **인간과 동물의 유대(human animal bond)**를 통하여 내담자의 질병을 개선하거나 보완하는 대체요법이다.

동물매개치료는 **심리치료**로 내담자의 불안 감소, 자존감 향상, 우울감 감소 등의 효과를 얻을 수 있고, **재활치료**로 내담자의 운동기술 향상, 활동의 증가, 신체기능 향상 효과를 얻을 수 있다.

2) 동물매개치료 구성과 역할

〈그림 3-1〉은 동물매개치료의 구성과 역할을 보여주는 도식도이다. 동물매개치료의 구성 요소는 치료도우미동물, 펫파트너, 대상자, 동물매개심리상담사를 들 수 있다. 한국동물매개심리치료학회에서 인증을 받은 **치료도우미동물**과 이를 잘 다루고 활동의 호흡이 맞을 수 있는 **펫파트너**와 함께 **중재단위**를 구성한다. **동물매개심리상담사**는 **중재단위**를 활용하여 대상자와 상호작용을 유발하는 프로그램을 운영하고 효과를 평가한다. 이 과정에서 **동물**

매개심리상담사는 **중재단위**인 **펫파트너**와 **치료도우미동물**의 활동을 계획하고 지시하며 모니토링하고, **대상자**와도 상호 작용을 유도한다. **대상자**는 **동물매개심리상담사** 및 **치료도우미동물**과 직접 상호작용을 하게 된다.

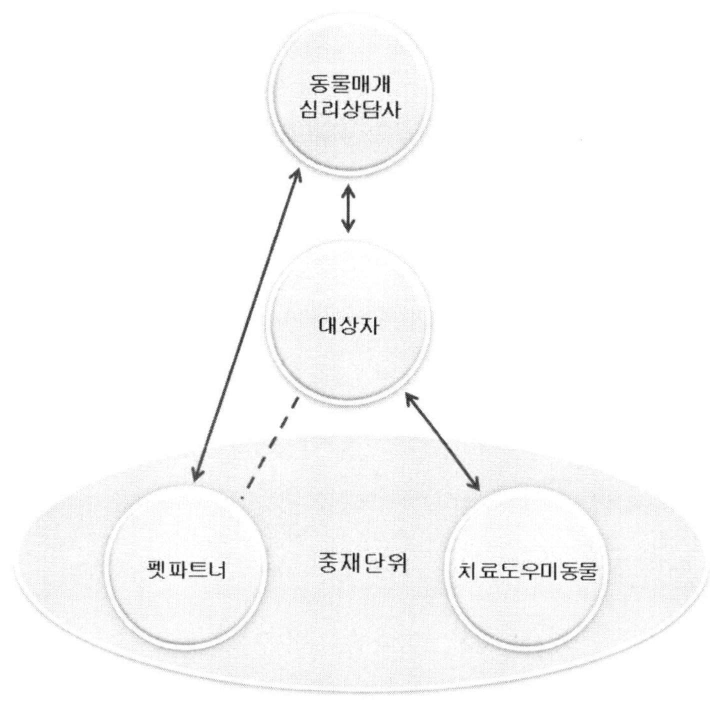

그림 3-1. 동물매개치료의 구성과 역할

2 동물매개치료의 4대 구성 요소

동물매개치료의 4대 구성 요소는 〈표 3-1〉과 같이 도움을 필요로 하는 **대상자**와 도움을 줄 수 있는 전문가인 **동물매개심리상담사** 및 훈련과 위생 등의 일정한 자격을 갖춘 매개체인 **치료도우미동물**, 동물매개중재 프로그램을 구현하는 **실천현장**과 같이 4대 요소로 구성된다.

표 3-1. 동물매개치료 구성 4대 요소

1. 대상자(Client, 내담자, 사용자, 중재 수혜자)
2. 동물매개심리상담사(Animal Assisted Psychotherapist, 중재전문가, 동물매개치료사)
3. 치료도우미동물(Therapy animal)
4. 실천 현장(Field)

동물매개치료의 목표는 〈그림 3-2〉와 같이 동물매개심리상담사가 치료도우미동물을 활용하여 **대상자의 심리치료** 또는 재활치료를 수행하는 것이다.

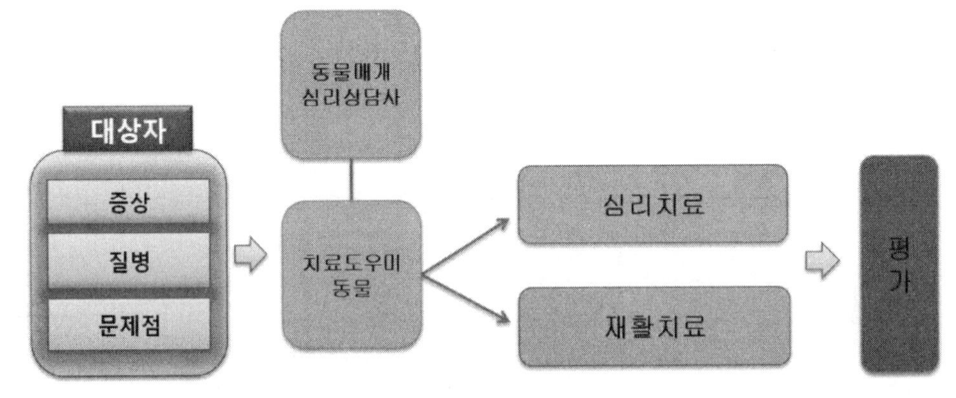

그림 3-2. 동물매개치료의 구성과 목표

1) 동물매개심리상담사

동물매개심리상담사란 동물매개치료를 담당하는 전문가로서 치료도우미동물을 활용하여 내담자의 **심리적 치료와 재활적 치료** 프로그램을 수행한다. 한국동물매개심리치료학회에서는 **동물매개심리상담사**와 **치료도우미동물**의 **인증**을 실시하고 있다. 자격을 취득한 동물매개심리상담사가 인증된 치료도우미동물을 활용하여 내담자의 문제를 해결하고자 하는 활동이 동물매개치료라 할 수 있다.

2) 치료도우미동물

치료도우미동물이란 동물매개치료 프로그램 동안에 중재 역할을 하는 동물로서 한국동물매개심리치료학회 가이드라인에 따라 선발과 훈련, 위생관리 등의 일정한 기준에 맞는 동물로서 동물매개치료에 활용되어 치료의 중재 역할을 수행하는 동물이다.

치료도우미동물은 동물매개치료 프로그램을 수행하는 동안 대상자인 내담자와 동물매개심리상담사 사이의 **촉매 역할**을 촉매제 역할을 하며 어색한 관계를 깨는 icebreaker로서 작용하여, 어색한 관계를 깨고, 내담자와 상담사 간에 신뢰관계인 **라포(rapport) 형성을 촉진**하는 역할을 한다.

치료도우미동물의 선택 기준은 내담자의 특성과 환경에 맞는 종류를 선택하여 동물매개치료가 수행될 수 있다. 치료도우미동물은 **선발, 훈련, 위생, 동물복지**의 4가지 기준에 충족되어야 하며, 이러한 기준에 의해 평가를 거쳐 **한국동물매개심리치료학회**에서는 **치료도우미동물 인증**을 수행하고 있다.

동물매개치료에 활용되는 동물은 **현장 상황과 대상자의 특성에 따라** 다양한 동물 종류 중에서 **적합한 동물 종을 선택**할 수 있다. 〈표 3-2〉는 동물매개치료에 활용되는 동물의 종류에 따른 장·단점을 보여주는 표이다.

표 3-2. 동물매개치료 활용 동물의 종류에 따른 장·단점

종류	사육성	운반성	상호 접촉성	감정 소통성	안전성	인간의 운동성	동물 자신의 즐거움	감염의 안전성
물고기	★	▽	▽	◇	★	▽	◇	☆
파충류	◇	◇	◇	◇	☆	▽	◇	☆
조류(새)	★	◇	☆	◇	★	▽	◇	☆
햄스터	★	★	◇	◇	☆	◇	◇	☆
기니피그	★	★	★	◇	★	◇	◇	☆
토끼	★	★	★	☆	★	◇	◇	☆
양, 염소	◇	◇	★	☆	☆	☆	◇	☆
소	◇	◇	☆	☆	☆	☆	◇	☆
돼지	◇	◇	☆	☆	☆	☆	☆	☆
고양이	☆	☆	★	★	☆	☆	★	☆
개	☆	☆	★	★	☆	★	★	☆
말	◇	▽	☆	★	☆	★	☆	☆
돌고래	▽	▽	☆	☆	☆	★	◇	☆
원숭이	▽	◇	◇	☆	▽	☆	☆	▽
곤충	☆	★	▽	▽	★	▽	▽	★

주 : ★ = 매우 좋음 ☆ = 좋음 ◇ = 보통 ▽ = 나쁨

치료도우미동물로 가장 많이 활용되는 동물은 개라 할 수 있다. 그 이유는 사람과 상호교감이 가장 우수하며 치료도우미동물로 활용되기 위한 전제 조건인 **선발, 훈련, 위생, 동물복지**의 4가지 기준 충족이 가장 용이한 때문이다. 그러나 〈표 3-2〉와 같이 **사육성, 운반성, 상호접촉성, 감정소통성, 안전성, 인간의 운동성, 동물 자신의 즐거움, 감염의 안전성** 측면의 검토를 통하여 동물매개치료 활동의 대상자와 현장의 환경 등을 고려하여 가장 적합한 치료도우미동물을 선택할 수 있다.

예를 들어 **면역이 저하된 환자**의 경우 상호 접촉성과 인간의 운동성은 떨어지더라도 감염의 위험성이 없는 **물고기**를 이용하여 환자가 입원한 병실에 수족관을 설치하여 동물매개치료를 수행할 수 있다.

3) 대상자

대상자는 동물매개치료에 의한 도움을 필요로 하는 사람으로서 **내담자**(client) 또는 **중재수혜자**(recipient), **사용자**(user)로서 불린다.

동물매개치료의 대상과 실천현장은 〈표 3-3〉과 같으며, 일차적인 대상은 어린이에서 노인까지, 신체적이나 정신적, 정서적, 사회적, 심리적으로 어려움을 겪고 있는 모든 사람들이다.

동물매개치료 대상자의 범주는 일반적으로 의학적, 정신과적 대상 뿐 아니라, 정신지체아, 발달장애, 자폐, 뇌병변장애, 정신적. 정서적 장애인, 우울증, 심한스트레스, 치매노인, 교정대상자, 약물남용자 등은 동물매개치료를 제공하는 병원이나 사회복지 실천기관 등에

표 3-3. 실천현장 대상자와 치료목표

실천 현장	대상자	치료목표
가정, 학교, 생활 및 이용시설 등	정신지체, 뇌병변장애, 발달(자폐)아동, 언어 및 인지능력부진아, ADHD, 문제행동, 청소년, 부적응아, 특수교육 대상자, 장애인, 행동및 학습장애 등	정서적 안정, 사회성 향상, 책임감, 생명존중과 자아존중감의 형성, 비행습관 교정, 발달과업 증진, 인지력향상, 주의력 및 집중력 향상, 의사소통기술 향상 등
가정, 복지시설, 직장 등	장애인, 빈곤자, 우울증, 정신적 스트레스, 은퇴자, 독신자, 배우자상실, 소년, 소녀가장, 편부모가정, 독거노인, 외동자녀 등	즐거움, 삶의 의욕, 희망, 안정, 상호작용, 정서적, 정신적 안정, 성인병 예방, 스트레스 해소, 외로움 해소, 긴장감과 불안감 해소 등
가정, 병원, 복지시설, 교정시설, 재활원, 소년원, 교도소, 노인시설 등	신체적, 정신적 장애인, 치매, 미혼모, 알콜 및 약물중독자, 위기에 처한 자, 만성질환자, 장기입원자 등	정신적, 정서적 치료, 심리적 치료, 신체적 재활 및 치료, 노인성 질환치료, 각종질환의 보완대체요법

서 일반적인 동물매개치료 대상이다.

이처럼 동물매개치료의 대상자가 광범위하다는 것은 동물매개치료가 재활과 치료의 기능을 충분히 할 수 있음을 반증하는 것이며 우리가 풀어 가야할 과제인 것이다.

동물매개치료의 일차적인 대상은 어린이에서 노인까지, 신체적이나 정신적, 정서적, 사회적, 심리적으로 어려움을 겪고 있는 모든 사람들이다.

4) 동물매개치료 실천현장

동물매개치료 실천현장의 광의의 개념은 실천분야 또는 치료의 초점이 되는 문제 영역을 포괄하는 개념과 치료를 제공하기 위해 직간접으로 관련되는 모든 현장을 말할 수 있다.

협의의 개념으로는 치료를 직접 또는 간접적으로 제공하는 제공 기관 즉 동물매개치료를 실시하는 현장이라 할 수 있다.

동물매개치료 실천현장의 분류는 기관의 서비스제공의 주목적에 따라, 서비스를 통해 개입하려는 문제에 따라, 서비스의 대상 집단에 따라 나누어 볼 수 있다.

동물매개치료의 실천현장을 **기관의 서비스 목적**에 따라 **1차 현장**과 **2차 현장**으로 분류할 수 있다.

1차 현장(primary settings)은 기관의 일차적인 기능이 재활과 치료를 위한 치료서비스 제공을 위한 것으로 치료사들이 중심이 되어 활동할 수 있는 실천현장이다. 병원(일반, 재활, 정신), 보건소, 심리상담 치료센터 및 치료실, 복지관 내 부설 치료실 및 치료센터, 장애아동 재활치료 교육센터 등을 말할 수 있다.

2차 현장(secondary settings)은 치료전문기관은 아니지만 치료서비스가 기관운영과 서비스의 효과성에 미치는 긍정적인 영향으로 인해 치료서비스의 개입이 부분적으로 이루어지고 있는 실천현장이다.

정신보건센터, 동물원, 학교, 교정시설, 군대, 보육시설, 아동과 노인들을 위한 이용 및 생활시설, 장애인 생활시설 및 이용시설, 청소년을 위한 쉼터 등을 말할 수 있다 .

3 동물매개치료의 4대 특징

동물매개치료는 다른 대체의학적 방법들과 다르게 치료도우미동물을 중재의 도구로 활용하여 중재 활동이 이루어진다. 이러한 이유로 〈그림 3-3〉과 〈표 3-4〉와 같은 특징들을 가지고 있다.

동물매개치료의 가장 큰 특징은 생명이 있고 따뜻한 체온이 있으며 사람과 같은 감정을 갖고 있는 치료도우미동물과의 생활이나 상호작용에 의하여 중재 활동이 이루어진다는 점이다.

따라서 동물매개치료에서 활용되는 **치료도우미동물은 동물매개치료의 성공적인 목표 달성을 위해 가장 중요한 역할을 수행하는 부분**이라 할 수 있다.

치료도우미동물은 엄격한 기준에 따라 선발과 훈련, 수의학적 관리 및 동물복지 평가 등이 적용되어야 동물매개치료에서 활동할 수 있다.

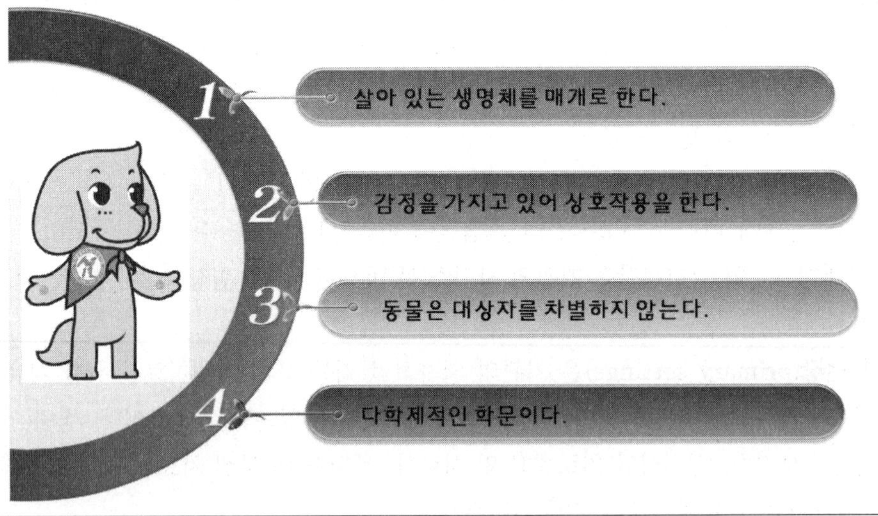

그림 3-3. 동물매개치료의 4대 특징

표 3-4. 동물매개치료의 특징

1. 동물매개치료는 다른 대체요법과 다르게, **살아있는 동물이 매개체**로 작용하는 점이 가장 큰 특성이라 할 수 있다. 2. 중재도구인 동물이 **감정을 가지고 상호작용**을 하기 때문에, 동물매개치료는 다른 어떤 보완대체의학적 방법들 보다 대상자들이 **능동적이며 즐겁게 참여하고 효과 또한 빠르고 지속적**이다. 또한, 동물은 살아있고, 감정을 표현하며, 사람 대상자들과 빠른 상호반응을 하기 때문에 내담자인 대상자들에 **빠른 신뢰 형성**과 치료 프로그램에 **적극적인 참여**를 유도하여 **빠른 치유 효과**를 유발할 수 있다. 3. 동물은 대상자에 대한 선입견 없이 사람의 편견 없이, **차별 없이 대상자를 대한다.** 이러한 특징은 화상을 입거나 다른 이유로 사람 만나기를 기피하는 대상자들의 경우에 다른 치료 방법보다 효과적으로 프로그램이 운영되고 쉽게 라포형성을 할 수 있다. 4. **동물매개치료는 다학제 학문이다.** 동물매개치료는 동물에 대한 위생, 훈련, 행동학 등과 같은 과목 뿐 아니라, 사람에 대한 심리학, 병리학, 정신의학 등의 다양한 과목에 대한 학문들이 융합하여 완성된다.

동물매개치료의 최종 목적은 치료도우미동물을 활용하여 사람 대상자(client)의 심리치료 또는 재활치료 효과를 얻는 것이다. 동물매개치료는 다른 심리치료나 재활치료와 달리 살아 움직이는 생명체인 동물을 활용하여 대상자의 치유 효과를 이끌어 내는 특징을 가지고 있다. 동물매개치료는 다른 보완대체의학적 방법들 보다 대상자들이 능동적이며 즐겁게 참여하고 효과 또한 빠르고 지속적인 것으로 잘 알려져 있다. 동물은 살아있고, 감정을 표현하며, 사람 대상자들과 빠른 상호반응을 하기 때문이다.

동물매개치료의 중재 역할로 **치료도우미동물**이 활용되는 점은 이와 같이 **동물매개치료의 특징이며 큰 장점으로 작용하지만,** 반드시 지켜져야 될 전제 조건은 **동물복지가 보장되어야 한다는 것이다.**

II. 대상자의 종류와 특성

학습목표

1. 대상자의 정의를 이해할 수 있다.
2. 대상자의 종류와 특성에 대해 알 수 있다.

1 대상자의 정의

대상자는 동물매개치료에 의한 도움을 필요로 하는 사람으로서 내담자(client) 또는 수혜자(recipient)로 불린다.

동물매개치료의 일차적인 대상은 어린이에서 노인까지, 신체적이나 정신적, 정서적, 사회적, 심리적으로 어려움을 겪고 있는 모든 사람들이다.

동물매개치료 대상자의 범주는 일반적으로 의학적, 정신과적 대상 뿐 아니라, 동물매개치료를 제공하는 병원이나 사회복지 실천기관 등에서 일반적으로 동물매개치료 대상으로 보는 정신지체아, 발달장애, 자폐, 뇌병변 장애, 정신적・정서적 장애인, 우울증, 심한 스트레스, 치매노인, 교정대상자, 약물 남용자 등을 포함한다.

이처럼 동물매개치료의 대상자가 광범위하다는 것은 동물매개치료가 재활과 치료의 기능을 충분히 할 수 있음을 반증하는 것이며 우리가 풀어가야할 과제인 것이다.

2 대상자의 종류와 특성

1) 아동

(1) 정의

교육법에서는 만 6세~만 12세까지를 초등학교 의무교육을 받아야 할 학령아동으로 규정하고 있다. 또 아동기는 신체적·사회적·정서적·지적 발달의 속도가 매우 현저하므로, 이를 다시 아동전기와 아동후기로 나누기도 한다. 즉 6~8세까지를 아동전기, 9~12세까지를 아동후기로 하여 발달단계를 구분한다.

(2) 특성(주요 증상 또는 문제점)

① **신체 발달적 특성**

긴 팔과 다리, 야윈 몸, 커다란 손과 발로 인해 좀 어색한 모습을 지니게 된다. 이 시기의 아이들은 대 근육, 소 근육 기능의 과제 수행이 종종 서투르게 되며 그들 나름으로 대상에 뛰어들어 부딪치고, 뒤집어 엎고, 걸려 넘어지기도 한다.

② **사회 발달적 특성**

친구가 아주 중요한 부분을 차지하는데, 이 시기에는 가족보다도 친구의 영향을 더 받는다. 또래집단은 대개 동성집단으로 같은 연령층, 같은 취미, 그리고 지능이 비슷하다. 이들은 종종 집단의 일부가 됨으로써 타인을 모방한다. 이때는 유행, 우상(가수, 영화배우, 스포츠 선수)과 수집활동이 공통적인 관심거리다

③ **정서 발달적 특성**

아이들은 인정받고 비평받는 것 모두에 민감하다. 남이 자기를 좋아해 주도록 관대하고 협조적이 된다. 긍정적인 강화는 아이들이 바람직한 태도로 행동하도록 도와주기 때문에 긍정적인 자아존중감의 발달을 강화시킨다.

또한 이들은 또래집단에 동조하지 못하는 것에 두려움을 느끼고 또래의 압력에 쉽게 동조하는 경향이 있다. 그 밖에도 학업에서의 실패, 무서운 이야기, 상처, 부모나 친구 또는 자신의 죽음 등에 두려움을 느낀다.

④ **지능 발달적 특성**

아이들은 매우 호기심이 많다. 아이들은 모험을 즐기고, 바깥세상을 배우고 싶어하

며, 독서를 통해 적극적으로 정보를 축적시킨다. 이러한 아이들은 꿈과 환상의 동화나 재미있는 책, 동물, 모험, 초자연(신비), 영웅 등에 관련된 이야기를 즐겨 읽는다. 또한 구체적(실제)이고, 추상적(단지 생각 속에 존재) 경험을 모두 필요로 한다. 아이들은 학교에서 교과학습을 하며, 자유 시간에는 예능이나 취미활동에 관심을 갖는다.

2) 노인

(1) 정의

나이가 많이 들어 늙은 사람을 뜻한다. 어르신이라고도 부르나 그 외에도 늙은이, 고령자(高齡者), 시니어, 실버 등으로 교체해서 사용하기도 한다.

(2) 특성(주요 증상 또는 문제점)

부모와 아들 부부가 동거하는 복합적인 가족에 있어서도 부모가 노령에 이르면 그 부양과 공경(恭敬) 같은 문제, 혹은 노령화(老齡化)에서 오는 자기중심성, 자기 폐쇄성, 활동성의 감퇴, 고독감 · 시기심 · 질투심의 왕성화 · 불평, 불만과 같은 심리적 행동적인 것에서 일어나는 오해와 충돌과 같은 가족관계의 불안정성의 문제가 있다.

3) ADHD

(1) 정의

부주의, 충동성 및 과잉행동을 보이는 아동들은 일반적인 아동들이 보여주는 수준보다 부적절성의 강도가 높은 특징을 포함한 장애를 주의력결핍 과잉행동장애(Attention Deficit Hyperactivity Disorder, 이하 ADHD)라 한다.

(2) 특성(주요 증상 또는 문제점)

낮은 학업성취, 자존감 저하, 우울증, 사회성과 정서발달 낮음, 주의집중능력 저하, 욕구자제 어려움을 겪는다.

4) 자폐

(1) 정의

자폐증은 하나의 행동적 증후군으로서 사회적 상호작용에 있어서의 발달장애, 의사소통과 상상력에 의한 활동의 장애 및 현저하게 한정된 활동 및 관심이 특징을 갖는 장애를 자폐라 한다.

(2) 특성(주요 증상 또는 문제점)

사람과의 관계형성 부족, 신체 사용의 부 적절성, 물체사용의 부 적절성, 시각적 반응의 부 적절성, 공포증 및 신경 과민성 반응, 활동수준의 부 적절성, 언어에 대한 의사소통의 문제, 지적기능의 수준과 발달문제가 있다.

5) 발달장애

(1) 정의

정신이나 신체적인 발달에서 나이만큼 발달하지 않은 상태를 말한다.

(2) 특성(주요 증상 또는 문제점)

언어를 이해하고 사용하는 데 어려움, 전반적인 이해와 관계 형성 어려움 어떠한 사물에 대한 집착, 반복적인 행동이나 신체의 움직임, 세세한 증상들에는 웃음을 참지 못하며 간지럼에 지나치게 반응하고, 책 읽기를 힘들어하며, 반복되는 게임이나 반복되는 것을 좋아하는 특징이 있다. 또한 놀이 기구를 못타고 구기 종목을 즐기지 못하는 경우도 나타날 수 있다.

6) 치매

(1) 정의

성장기에는 정상적인 지적 수준을 유지하다가 후천적으로 인지기능의 손상 및 인격의 변화가 발생하는 질환이다.

(2) 특성(주요 증상 또는 문제점)

기억력장애, 언어능력 장애, 변뇨실금, 편집증적 사고, 실어증과 같은 정신기능의 전반적인 장애가 나타나며, 진행되는 과정에서 우울증이나 인격 장애, 공격성 등의 정신의학적 증세가 동반되기도 한다.

7) 우울증

(1) 정의

우울장애는 의욕 저하와 우울감을 주요 증상으로 하여 다양한 인지 및 정신 신체적 증상을 일으켜 일상 기능의 저하를 가져오는 질환을 말한다.

(2) 특성(주요 증상 또는 문제점)

우울감과 삶에 대한 흥미 및 관심 상실, 삶에 대한 에너지 상실, 학업 및 직장에서 정상적인 업무의 어려움, 수면장애, 불안증상, 성욕 저하, 집중력저하, 인지기능 저하의 문제가 있다.

8) 조현병

(1) 정의

Schizophrenia, 정신분열증이라고도 부르며, 사고(思考), 감정, 지각(知覺), 행동 등 인격의 여러 측면에 걸쳐 광범위한 임상적 이상 증상을 일으키는 정신 질환을 말한다.

(2) 특성(주요 증상 또는 문제점)

환청이나 환시 같은 감각의 이상, 비현실적이고 기괴한 망상 같은 생각의 이상, 그리고 생각의 흐름에 이상이 생기는 사고 과정의 장애, 집중력 저하, 행동의 둔하, 사고의 어려움, 사회적 위축의 어려움을 겪는다.

9) 신체 장애

(1) 정의

시각, 청각, 사지 및 구간, 언어, 평형기능, 내장 등의 신체적 기능에 장애가 있는 상태의 총칭이고 정신지체, 정신지체, 정서장애 등의 정신결함과 정신병을 제외한 개념을 말한다.

(2) 특성(주요 증상 또는 문제점)

외부 신체기능의 장애 시각장애, 청각장애, 언어장애, 뇌병변장애, 지적장애, 안면장애가 있으며, 내부 신체장애로 신장장애, 심장장애, 간 장애, 호흡기 장애, 장루・요루장애, 뇌전증 장애가 있다.

10) 약물 및 알콜 중독

(1) 정의

① 약물 중독 : 사용된 약물에 심리적 또는 신체적 의존성을 보이는 증상을 말한다.
② 알콜 중독 : 정신 질환으로 술과 같은 알콜 음료에 의존증이 있어 정상적인 사회생활에 어려움이 있는 상태를 말한다.

(2) 특성(주요 증상 또는 문제점)

대부분의 약물들은 심한 무반응, 느리고 주기적인 호흡, 서맥, 저혈압 등을 일으키며 약물에 따라 알콜중독과 비슷한 증상을 보여 인지기능의 장애 및 정서조절이 안되며 점차 졸리다가 결국 혼수상태에 빠지게 되기도 한다. 또 운동 활동을 항진시키고 식욕을 감퇴시키며 다량 복용시 다행감, 황홀, 자신감 증가 등을 느끼게 하며 다량을 장기간 복용한 경우에는 정신병이 발생하여 피해망상, 환청, 환시 등이 나타날 수도 있다. 약효가 사라지면 불안, 피로, 과민성, 우울, 피해의식의 증가 등이 나타날 수 있다.

11) 난독증 및 학습장애

(1) 정의

① **난독증**

문자를 읽는 데에 어려움이 있는 증세를 말한다. 이는 읽고 말하고 철자를 구분하는 데 정확성이나 유연성에 장애가 있는 학습 장애를 가리킨다.

② **학습장애**

보통 혹은 그 이상의 지능을 가지고 있음에도 불구하고, 개인의 내적인 요인으로 인해 기본적인 학습 능력에 심한 어려움이 있는 상태이다.

(2) 특성(주요 증상 또는 문제점)

① **난독증**

한 번에 한 글자씩 읽을 수 있지만 여러 글자를 결합하여 인식 하지는 못한다. 어떤 한 글자를 의미가 없는 x로 둘러싸기만 해도 가운데에 있는 글자를 식별하기 어려워 한다. 그들은 또한 구어의 음절을 잘 알아듣지 못한다.

② **학습장애**

인지적 특성으로는 낮은 기억력을 보이고 인지적인 전략을 잘 사용하지 못해 비효율적인 결과를 낳는다. 하지만 평균 지능을 가지고 있다. 정서적 특성으로는 낮은 학업성취로 인한 자신감 결여, 부정적인 자아 개념, 위축, 부적절한 귀인 등을 보인다.

12) 말기 환자

(1) 정의

증상이 점점 악화 되어 수개월내로 사망할 것으로 예상되는 상태의 환자를 일컫는 말이다.

(2) 특성(주요 증상 또는 문제점)

환자 본인의 죽음에 대한 두려움, 보호자나 가족이 화자에게 병에 대해 비밀로 해줄 것을 부탁 할 때 의료진의 윤리적 갈등을 유발한다.

13) 교도소 수용자

(1) 정의

수형자 · 미결수용자 · 사형 확정자, 그 밖에 법률과 적법한 절차에 따라 교도소 · 구치소 및 그 지소에 수용된 사람을 말한다.

(2) 특성(주요 증상 또는 문제점)

수감시설의 환경적, 문화적 특성에 따른 자유와 사회적 지위를 잃은 것에 대한 상실감, 신체질환에 대한 적절한 서비스 및 질환자체의 부담과 같은 문제가 발생한다.

Q&A

◉ 다학제란?

• 다양한 분야의 학문이 융합되는 학문을 말한다. 동물매개치료는 동물에 대한 위생, 훈련, 행동학 등과 같은 과목 뿐 아니라, 사람에 대한 심리학, 병리학, 정신의학 등의 다양한 과목에 대한 학문들이 융합하여 완성되는 다학제가 특징이다.

◉ ADHD란?

주의력결핍 과잉행동장애(Attention Deficit Hyperactivity Disorder)로 부주의, 충동성 및 과잉행동이 특징이다.

◉ 자폐란?

사회적 상호작용에 있어서의 발달장애, 의사소통과 상상력에 의한 활동의 장애 및 현저하게 한정된 활동 및 관심을 특징으로 하는 장애이다.

Tips 알아둡시다

◉ 치료도우미동물

동물매개치료 프로그램 동안에 중재 역할을 하는 동물로서 한국동물매개심리치료학회 가이드라인에 따라 선발과 훈련, 위생관리 등의 일정한 기준에 맞는 동물로서 동물매개치료에 활용되어 치료의 중재 역할을 수행하는 동물이다.

◉ 대상자

동물매개치료에 의한 도움을 필요로 하는 사람으로서 **내담자**(client) 또는 **중재수혜자**(recipient), **사용자**(user)로서 불린다.

◉ 발달장애

정신이나 신체적인 발달에서 나이만큼 발달하지 않은 상태를 말한다.

◉ 조현병

정신분열증으로도 불리며 사고(思考), 감정, 지각(知覺), 행동 등 인격의 여러 측면에 걸쳐 광범위한 임상적 이상 증상을 일으키는 정신 질환을 말한다.

단원학습정리

1. 동물매개치료는 인간과 동물의 유대(human animal bond)를 통하여 내담자의 질병을 개선하거나 보완하는 대체요법이다.

2. 동물매개심리상담사는 중재단위인 치료도우미동물과 펫파트너를 활용하여 대상자와 상호작용을 유발하는 동물매개치료 프로그램을 운영하고 효과를 평가한다.

3. 동물매개치료의 4대 구성 요소는 도움을 필요로 하는 대상자와 도움을 줄 수 있는 전문가인 동물매개심리상담사 및 훈련과 위생 등의 일정한 자격을 갖춘 매개체인 치료도우미동물, 동물매개중재 프로그램을 구현하는 실천현장과 같이 4대 요소로 구성된다.

4. 동물매개치료의 목표는 동물매개심리상담사가 치료도우미동물을 활용하여 대상자의 심리치료 또는 재활치료를 수행하는 것이다.

5. 치료도우미동물로 가장 많이 활용되는 동물은 개라 할 수 있다. 그 이유는 사람과 상호 교감이 가장 우수하며 치료도우미동물로 활용되기 위한 전제 조건인 선발, 훈련, 위생, 동물복지의 4가지 기준 충족이 가장 용이한 때문이다.

6. 동물매개치료의 중재 역할로 치료도우미동물이 활용되는 점이 동물매개치료의 특징이며 큰 장점으로 작용하지만, 반드시 지켜져야 될 전제 조건은 동물복지가 보장되어야 한다는 것이다.

쉬어가기

동물매개치료로 뇌성마비 아동 기적적 회복

이탈리아에서 반려견을 이용해 뇌성마비 아동을 치료해 화제가 되고 있다. 이탈리아 현지 일간지 라 스탐파에 따르면 로마의 아고스띠노 제멜리 대학병원 소아과에서 뇌성마비를 앓고 있던 여아(10세) 한 명이 동물매개 치료를 통해 회복해 퇴원한 것으로 알려졌다.

치료에 도움을 준 동물은 환자의 집에서 기르는 '포르토스(Portos)'라는 이름의 골든 리트리버 강아지였다.

이 아동은 심한 외상후 우울증을 앓고 있던 중 포르토스를 만나며 웃음을 되찾고 병을 이겨내려는 힘을 되찾은 것으로 알려졌다. 병원에서는 가족과 상의해 아동이 애견과 놀며 건강과 기분을 회복하는 프로그램을 적용하였다.

치료를 제안한 죠르죠 콘티 의료팀장은 "이 아동은 우울증으로 잠을 이루지 못하는 상태였다"며 "의료부의 동의를 얻어 2주 간 매일 물리치료 후 1시간 씩 강아지를 만나게 했다"고 말했다. 콘티는 "아동은 무언증에 빠져있었고 물리치료도 싫어했지만 강아지를 만난 첫 날부터 반응을 하기 시작했다"며 "호흡기도 떼고 물리치료의 강도도 높이며 점점 회복돼 퇴원하기에 이르렀다"고 설명했다.

병원 측은 이번 동물매개치료가 이탈리아 전체에서도 흔치 않은 경우이며 특히 라찌오 주의 소아과 뇌성마비 치료에서는 최초라고 말했다.

한국동물매개심리치료학회에 따르면 동물매개치료는 인간과 동물의 유대를 바탕으로 자폐, ADHD, 발달장애, 치매 등의 다양한 대상자들의 심리적, 신체적, 사회적, 정신적 치료 효과를 얻을 수 있는 대체의학의 하나다. 가장 효과가 빠르고 대상자들이 능동적으로 즐겁게 참여하는 치료요법으로 알려져 있다.

출처 : 메트로신문(http://www.metroseoul.co.kr)

MEMO

CHAPTER 04

동물매개심리상담사

Animal Assisted Psychotherapist

동물매개심리상담사는 동물매개치료를 담당하는 전문 인력을 말한다. 동물매개심리상담사 자격증은 현재 국내 유일의 동물매개치료 학술단체인 한국동물매개심리치료학회(www.kaaap.org)에서 민간자격 인증을 받아 발급하고 있다.

동물매개심리상담사는 동물매개치료 프로그램을 계획하고 활동의 수행을 감독하며, 대상자의 변화를 평가하는 역할을 수행한다. 동물매개심리상담사는 치료도우미동물을 활용하여 대상자의 심리적 치료와 재활적 치료 프로그램을 수행한다.

Ⅰ. 동물매개심리상담사 개요

학습목표

1. 동물매개심리상담사의 개념을 이해할 수 있다.
2. 동물매개심리상담사 자격증 취득에 대해 알 수 있다.

1 동물매개심리상담사란?

동물매개심리상담사는 동물매개치료를 담당하는 전문 인력을 말한다. 동물매개심리상담사 자격증은 현재 국내 유일의 동물매개치료 학술단체인 한국동물매개심리치료학회(www.kaaap.org)에서 민간자격 인증을 받아 발급하고 있다.

동물매개심리상담사는 과거 **동물매개치료사**로 명칭이 사용되었으나, **치료사**라는 용어가 사회적 필요에 의해 변경되는 흐름을 반영하여 동물매개심리상담사로 명칭이 지정되어 사용되고 있다. 동물매개중재 활동을 관장하는 **중재전문가** 또한 동물매개심리상담사의 다른 용어라 할 수 있다.

동물매개심리상담사는 동물매개치료 프로그램을 계획하고 활동의 수행을 감독하며, 대상자의 변화를 평가하는 역할을 수행한다. 동물매개심리상담사는 치료도우미동물을 활용하여 대상자의 심리적 치료와 재활적 치료 프로그램을 수행한다.

현재 동물매개치료 관련 민간자격 등록은 '**동물매개심리상담사**'가 유일하며, 이를 주관하는 기관은 '한국동물매개심리치료학회'이다.

2 동물매개심리상담사 자격 취득하기

1) 자격증의 종류

현재 동물매개치료를 관장하는 전문가인 동물매개심리상담사는 한국동물매개심리치료학회에서 인증을 하고 있으며 동물매개심리상담사 자격증의 종류는 다음과 같다.

① 동물매개심리상담사 슈퍼바이저
② 동물매개심리상담사 전문가
③ 1급 동물매개심리상담사
④ 2급 동물매개심리상담사

2) 자격증별 역할

동물매개심리상담사 자격증별 역할은 다음과 같다.

(1) 2급 동물매개심리상담사

① 동물매개심리상담 기관에서의 상담 행정업무
② 동물매개 봉사활동

(2) 1급 동물매개심리상담사

① 2급 동물매개심리상담사 및 동물매개활동의 교육 및 지도
② 개인 및 집단의 동물매개심리상담
③ 동물매개심리상담 프로그램 개발

(3) 동물매개심리상담사 전문가

① 동물매개심리상담 센터 운영
② 1급 이하 동물매개심리상담사의 교육 및 지도
③ 동물매개심리상담 프로그램 개발 및 학술 연구 활동

(4) 동물매개심리상담사 슈퍼바이저

① 동물매개심리상담 연구 및 학술활동

② 동물매개심리상담사 교육 및 슈퍼비전

③ 동물매개심리상담 센터 운영

3) 자격요건과 구비조건

동물매개심리상담사 자격증별 자격요건과 구비조건은 다음에 해당하는 자로서 한국동물매개심리치료학회 자격위원회에서 그 자격을 인준 받은 자로 한다.

(1) 2급 동물매개심리상담사

2년제 이상 대학 재학 이상자로 1)항, 2)항의 자격을 모두 갖춘 자.

단, 관련 전공자는 학회 주관 워크샵 이수로 1)항과 2)항을 대체함.

① 한국동물매개심리치료학회 또는 지정기관에서 교육과정 36시간을 이수한 자

② 한국동물매개심리치료학회의 학술활동을 6시간 이수한 자

* 관련 전공은 동물매개치료학, 심리상담학, 애완동물학, 수의학, 동물자원학, 사회복지학, 미술치료, 음악치료, 간호학, 의학 등과 자격위원회에서 인정하는 전공이 이에 해당된다.

(2) 1급 동물매개심리상담사

① 한국동물매개심리치료학회 정회원 이상으로 동물매개심리치료 전공 석사과정 재학 이상이면서 아래 3항, 4항, 5항, 6항, 7항의 자격을 모두 갖춘 자
또는 2급 자격증 취득 후 1년 경과한 자로서 2항, 3항, 4항, 5항, 6항, 7항의 자격을 모두 갖춘 자

② 한국동물매개심리치료학회 또는 지정기관에서 교육과정 60시간을 이수한 자

③ 한국동물매개심리치료학회의 학술활동을 12시간 이수한 자

④ 동물매개치료관련 임상활동을 80시간 이상하고 임상기관의 임상확인서를 제출한 자

⑤ 임상감독 20시간 이상 이수한 자

⑥ 동물매개치료 임상 사례발표 1회 이상인 자

⑦ 동물매개치료관련 사례회의 3회 이상 참석한 자

(3) 동물매개심리상담사 전문가

① 한국동물매개심리치료학회 정회원 이상으로 동물매개심리치료 전공 석사학위 이상 소지자로서 아래 3항, 4항, 5항, 6항, 7항, 8항의 자격을 모두 갖춘 자 또는 동물매개심리상담사 1급 자격증 취득 후 3년 이상 임상경력자로서 아래 2항, 3항, 4항, 5항, 6항, 7항, 8항의 자격을 모두 갖춘 자

② 한국동물매개심리치료학회 또는 지정기관에서 교육과정 80시간을 이수한 자

③ 한국동물매개심리치료학회의 학술활동을 18시간 이수한 자

④ 동물매개치료관련 임상활동을 150시간 이상 이수하고 임상기관의 임상확인서를 제출한 자

⑤ 임상감독 40시간 이상 이수한 자

⑥ 동물매개치료 임상 사례발표 2회 이상인 자

⑦ 동물매개치료관련 사례회의 5회 이상 참석한 자

⑧ 전국 단위 이상 학술지에 동물매개치료 관련 논문을 1회 이상 게재한 자

(4) 동물매개심리상담사 슈퍼바이저

① 한국동물매개심리치료학회 정회원 이상으로 동물매개심리상담사 전문가 자격증 취득 후 동물매개치료 관련 임상 4년 이상 경력자로서 아래 2항, 3항, 4항, 5항의 자격을 모두 갖춘 자

② 한국동물매개심리치료학회의 학술활동을 36시간 이수한 자

③ 300시간 이상의 동물매개치료관련 임상활동 또는 교육 경력이 있는 자

④ 동물매개치료 임상 사례발표 5회 이상인 자

⑤ 전국 단위 이상 학술지에 동물매개치료 관련 논문(저서 포함)을 3회 이상 게재한자

4) 자격증 취득 과정

동물매개심리상담사 자격증은 각 자경증별 자격요건과 구비조건을 갖추고 지원서를 접수하면, 서류심사와 시험을 통하여 인증된 자에 한하여 자격증을 부여하고 있다.

(1) 서류심사

지원자격 구분	교육시간	학술활동	임상활동	임상감독	사례발표	사례회의	논문게재
2급 동물매개심리상담사	36시간	6시간	×	×	×	×	×
1급 동물매개심리상담사	60시간	12시간	80시간	20시간	1사례	3회	×
동물매개심리상담사 전문가	80시간	18시간	150시간	40시간	2사례	5회	1회
동물매개심리상담사 슈퍼바이저	×	36시간	300시간 (교육경력 포함)	×	5사례	×	3회

(2) 자격증별 검정 방법 및 과목

자격종목	등급	검정방법	검정과목	비고
동물매개 심리상담사	2급	서류심사 면접	동물매개치료학 개론 발달심리학	과목당 점수 40점 이상 전체평균 점수 60점 이상
	1급	서류심사 필기 면접	동물매개치료학 치료도우미동물학 이상심리학 상담심리학	과목당 점수 40점 이상 전체평균 점수 60점 이상
	전문가	서류심사 필기 면접	동물매개중재학 동물행동학 임상심리학 집단상담	과목당 점수 40점 이상 전체평균 점수 60점 이상
	슈퍼바이저	서류심사 면접	–	–

(3) 임상감독

① 임상감독이란 실제 동물매개치료를 하고 있는 임상실습에 대하여 슈퍼비전을 받는 것을 말한다.

② 임상감독 시간은 전문가의 경우 40시간, 1급의 경우 20시간 이상을 이수해야 하며 학회에서 정한 임상감독확인서 양식에 임상감독자의 사인을 받아 제출해야 한다.

③ 임상감독은 학회에서 인정한 자격을 취득한 슈퍼바이저나 전문가에게 임상감독을 받은 경우에만 인정을 하며 반드시 총 임상감독 시간을 이수하는 동안에 서로 다른 2인 이상으로 부터 임상감독을 받아야 한다.

(4) 사례발표 및 사례회의

① 사례발표란 동물매개치료를 진행하는 일에 관하여 실제적인 과정을 발표하는 것을 의미한다.

② 사례발표는 슈퍼바이저 취득과정의 경우 5회 이상, 전문가 취득과정의 경우 2회 이상, 1급 취득과정의 경우 1회 이상 발표하여야 한다.

* 1회는 1사례를 말하며 1사례당 최소 10회기 이상 진행된 것을 발표하여야 한다.

③ 사례회의란 학술대회나 학회에서 정한 기관에서 학회에 사례발표를 신청한 자가 동물매개치료를 진행한 케이스에 대해서 사례발표 하는 것에 참여하는 것을 의미한다.

④ 사례회의는 전문가 취득과정의 경우 5회 이상, 1급 취득과정의 경우 3회 이상 참석하여야 한다.

(5) 자격증 유지조건(자격증 유효기간 명시 조항)

동물매개심리상담사 자격증을 취득하고 학술활동이 부진한 경우 자격증의 재발급을 거부할 수 있다.

① 동물매개심리상담사 슈퍼바이저, 동물매개심리상담사 전문가 자격증 유효기간은 발급일로부터 만 2년으로 한다.

- 동물매개심리상담사 슈퍼바이저와 동물매개심리상담사 전문가는 자격증 취득이후 자격증 유효기간 내에 최소 학술대회 12시간 이상 참여하여야 하며 서류심사에 의하여 재심사를 진행한다.
- 단, 동물매개심리상담사 슈퍼바이저는 자격증 재발급을 위하여 전국 단위 이상 학회지에 논문발표 1회를 필히 기고하여야 한다.

② 동물매개심리상담사 1급, 동물매개심리상담사 2급 자격증 유효기간은 발급일로부터 만 2년으로 한다.

- 동물매개심리상담사 1급, 동물매개심리상담사 2급 자격증 취득자는 자격증 취득 이후 자격증 유효기간 내에 최소 학술대회 12시간 이상 참여하여야 한다.

II. 동물매개심리상담사 역할과 비전

학습목표

1. 동물매개심리상담사의 역할을 이해할 수 있다.
2. 동물매개심리상담사의 조건에 대해 알 수 있다.
3. 동물매개심리상담사의 비전을 이해할 수 있다.

1 동물매개심리상담사 역할과 조건

1) 동물매개심리상담사 역할

- **동물매개심리상담사는 동물매개치료를 담당하는 전문가로 동물매개치료 프로그램의 계획과 수행 감독 및 대상자 효과 평가를 담당하는 전문가이다.**
- **동물매개심리상담사는 치료도우미동물을 활용하여 대상자의 심리 치료와 재활 치료 프로그램을 수행한다.**

동물매개심리상담사는 동물매개치료를 운영하는 중재 전문가로서, 치료도우미동물을 중재도구로 활용하여 대상자의 심리치료와 재활치료를 수행하는 동안에, 〈**표 4-1**〉과 같은 역할을 수행한다.

표 4-1. 동물매개심리상담사의 역할

• 진단자	• 동물관리자	• 설계자	• 의사결정자
• 상담자	• 조력자	• 강화자	• 평가자

2) 동물매개심리상담사의 조건

동물매개심리상담사는 효율적인 면담기술, 사정기술, 개입기술이 있어야 한다.

(1) 면담기술

동물매개치료 프로그램 운영 과정에 대상자와 효율적인 의사소통 및 관여기술이 있어야 한다.

(2) 사정기술

개인과 환경의 상호작용 맥락에서 대상자의 문제나 어려움을 발견할 수 있어야 한다.

(3) 개입기술

동물매개치료 프로그램 운영 과정에 대상자의 문제나 어려움을 해결할 수 있는 능력이 있어야 한다.

3) 전문적인 조력관계 형성의 요소

동물매개심리상담사는 동물매개치료 프로그램 운영 과정에 대상자에게 전문적인 조력관계 형성을 하기 위해 아래와 같은 요소를 갖추고 있어야 한다.

① 공감(empathy)에 바탕을 둔 의사소통
② 긍정적 존중
③ 온화함
④ 진솔성
⑤ 강점 및 가능성의 발견

4) 동물매개심리상담사의 자세

능력 있는 동물매개심리상담사는 아래와 같은 자세를 갖추고 있어야 한다.

① 적극적 관심과 참여
② 수용
③ 대인관계기술
④ 동물매개심리상담사의 자기인식

5) 동물매개심리상담사의 자기인식

자기인식(self-awareness)의 의미는 자신에 대한 이해와 함께 사회전반에 관련된 기술, 지식, 가치 및 개인적 경험을 의도적으로 활용하여 자신의 업무를 향상 시키는 것이다.

동물매개심리상담사의 자기인식으로 갖추어야할 요소는 아래와 같다.

① 주변 상황 파악

② 타인의 수용

③ 비차별적 비심판적 행동과 태도

④ 자기주장

⑤ 자기통제

⑥ 직관력

⑦ 자기노출하기

⑧ 전문적인 경계선 유지하기

6) 동물매개심리상담사의 개인적인 자질

훌륭한 동물매개심리상담사는 〈**표 4-2**〉와 같은 개인적 자질을 갖추고 있어야 한다.

표 4-2. 동물매개심리상담사의 개인적인 자질

• 탁월한 능력	• 다른 사람과 온정적이고 효과적인 관계를 맺을 수 있는 능력
• 부드럽고 온화한 성격	• 봉사정신
• 독창성과 자원의 풍부성	• 올바른 가치관과 도덕성
• 민감성에 대한 반응성	• 압박감에 대한 인내력과 근면성
• 호기심과 재치	• 신체적 정신적 건강
• 민첩성과 순발력	• 통합성과 자기 통제
• 인내력과 책임감	• 심리적 안정감
• 진실성	• 윤리적 가치에 대한 인식
• 개체로서의 인간에 대한 관심	• 감정조절 능력
• 개방성과 융통성	• 대상자의 감정과 언어전달에 민감
• 자신의 성격 특성에 대한 직관	• 타인에 대한 긍정적 수용
• 책임감과 의무감	• 심리학 특히 임상분야에 대한 깊은 이해
• 동기와 복잡성에 대한 민감성	• 원만한 대인관계
• 사람과 동물에 대한 사랑	

7) 치료도우미동물에 대한 책임

동물매개심리상담사는 동물매개치료 활동 시 〈표 4-3〉과 같은 치료도우미동물에 대한 책임을 다하여야 한다.

표 4-3. 치료도우미동물에 대한 책임

- 치료도우미동물은 한국동물매개심리치료학회의 인증을 받아야 한다.
- 동물의 요구 사항에 대하여 근본적인 이유를 알고 대처하도록 한다.
- 동물이 받는 스트레스를 알고 적절한 조치를 취하도록 한다.
- 동물 보호자로서의 역할을 다 해야 한다.
- 모든 상황에서 동물의 복지를 최우선으로 해야 한다.
- 생명의 존엄성과 가치를 인식해야한다.
- 동물에게 적합한 사료의 급여와 급수, 운동, 휴식 등을 보장해야 한다.
- 동물에게 정기 검진과 예방접종, 기생충구제 등으로 건강한 상태를 유지하도록 해야 한다.
- 상해를 방지하는 기술이 있어야 한다.
- 동물의 스트레스, 흥분 등의 신호를 능숙하게 읽어내고 대처하도록 한다.
- 동물의 요구를 보호하고 존중해 준다.
- 동물과 상호작용을 할 수 있어야 한다.
- 동물에게 가혹행위, 학대행위, 과도한 스트레스를 주어서는 안 된다.
- 동물이 질병에 걸렸을 경우 수의사의 진단과 치료를 받을 수 있도록 하고 회복될 때까지 안정과 휴식을 취하도록 한다.

8) 동물매개심리상담사의 윤리 및 전문가적 책임

동물매개심리상담사는 동물매개치료 활동 시 〈표 4-4〉와 같은 대상자에 대한 윤리 책임을 다하여야 한다.

표 4-4. 동물매개심리상담사의 윤리 및 전문가적 책임

- 관계의 비밀 보장성을 존중한다.
- 지킬 수 없는 약속을 하지 않도록 조심한다.
- 정당하게 도울 수 있는 대상자만을 받아들인다.
- 사례가 자신의 전문분야를 벗어나거나, 다른 곳에서 더 잘 치료될 수 있는 경우는 자격을 갖춘 다른 치료사에게 의뢰한다.
- 치료비용은 정해진 수준에서 받아야 한다.
- 대상자의 복지를 주요 관심사로 간주한다.
- 치료과정의 점진성을 인정하고 서두르지 않는다.

- 항상 대상자의 감정에 민감하고 부드럽게 반영한다.
- 대상자와의 동물매개치료 상호작용 교류를 위한 기술을 갖춘다.
- 효과적인 대화와 청취 기술을 갖춘다.
- 대상자와 적절한 사회적 기술을 갖춘다.
- 인수공통감염병 등 감염에 대한 대책과 안전한 조치를 한다.
- 다양한 분야에 걸친 풍부한 교양과 지식을 갖춘다.
- 대상자와 치료도우미동물에 대한 충분한 지식을 갖춘다.
- 치료과정과 평가에 대한 충분한 지식을 갖춘다.
- 대상자의 행동을 관찰, 기록, 계획하는 능력을 갖춘다.
- 치료과정 구성 시 부모, 전문가, 관련 인사를 포함하는 능력을 갖춘다.
- 대상자의 특성을 인지하고 일시적, 장기적 욕구를 파악하는 능력을 갖춘다.
- 의사소통기능의 촉진과 사회성 발달을 돕는 능력을 갖춘다.
- 활용도구 제작 및 활용과 감각운동의 발달을 증진시키는 능력을 갖춘다.
- 신체적 건강발달과 문제해결 능력을 증진시키는 능력을 갖춘다.

2 동물매개심리상담사의 비전

동물매개심리상담사는 동물매개치료 활동을 관장하는 중재전문가로서 〈표 4-5〉와 같은 다양한 진로와 비전을 가지고 있다.

표 4-5. 동물매개심리상담사의 진로

- 동물매개심리상담사로 동물매개심리상담센터 경영
- 동물매개심리상담사로 복지관, 요양원, 병원 등의 치료시설에서 동물매개치료 전문가로 근무
- 대학원 진학
- 교수 또는 강사로 교육 활동

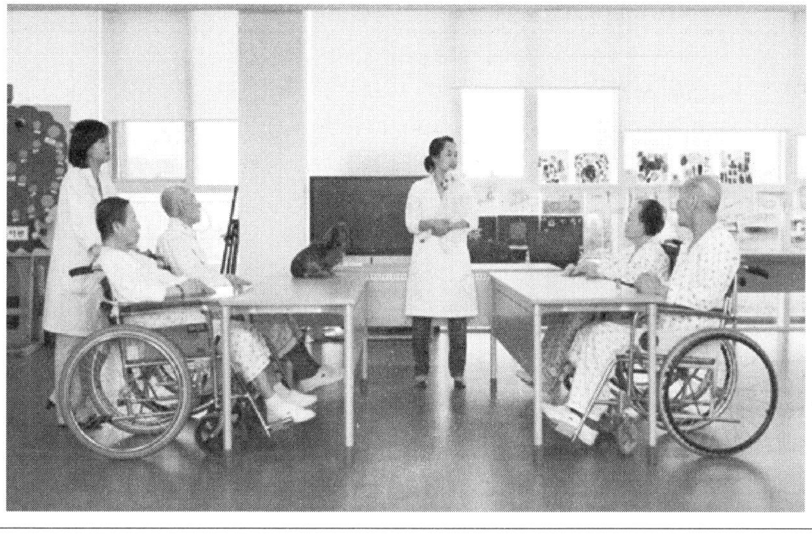

출처 : 보바스 기념병원 http://blog.daum.net/withbob/17180501

그림 4-1. 병원의 동물매개치료 프로그램 운영

3 동물매개치료의 효율적 운영을 위한 2가지 형태

동물매개치료는 한국동물매개심리치료학회에서 인증을 받은 동물매개치료 프로그램을 운영하는 전문가인 동물매개심리상담사의 운영에 의하여 수행될 수 있다.

동물매개치료를 운영하는 형태는 〈**표 4-6**〉과 같이 2가지 형태로 나누어 볼 수 있다. 가장 이상적인 형태는 다학제 팀을 구성하여 활동하는 것이다.

표 4-6. 동물매개치료 운영의 2가지 형태

	다학제 팀 활동	중재단위 활동
구성	• 동물매개심리상담사 • 치료도우미동물+펫파트너(IU) • 정신과 의사 및 의료 스텝 • 수의사 • 심리상담사 • 사회복지사 • 해당 전문가	• 동물매개심리상담사 • 치료도우미동물+펫파트너(IU)

Q&A

동물매개심리상담사란?

• 동물매개치료를 담당하는 전문 인력을 말한다. 과거 동물매개치료사로 명칭이 사용되었으나, 치료사라는 용어가 사회적 필요에 의해 변경되는 흐름을 반영하여 동물매개심리상담사로 명칭이 지정되어 사용되고 있다.

임상감독이란?

• 실제 동물매개치료를 하고 있는 임상실습에 대하여 슈퍼비전을 받는 것을 말한다.

사례발표란?

• 동물매개치료를 진행하는 일에 관하여 실제적인 과정을 발표하는 것을 의미한다.

Tips 알아둡시다

사례회의

• 동물매개치료 활동에 대한 사례 발표에 참석하여 발표를 듣고 의견을 논의하는 과정을 말한다.

공감(empathy)

• 타인에게 감정이입이 되고 상대가 느끼는 것을 함께 느끼는 것을 말한다. 감정이입에서 유래된 공감은 다른 사람의 입장이 되어 그들이 어떻게 느끼고 생각하는지 이해하는 것을 의미하며, 적극적인 해결의 자세 또한 함축되어 있다.

동감(sympathy)

• 다른 사람들과 감각적인 느낌, 의견 등이 일치한다는 것으로 공감에 비해 소극적인 반응이다.

단원학습정리

1. 동물매개심리상담사는 동물매개치료를 담당하는 전문 인력을 말한다. 동물매개심리상담사 자격증은 현재 국내 유일의 동물매개치료 학술단체인 한국동물매개심리치료학회(www.kaaap.org)에서 민간자격 인증을 받아 발급하고 있다.

2. 동물매개심리상담사는 치료도우미동물을 활용하여 대상자의 심리 치료와 재활 치료 프로그램을 수행한다.

3. 동물매개심리상담사는 효율적인 면담기술, 사정기술, 개입기술이 있어야 한다.

4. 전문적인 조력관계 형성을 하기 위해 공감(empathy)에 바탕을 둔 의사소통, 긍정적 존중, 온화함, 진솔성,강점 및 가능성의 발견 능력을 갖추고 있어야 한다.

5. 능력 있는 동물매개심리상담사는 적극적 관심과 참여, 수용, 대인관계기술, 동물매개치료사의 자기인식 자세를 갖추고 있어야 한다.

6. 동물매개심리상담사는 동물매개치료 활동을 관장하는 중재전문가로서 동물매개심리상담센터, 복지관, 요양원, 병원 등의 동물매개치료 전문가, 대학원 진학, 교수 또는 강사로 교육 활동과 같은 다양한 진로와 비전을 가지고 있다.

7. 동물매개심리상담사 자격증 유효기간은 발급일로부터 만 2년으로 한다.

8. 동물매개심리상담사 자격증 취득자는 자격증 취득 이후 자격증 유효기간 내에 최소 학술대회 12시간 이상 참여하여야 한다.

9. 동물매개치료를 운영하는 형태는 다학제 팀 활동과 중재단위 활동과 같은 2가지 형태로 나누어 볼 수 있으며, 가장 이상적인 형태는 다학제 팀을 구성하여 활동하는 것이다.

쉬어가기

마 노인과 황구 이야기

마나오 씨는 59세의 중국인입니다. 그녀의 유일한 가족은 올해 두 살 된 황구 한 마리입니다. 마 노인은 병으로 인해 두 다리를 못 씁니다. 휠체어를 살 형편이 되지 못하다 보니 리어카를 개조해 다리 삼았습니다. 마 노인은 뤄양시 회족구의 한 거리 입구에서 신발 수선 노점을 해서 입에 풀칠을 합니다. 하루 벌이는 우리 돈 3~4천 원, 매일 쉬지 않고 일해야 겨우 그날 먹을거리를 살 수 있습니다.

그래서 매일 아침 9시면 집에서 노점을 하는 거리까지 약 1 킬로미터 정도를 리어카 휠체어로 출근합니다. 바퀴 위에 앉아 각목을 삿대 삼아 앞으로 나아갑니다. 문제는 중간에 있는 얕은 언덕길입니다. 이 구간을 통과하기가 여간 힘겹지 않습니다. 이때마다 마 노인의 반려 황구가 나섭니다. 앞발을 마 노인의 등과 허리에 올려놓은 뒤 뒷발로 열심히 밀어줍니다. 얼마나 도움이 되는지 모르겠지만 마 노인에 대한 애정만큼은 오롯이 느껴집니다.

노점에서 노인이 일할 때는 한구석에 조용히 누워있습니다. 때때로 마 노인의 불편한 하반신에 몸을 바짝 붙여 따뜻하게 데워주기도 합니다. 손님이 가고 나면 벌떡 일어나 마 노인의 주변을 뱅글뱅글 맴돕니다. 가슴으로 뛰어올라 덥석 안기기도 합니다. 그 재롱에 무료할 틈이 없습니다.

오후 5시 퇴근길에도 황구는 든든한 경호원이자 조력자입니다. 오는 길에 그날 저녁 식사인 1천6백 원짜리 국수를 삽니다. 젓가락에 돌돌 말아 황구부터 한 입 줍니다. 마 노인은 항상 국수를 반만 먹고 나머지는 황구에게 넘겨줍니다. 국수조차 사기 어려운 날에는 고구마를 쪄먹습니다. 그것도 공평하게 절반씩 먹습니다. 무엇이든 반반입니다. 둘은 십 제곱미터가 채 안 되는 방에서 서로의 체온으로 추위를 녹여가며 잠을 잡니다. 24시간 한 순간도 떨어져 있는 법이 없습니다.

어떻습니까? 마 노인과 황구는 어찌 보면 처참한 환경에 놓여 있습니다. 그럼에도 서로를 의지하고 위안 삼으며 씩씩하게 행복하게 헤쳐 나가고 있습니다. 서로를 탓하는 법도 없습니다. 그저 함께 있는 것만으로 고맙고 감사합니다. 진정한, 이상적인 반려입니다.

출처 : SBS 뉴스, 2015. 1. 1.
http://news.sbs.co.kr/news/endPage.do?news_id=N1002762149&plink=ORI&cooper=NAVER

CHAPTER 05

치료도우미동물

Therapy Animal

Ⅰ. 치료도우미동물의 개요

Ⅱ. 치료도우미동물의 조건과 기준

치료도우미동물이란 동물매개중재 활동에 활용될 수 있는 일정한 자격을 갖춘 동물을 말한다. 치료도우미동물은 한국동물매개심리치료학회의 정해진 기준에 따른 수의학적 관리, 훈련, 동물 복지 기준을 충족하는 동물로서 평가에 합격하고 인증된 동물을 말한다. 동물매개치료는 따뜻한 체온을 가지고 있고 부드러운 털을 가지고 있으며, 감정을 가지고 꼬리치고 핥아줄 수 있는 살아 있는 동물이 중재의 도구로 활용되는 특징을 가지고 있다.

이러한 이유로 동물매개치료는 다른 어떤 대체요법 보다 우수한 효과를 빠르게 달성할 수 있다.

Ⅰ. 치료도우미동물 개요

학습목표

1. 치료도우미동물의 개념을 이해할 수 있다.
2. 중재 도구로서 치료도우미동물의 이점에 대해 알 수 있다.

1 치료도우미동물이란?

- **동물매개중재 활동에 활용될 수 있는 일정한 자격을 갖춘 동물**
- **한국동물매개심리치료학회의 정해진 기준에 따른 수의학적 관리, 훈련, 동물복지 기준을 충족하는 동물로서 평가에 합격하고 인증된 동물**

치료도우미동물이란 동물매개중재 활동에 활용될 수 있는 일정한 자격을 갖춘 동물을 말한다. 치료도우미동물은 한국동물매개심리치료학회의 정해진 기준에 따른 수의학적 관리, 훈련, 동물복지 기준을 충족하는 동물로서 평가에 합격하고 인증된 동물을 말한다.

동물매개중재 활동의 가장 중요한 중재 도구는 치료도우미동물이라 할 수 있다. 중재단위는 치료도우미동물과 펫파트너를 말하며, 인증된 치료도우미동물과 이를 잘 다룰 수 있는 펫파트너가 함께 **중재전문가**인 동물매개심리상담사의 지시에 따라 대상자와 상호작용을 수행하는 것이 동물매개치료 프로그램이라 할 수 있다.

동물매개치료는 중재도구로서 다른 보완대체의학적 방법들과 다르게 살아있는 치료도우미동물을 활용하기 때문에 효과가 빠르고 능동적인 장점을 가지고 있다. 치료도우미동물로 가장 많이 활용되는 동물은 개다. 그 이유는 개가 가장 오랜 기간 인류와 함께 살아오면서 인간과 동물의 유대가 강하고 상호작용이 가장 뛰어나며 수의학적 관리 또한 용이하기 때문이다.

2 중재도구로서 치료도우미동물의 이점

1) 동물매개치료의 특징과 치료도우미동물의 이점

동물매개치료는 따뜻한 체온을 가지고 있고 부드러운 털을 가지고 있으며, 감정을 가지고 꼬리치고 핥아줄 수 있는 살아 있는 동물이 중재의 도구로 활용되는 특징을 가지고 있다. 이러한 이유로 동물매개치료는 다른 어떤 대체요법 보다 우수한 효과를 빠르게 달성할 수 있다.

〈표 5-1〉은 치료도우미동물의 중재 역할로 인한 동물매개치료의 특징을 보여주고 있다. 이러한 동물매개치료의 특징은 바로 치료도우미동물이 가지고 있는 특성 때문에 유도될 수 있는 동물매개치료의 특징이자 장점이라 할 수 있다.

표 5-1. 치료도우미동물의 중재 역할로 인한 동물매개치료의 특징

1. 동물매개치료는 다른 대체요법과 다르게, 살아있는 동물이 매개체로 작용하는 점이 가장 큰 특성이라 할 수 있다.
2. 동물매개치료는 다른 어떤 보완대체의학적 방법들 보다 대상자들이 능동적이며 즐겁게 참여하고 효과 또한 빠르고 지속적이다.
3. 동물은 살아있고, 감정을 표현하며, 대상자들과 빠른 상호반응을 하기 때문에 내담자인 대상자들에 빠른 신뢰 형성과 치료 프로그램에 적극적인 참여를 유도하여 빠른 치유 효과를 유발할 수 있다.

2) 동물매개치료 과정에서 치료도우미동물의 역할

〈표 5-2〉는 동물매개치료 과정에서 치료도우미동물의 역할을 정리한 것이다. 동물매개치료 과정 동안에 치료도우미동물은 대상자에게 사회적 윤활제, 감정의 촉매자, 선생님으로서 역할, 중간 연결체 역할을 할 수 있다.

(1) 사회적 윤활제

동물매개치료 과정에서 치료도우미동물은 자폐와 같이 사회적 기술 발달이 낮은 대상자들에게 쉽게 친숙해지고 나아가 사람들과도 사회성을 향상시키는 역할을 한다.

(2) 감정의 촉매자

치료도우미동물은 대상자의 친구역할을 하며, 대상자 자신의 감정을 쉽게 털어놓고 슬픔이나 기쁨을 표현할 수 있는 감정의 촉매자 역할을 한다.

(3) 선생님으로서 역할

치료도우미동물은 동물매개치료 과정 동안에 대상자가 간단한 훈련이나 교육 과정에 참여하는 프로그램을 통하여, 대상자에게 지식 뿐 아니라 사회적 규범이나 규칙 준수와 같은 도덕을 배우게 할 수 있는 선생님으로서의 역할을 한다.

(4) 중간 연결체

치료도우미동물은 동물매개심리상담사와 대상자(내담자)의 중간 연결체로서 대상자가 동물매개심리상담사에 자신의 비밀을 빨리 털어 놓고 마음의 벽을 허무는 중간 연결체 역할을 한다.

표 5-2. 동물매개치료 과정에서 치료도우미동물의 역할

역할 1	사회적 윤활제
역할 2	감정의 촉매자
역할 3	선생님
역할 4	동물매개심리상담사와 대상자(내담자)의 중간 연결체

II. 치료도우미동물 조건과 기준

학습목표

1. 치료도우미동물의 조건을 이해할 수 있다.
2. 치료도우미동물의 종류와 선택 기준에 대해 알 수 있다.

1 치료도우미동물의 조건

1) 치료도우미동물의 일반 조건

동물매개치료 프로그램에 참여하는 치료도우미동물은 많은 조건들을 충족하여야 한다. 치료도우미동물로 활용되기 위해서는 아래와 같은 최소 조건을 갖추어야 한다.

- **성숙한 연령(개의 경우는 최소 1살 이상)**
- **공격성이 없어야 함**
- **기초적인 복종이 되어야 함**
- **수의학적인 관리가 수행되어야 함**
- **동물매개심리상담사와 호흡이 맞아야 됨**

(1) 성숙한 연령

동물의 연령이 너무 어린 경우에 상황에 대한 대처 능력이 떨어지거나 조그만 자극에도 크게 반응 할 수 있다.

따라서 어느 정도 성숙한 연령의 동물을 치료도우미동물로 활용하는 것이 권장된다.

단체에 따라 기준은 다르지만, 개의 경우에는 최소 1살 이상의 연령이 치료도우미견으로 적합하다.

(2) 공격성이 없어야 함

동물매개치료 프로그램 수행 과정에 대상자 사람을 치료도우미동물이 물거나 할퀴는 일이 발생하는 일은 사전에 공격성이 없는 동물을 선발하는 것으로 예방할 수 있다. 따라서 성격 검사를 통하여 공격성이 없는 동물을 선발하여 치료도우미동물 활용하는 것이 적합하다.

(3) 기초적인 복종이 되어야 함.

동물매개치료 프로그램 수행을 하기 위해서는 치료도우미동물은 대상자 사람에 대한 복종을 보여야 한다.

따라서 기초 복종 훈련을 통하여 기본적인 복종이 되어야 치료도우미견으로 활용이 적합하다.

(4) 수의학적인 관리가 수행되어야 함

동물매개치료 프로그램 수행을 위한 전제 조건으로 치료도우미동물은 대상자 사람에 전염병을 유발하면 안 된다.

동물로부터 오는 인수공통감염병을 예방하기 위해서는 치료도우미동물은 구충, 예방 접종 및 질병의 예방을 위한 철저한 수의학적 관리를 받아야 한다.

(5) 동물매개심리상담사와 호흡이 맞아야 됨

동물매개치료는 동물매개심리상담사가 치료도우미동물을 활용하여 이루어지는 중재 프로그램이다.

따라서, 동물매개치료의 성공을 위한 전제 조건으로 우수한 치료도우미동물이 확보되어야 하고, 또한 동물매개심리상담사와 치료도우미동물의 호흡이 잘 맞아야 된다.

2) 치료도우미견의 선발을 위한 4대 평가

개가 치료도우미동물로 활용되기 위해서는 **〈그림 5-1〉**과 같은 4가지 평가를 통과하여야 한다. 이러한 평가는 한국동물매개심리치료학회 가이드라인에 따라, 각 기준을 통과한 개를 치료도우미견으로 인증하고 있으며, 동물매개치료 활동을 하기 위해서는 인증된 치료도우미견만 중재의 도구로 활용할 수 있다.

그림 5-1. 치료도우미동물 선발을 위한 4대 평가

2 치료도우미동물의 종류 선택 기준

1) 치료도우미동물 선택을 위한 8가지 기준

'치료도우미동물 선택을 위한 8가지 기준'은 "사육성, 운반성, 상호접촉성, 감정소통성, 안전성, 인간의 운동성, 동물자신의 즐거움, 감염의 안전성"과 같다.

계획하는 동물매개치료 프로그램에 적합한 치료도우미동물 종류는 선택 기준에 맞추어 비교 검토 후 선택을 하도록 한다.

치료도우미동물 선택을 위한 8가지 기준은 〈**표 5-3**〉과 같이 "사육성, 운반성, 상호접촉성, 감정 소통성, 안전성, 인간의 운동성, 동물자신의 즐거움, 감염의 안전성"과 같다.

표 5-3. 치료도우미동물 선택을 위한 8가지 기준

1	사육성	집에서 쉽게 기를 수 있는가?
2	운반성	사람이 직접 운반할 수 있는 편리성
3	상호 접촉성	사람과 동물과의 신체접촉의 용이성
4	감정 소통성	사람과의 친밀도
5	안전성	동물의 사람에 대한 공격성
6	인간의 운동성	동물과 사람이 함께 운동할 수 있는 정도
7	동물 자신의 즐거움	사람과 같이 지내는 것을 좋아하는지에 대한 정도
8	감염의 안전성	동물로 인해 감염될 수 있는 질병의 위험도

2) 치료도우미동물의 종류와 특성

- **치료도우미동물 중에서 가장 많이 동물매개치료와 활동에 활용되는 것이 개이다.**
- **'치료도우미동물 선택을 위한 8가지 기준'에 따라 프로그램 마다 적합한 동물 종류를 선택하도록 한다.**

사람과 동물이 서로 신체적인 접촉을 할 수 있는 동물은 기니피그, 토끼, 양이나 염소이고 개나 고양이도 안아주거나 쓰다듬기 등 상호 접촉성이 좋은 동물이다. 사람과 동물이 친밀감을 느낄 수 있고 서로 감정을 주고받을 수 있는 동물은 개, 고양이, 말 등이다.

동물이 사람에 대한 공격을 하지 않아 안전한 동물은 물고기, 새, 기니피그, 토끼 등이며 원숭이는 사람에게 공격을 할 수 있어서 조심해야 한다. 동물과 사람이 함께 운동할 수 있는 동물은 개, 말, 돌고래 등이며 물고기나 파충류, 새 등은 함께 운동하기는 어려운 동물이다.

사람과 동물이 함께 어울리는 것을 좋아하고 사람도 즐겁고 동물도 즐거워 할 수 있는 동물은 개와 고양이 들이다. 동물의 질병이 사람에게 전염될 수 있는 동물은 사람과 유사한 질병을 가지고 있는 원숭이류를 제외하고는 대부분의 동물들이 안전한 편이다.

동물매개치료에 활용되는 동물의 선택은 대상자에 따라서 선호도도 다르고 알레르기 등이 있어 특정한 동물을 기피하는 경향이 있지만 대상자에 의해서 선택되는 것이 아니라 동물매개심리상담사에 의해서 프로그램 목적에 적합한 종류가 선택된다.

동물매개심리상담사는 다양한 동물에 대한 지식과 응용기술이 필요하다. 국내에서는 대부분 개를 동물매개치료의 치료도우미동물로 활용하고 있으나, 프로그램에 따라 다양한 동물이 동물매개치료나 활동에 활용될 전망이다.

〈표 5-4〉의 도표는 치료도우미동물의 종류 별로 '치료도우미동물 선택을 위한 8가지 기준'의 적합성을 분석하여 표시한 정리표이다.

동물매개심리상담사는 동물매개치료 프로그램을 설계할 때, 〈표 5-4〉의 도표를 참고하여 적합한 동물 종류를 선택하도록 한다.

표 5-4. 동물 종류에 따른 치료도우미동물 선택을 위한 8가지 적합성 비교

종 류	사육성	운반성	상호 접촉성	감정 소통성	안전성	인간의 운동성	동물 자신의 즐거움	감염의 안전성
물고기	★	▽	▽	◇	★	▽	◇	☆
파충류	◇	◇	◇	◇	☆	▽	◇	☆
조류	★	◇	☆	◇	★	▽	◇	☆
햄스터	★	★	◇	◇	☆	◇	◇	☆
기니피그	★	★	★	◇	★	◇	◇	☆
토끼	★	★	★	☆	★	◇	◇	☆
양, 염소	◇	◇	★	☆	☆	☆	◇	☆
소	◇	◇	☆	☆	☆	☆	◇	☆
돼지	◇	◇	☆	☆	☆	☆	☆	☆
고양이	☆	☆	★	★	☆	☆	★	☆
개	☆	☆	★	★	☆	★	★	☆
말	◇	▽	☆	★	☆	★	☆	☆
돌고래	▽	▽	☆	☆	☆	★	◇	☆
원숭이	▽	◇	◇	☆	▽	☆	☆	▽
곤충	☆	★	▽	▽	★	▽	▽	★

★ = 매우 좋음 ☆ = 좋음 ◇ = 보통 ▽ = 나쁨

3) 동물 종류에 따른 장단점

(1) 개

치료도우미동물 중에서 가장 많이 동물매개치료와 활동에 활용되는 것이 개다.

일반적으로 소형견 중에서는 시츄, 말티즈, 코카스파니엘 등이 많이 활용되며 중・대형견에서는 라브라도 리트리버, 골든 리트리버 종들을 많이 활용하는 편이다.

① 대상에 적당한 견종의 선택

㉮ 사회성 결여, 발달장애(자폐)아동

적극적인 놀이를 좋아하거나 사람이 귀찮을 정도로 적극적이고 활동적인 성격을 가진 견종이 효과적이다. 코카스파니엘, 비글, 리트리버 등 일반적으로 사냥을 좋아하는 견종들이 적당할 수 있다.

㉯ 혼자사시는 어르신, 노약자, 은퇴자 등
규칙적으로 산책을 하거나 사료를 주고, 손질을 해주는 등 치료도우미견과의 상호작용을 통하여 생활에 활력을 얻을 수 있다. 적당한 견종으로는 말티즈, 시츄, 코카스파니엘, 리트리버 등이 적당하다고 할 수 있다.

㉰ 활동이 부자유한 장애아동이나 여자아동
예쁜 소형견을 치장하거나 안고 다니는 것을 좋아하기 때문에 요크셔테리어, 말티즈, 푸들, 페키니스, 라사압소 등이 바람직하다.

㉱ 활동적인 장애아동이나 남자아동, 청소년
놀기 좋아하고 활동적인 치와와, 보스턴 테리어, 말티즈, 스탠다드 푸들, 코카스파니엘, 리트리버 등이 바람직하다.

(2) 고양이

치료도우미 고양이로서는 침착하고 낯선 사람이 고양이를 안거나 만지더라도 공격을 하거나 두려워하지 말고 안정되어야하며 많은 사람과의 접촉에도 인내하며 스트레스를 받지 말아야 한다.

일반적으로 고양이는 활동적이기 보다는 대상자의 무릎 위에 조용히 앉아 있을 수 있어야 한다.

(3) 토끼

치료도우미 토끼로 활용하기 위해서는 어렸을 때부터 사람과 자주 어울리고 안아주어 사람이 토끼를 안았을 때 얌전히 있을 수 있도록 훈련하는 것이 필요하다. 어린 아동이나 거동이 불편한 어르신들에게 활용할 수 있다.

(4) 햄스터

햄스터는 야성의 습성이 남아있어 치료도우미동물로 활용하기 위해서는 사람들과 친해지고 거부감을 갖지 않도록 시간을 갖고 훈련을 해야 한다. 우선 햄스터에게 사람을 신뢰할 수 있도록 하는 것이 필요하다. 사람과 충분히 친해지고 손위에서 먹이를 받아먹고 안심하고 놀 수 있을 때 치료도우미로 활용할 수 있을 것이다.

(5) 새

장애아동이나 어르신들이 생활하는 시설이나 클라이언트들에게 새장 속에 가두어진 새를 사육하게 하거나 새를 데리고 방문하여 새들의 노는 모습을 보도록 하는 방법도 있고 길들여진 새를 활용하여 새들을 직접 만지고 먹이를 주면서 새들과 함께 어울리는 시간을 갖도록 할 수도 있다. 간혹 알레르기가 있는 사람들에게는 새의 비듬이나 먼지 등이 문제가 될 수 있다.

(6) 관상어(물고기)

물고기를 이용하는 것은 동물매개치료 중에서 수동적 매개치료의 대표적인 예이다. 이 수동적 동물매개활동은 동물의 털에 대한 알레르기가 있거나 동물을 싫어하는 대상자들에게 적당하며 질병과 기생충 감염의 위험이 적고 비교적 관리가 쉬운 장점이 있다.

(7) 동물원을 이용한 동물매개치료

동물원 동물매개치료 프로그램의 효과로 아래 내용을 들 수 있다.

① 동물원 동물들을 그냥보고 즐기는 것이 아니고 실제 관리 등에 참여하도록 함으로써 교육의 효과를 높인다.
② 과제 수행을 적절히 조정하고 성과에 대하여 격려를 해 준다.
③ 다른 사람의 도움을 받던 환경에서 다른 생명을 돌봄으로써 본성적인 만족감과 자존감을 느낄 수 있다.
④ 친숙하지 않은 동물과의 접촉으로 생기는 두려움을 감소시키고 자신감을 갖게 해준다.
⑤ 동물사육의 기술을 습득하여 양육능력을 길러준다.
⑥ 동물을 만지고 상호작용을 통하여 다른 사람들과의 사회성 향상과 감정 표현의 능력을 향상시킨다.
⑦ 여러 동료들과 함께 함으로서 협동심과 사회성을 배운다.
⑧ 본능적으로 행동하는 동물의 행동을 관찰함으로서 관찰력과 긍정적 사고력을 갖도록 한다.
⑨ 체험활동 내용을 기록하고 발표하도록 함으로서 문제를 정리하는 능력과 발표력의 향상을 기대할 수 있다.
⑩ 동물과 자연 환경에 주의를 기울임으로써 문제를 감소시키는 기회를 갖을 수 있다.
⑪ 만지며 말하는 대화법으로 동물에 대한 애정 표현력을 키워준다.

(8) 말

말을 이용한 치료는 승마요법(hippotherapy), 승마 치료 (riding therapy), 재활승마(riding for rehabilitation), 도약(vaulting)과 같은 4가지로 분류된다. 향상된 균형과 팔다리 근육의 공동작용 그리고 증가된 근력, 이동성, 자존감, 주의집중 기간, 그리고 극기 등의 이점을 제공한다.

(9) 농장 동물

농장 동물과의 교류로 얻어진 긍정적인 결과에는 향상된 의사전달, 증가된 가치 의식, 그리고 필요한 존재 의식 등이 있다.

(10) 돌고래

돌고래 AAT는 전통적인 치료의 신선한 대안을 제공하고, 동기, 주의집중 기간, 대근육과 소근육 운동 기술, 그리고 말하기와 언어 등의 증가 등을 기대할 수 있다.

(11) 유기동물

유기동물은 버려지거나 보호자가 잃어버린 동물로 인수공통감염병 전파에 대한 우려와 더불어 안락사에 따른 동물복지 문제 등으로 사회적 문제를 야기하고 있다.

이에 따라, 유기동물을 활용한 동물매개치료는 안락사 처지에 놓인 동물을 구제하여 도움을 필요로 하는 사람에 희망을 주는 매우 뜻 깊은 활동이라 할 수 있다.

유기견에서 치료도우미견으로 활약하며 큰 감동을 주었던 '치로리' 이야기가 큰 감동을 주고 있다.

(12) 곤충

곤충은 사육이 용이하고 크기가 작아 이동이 편리하며, 색깔과 모양이 다양하여 호기심 유발이 크다는 장점을 가지고 있다.

최근 이러한 장점을 활용하여 곤충이 동물매개치료 프로램의 치료도우미동물로서 아동의 학습 효과 자극, 정서 안정, 생명 존중, 작업치료로서 통합치료 방법이 도입되고 있다.

4) 치료도우미동물의 선택

사람과 동물이 서로 신체적인 접촉을 할 수 있는 동물은 기니피그, 토끼, 양이나 염소이고 개나 고양이도 안아주거나 쓰다듬기 등 상호 접촉성이 좋은 동물이다. 사람과 동물이 친밀감을 느낄 수 있고 서로 감정을 주고받을 수 있는 동물은 개, 고양이, 말 등이다.

동물이 사람에 대한 공격을 하지 않아 안전한 동물은 물고기, 새, 기니피그, 토끼 등이며 원숭이는 사람에게 공격을 할 수 있어서 조심해야 한다. 동물과 사람이 함께 운동할 수 있는 동물은 개, 말, 돌고래 등이며 물고기나 파충류, 새 등은 함께 운동하기는 어려운 동물이다.

사람과 동물이 함께 어울리는 것을 좋아하고 사람도 즐겁고 동물도 즐거워 할 수 있는 동물은 개와 고양이 들이다. 동물의 질병이 사람에게 전염될 수 있는 동물은 사람과 유사한 질병을 가지고 있는 원숭이류를 제외하고는 대부분의 동물들이 안전한 편이다.

동물매개치료에 활용되는 동물의 선택은 대상자에 따라서 선호도도 다르고 알레르기 등이 있어 특정한 동물을 기피하는 경향이 있지만 대상자에 의해서 선택되는 것이 아니라 동물매개심리상담사에 의해서 이루어지는 것이다.

동물매개심리상담사는 다양한 동물에 대한 지식과 응용기술이 필요하다. 한국에서는 대부분 개나 고양이, 말(승마치료)을 이용하고 있으며 앞으로 다양한 동물이 동물매개치료나 활동에 활용될 전망이다. 〈그림 5-2〉는 치료도우미동물의 장점에 따른 동물 분류를 도식화한 것이다.

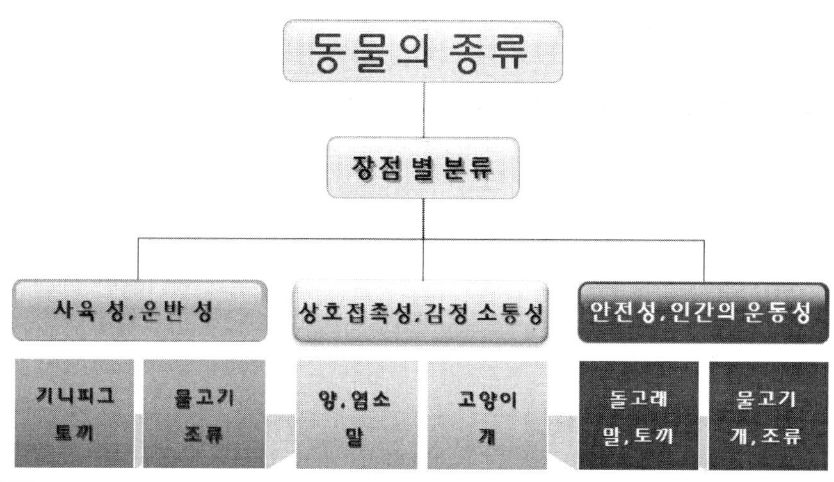

그림 5-2. 치료도우미동물의 장점에 따른 분류

Q&A

◉ 펫파트너란?

- 치료도우미동물을 관리하고 호흡이 잘 맞아 함께 동물매개치료 활동의 중재단위를 이루는 구성요소이다. 한국동물매개심리치료학회에서 치료도우미동물과 함께 인증을 받아 자격을 갖춘 사람이다.

◉ 치료도우미견의 연령은?

- 개의 경우에는 최소 1살 이상의 연령이 치료도우미견으로 적합하다.

◉ 안전성과 감염의 안전성 차이는?

- 치료도우미동물의 선택기준으로 안전성은 동물의 사람에 대한 공격성을 말하며, 감염의 안전성은 동물로 인해 감염될 수 있는 질병의 위험도를 말한다.

Tips 알아둡시다

◉ 승마요법(Hippotherapy)

- "말의 도움을 받는 치료"를 의미한다. 수동적인 승마 형태의 동물매개치료이다.

◉ 승마 치료(riding therapy)

- 말을 이용한 능동적인 동물매개치료로 재활 및 심리 치료 효과를 얻을 수 있다.

◉ 재활승마(riding for rehabilitation)의 구성원

- '지도자(Instructor)', '리더', '사이드 헬퍼(사이드 워커)', 그리고 '고지자(Caller)'로 구성된다.

단원학습정리

1. 치료도우미동물이란 동물매개중재 활동에 활용될 수 있도록 한국동물매개심리치료학회의 정해진 기준에 따른 수의학적 관리, 훈련, 동물복지 기준을 충족하는 동물로서 평가에 합격하고 인증된 동물을 말한다.

2. 치료도우미동물로 가장 많이 활용되는 동물은 개다. 그 이유는 개가 가장 오랜 기간 인류와 함께 살아오면서 인간과 동물의 유대가 강하고 상호작용이 가장 뛰어나며 수의학적 관리 또한 용이하기 때문이다.

3. 동물매개치료치료 과정 동안에 치료도우미동물은 대상자에게 사회적 윤활제, 감정의 촉매자, 선생님으로서 역할, 중간 연결체 역할을 할 수 있다.

4. 치료도우미동물의 일반 조건으로는 성숙한 연령, 공격성이 없어야 하며, 기초적인 복종이 되어야 하고, 수의학적인 관리가 수행되어야 하며, 동물매개심리상담사와 호흡이 맞아야 된다.

5. '치료도우미동물 선택을 위한 8가지 기준'은 "사육성, 운반성, 상호접촉성, 감정소통성, 안전성, 인간의 운동성, 동물자신의 즐거움, 감염의 안전성"과 같다.

6. 동물매개심리상담사는 동물매개치료 프로그램을 설계할 때, 대상자의 특성과 프로그램 목표에 적합한 동물 종류를 선택하여 중재에 활용 한다.

쉬어가기

'갈렙'과 치료도우미견 '콜넬'의 이야기

충돌사고를 당한 갈렙이라는 소년의 스토리이다.

이 소년은 그 충돌사고로 뇌를 다치고 대퇴부가 부러지는 사고를 당했다. 손상된 뇌는 다른 부위까지 손상시켜 뇌기능도 점점 쇠퇴해져만 갔었다. 부모들마저 다 포기하고 싶은 마음이 들 정도로 고통스런 시간이 흐르던 나날이었지만, 갈렙은 수술 후 잘 견뎌주고 있었다고 한다.

의료진들이 갈렙의 재활치료를 위해 동물매개치료 처방을 결정하고, 동물매개치료를 정기적으로 갈렙에게 치료도우미견 '콜넬'과 함께 하는 활동을 하도록 하였다.

다른 재활치료 보다 치료도우미견 '콜넬'과 함께 하는 동물매개치료를 통해 갈렙은 즐겁고 자발적으로 치료에 참여하였고, 시간이 지나면서 조금씩 움직이고, 치료도우미견 '콜넬'의 등을 쓰다듬어 주고 만져볼 수 있을 정도로 회복하였다. 놀랍게도 회복이 진행되면서 갈렙은 일어나 걷고 치료도우미견 콜넬과 함께 산책하며 공 던지기 놀이를 할 정도로 회복을 하였다.

갈렙의 아버지는 "치료도우미견 '콜넬'의 방문이 놀라웠던 것 중 하나가 평소엔 차갑고 답답하던 병원이 동물매개치료팀이 방문을 하면 아이들에겐 더 이상 병원이 아니었어요. 놀이터로 바뀌어 버려요. 그저 재활치료도 그냥 놀이로 바뀌어 버리는 순간이죠. 아이들도 순간 다른 이들과 다른 자신의 모습도 모두 잊고 말죠. 정말 놀라웠어요."라고 말하였다.

한국동물매개심리치료학회에 의하면, 동물매개치료는 대상자의 재활치료와 심리치료를 치료도우미동물과 대상자의 상호작용에 의하여 자발적이며 능동적으로 제공한다. 아동에서 동물매개치료의 효과는 다른 연령의 대상자들에서 보다 더 효과적이다. 아동은 치료도우미동물을 친구로 생각하고 감정이입 및 상호작용이 다른 대상자들 보다 더 강하게 유발되게 때문이다.

[출처] https://www.youtube.com/watch?v=qe87cNLQCqA

CHAPTER 06

치료도우미동물 선택과 평가

Selection and Evaluation of Therapy Animal

Ⅰ. 치료도우미동물 선발

Ⅱ. 치료도우미동물 관련 자격

치료도우미동물로 활용되기 위해서는 수의학적 평가, 공격성 평가, 사회성 평가, 적합성 평가와 같은 4가지 평가를 통과하여야 한다.

동물매개치료에 중재 도구로 활용되는 모든 치료도우미동물은 한국동물매개심리치료학회에서 치료도우미동물 인증을 받아야만 한다.

인증된 동물만을 치료도우미동물로 활용해야 하는 이유는, 동물매개치료 과정에서 발생할 수 있는 위험요소로 동물로부터 전파되는 인수공통감염병을 차단하고, 동물이 사람을 물거나 할퀴는 상해를 사전에 예방할 수 있기 때문이다.

Ⅰ. 치료도우미동물 선발

학습목표

1. 치료도우미동물 선발 기준을 이해할 수 있다.
2. 치료도우미동물의 평가에 대해 알 수 있다.
3. 치료도우미동물 활동에 관한 지침을 이해할 수 있다.

1 치료도우미동물 선발기준

1) 치료도우미동물의 선발을 위한 4가지 평가

치료도우미동물로 활용되기 위해서는 아래와 같은 4가지 평가를 통과하여야 한다.

- **수의학적 평가**
- **공격성 평가**
- **사회성 평가**
- **적합성 평가**

(1) 수의학적 평가

동물매개치료는 엄격한 치료도우미동물의 선발과 훈련 과정을 거칠 뿐 아니라 위생과 위생 관리에 대한 지침을 따라 철저한 관리를 받아야 한다. 치료도우미동물은 수의사에 의하여 정기적 검진과 적절히 예방접종 및 위생 관리를 위한 수의학적 진료를 받고 평가 인증을 받아야 한다.

(2) 공격성 평가

동물매개치료 치료도우미동물로 활용하기 위해서는 여러 가지 치료 환경에서도 당황하지 않고 예의바르게 행동할 수 있어야 하고, 공격성 평가를 통해 평가인증을 받아야한다.

(3) 사회성 평가

- 동물매개치료에 활용되는 동물은 상호작용을 전제로 하기 때문에 동족 또는 사람과의 사회성은 절대적으로 필요하기 때문에 동물의 사회화가 발달되는 시기에 사회성을 향상시키는 것은 꼭 필요하다. 사회성 평가를 통해 동물매개치료활동에 적합한지 파악을 한다.
- 치료도우미동물의 경우 사람과 관계를 맺는 사회화는 대체로 3~12주령, 최적기는 6~8주령이며, 생후 14주령에 이르기까지 사람의 접촉 없이 자란 개는 사회화를 시키기에 매우 어려우며, 야성이 남아 있을 수도 있다고 한다.
- 사회화 하는 방법은 치료도우미동물이 아주 어릴 때부터 행동수정기법의 체계적 둔감법을 활용하여 약한 자극으로부터 점진적으로 강한 자극에 이르기까지 다양한 자극을 경험하도록 해야 한다. 〈**표 6-1**〉에 강아지의 사회화에 도움 되는 경험들 강아지의 사회화에 도움 되는 경험들을 정리하였다. 이러한 경험들을 접하게 하여 사회화를 도울 수 있다.

표 6-1. 강아지의 사회화에 도움 되는 경험들 강아지의 사회화에 도움 되는 경험들

사람	어린이부터 노인 남자, 여자 다양한 민족 건강한 사람, 장애가 있는 사람 휠체어를 탄 사람 있는 곳 사람들이 많이 모여 있는 곳 사람들이 많이 오고가는 곳 롤러스케이트 타는 사람	다양한 옷차림을 한 사람들 모자를 쓴 사람 가방을 들은 사람 목발을 짚고 있는 사람 지팡이를 들고 있는 사람 운동장에서 놀고 있는 아이들 달리기하는 사람 자전거 타는 사람
동물	다른 품종의 개나 고양이 어린 개에서 큰 개	다른 가축들 (말, 소, 돼지, 닭, 토끼 등) 암컷, 수컷의 동물들
소리	아기 우는 소리, 사람들 큰 목소리로 얘기하는 소리, 시장같이 많은 사람들이 모이는 곳, 각종 다양한 소리	자동차 소리 기차 소리 경적 소리 천둥 소리
탈것	승용차, 버스, 지하철	엘리베이터 등
기타환경	도시, 시골, 조용한 곳, 공원 등의 시끄러운 곳, 큰 도로, 골목길	흙길, 아스팔트길, 콘크리트 포장길 아파트, 단독주택

(4) 적합성 평가

- 동물매개치료 동물의 선택기준은 이들 동물이 신뢰할 수 있는지, 조정가능한지, 예측할 수 있는지, 그리고 AAA/T과제, 대상자, 일하는 환경에 적합한지를 알아본다. 동물의 종/품종, 종류, 성별, 나이, 크기, 건강, 적성, 적합성, 역량 등에 주의해야 한다. 더불어 조련사와 동물간의 질적 교류도 고려되어야 한다.
- 적합성이란 목적에 맞거나 적격하다는 것을 의미한다. 여기서 목적이란 동물매개심리상담사가 프로그램에서 확인할 특수한 목표이다. 동물과 펫파트너는 대상자가 이 목표를 향해 갈 수 있도록 도와야 한다. 또한 동물이나 펫파트너 모두 대상자에게 위험을 주지 않는 건강상태이어야 한다.

2) 치료도우미동물 인증을 위한 절차

〈그림 6-1〉은 치료도우미동물을 선발하기 위한 절차를 도식화 한 것이다. **치료도우미동물 인증은 한국동물매개심리치료학회에서 수행하고 있다.**

치료도우미동물로 인증 받기 위해서는 후보 동물의 보호자가 한국동물매개심리치료학회의 가이드라인에 따라 **4가지 선발 평가인 수의학적 평가, 공격성 평가, 사회성 평가, 적합성 평가를 통과하기에 합당하도록 자신의 동물을 육성하여야 한다.**

후보 동물이 치료도우미동물 선발을 위한 4가지 평가에 합당하도록 준비된 경우에, 보호자는 한국동물매개심리치료학회에 치료도우미동물 인증을 신청하고, **〈그림 6-1〉**과 같은 절차에 따라 평가를 받은 후, 통과된 경우에 치료도우미동물 인증을 받을 수 있다. **〈그림 6-2〉**는 인증을 통과한 후 합격된 동물의 치료도우미동물 인증서와 인증 카드를 보여 주고 있다.

동물매개치료 과정에서 발생할 수 있는 위험요소로 동물로부터 감염 우려가 있는 인수공통감염병에 대한 차단과 동물이 사람을 물거나 할퀴어서 발생하는 상해 등의 문제들을 사전 예방하기 위해서는 **동물매개치료에 중재 도구로 활용되는 모든 치료도우미동물은 한국동물매개심리치료학회에서 치료도우미동물 인증을 받아야만 한다.**

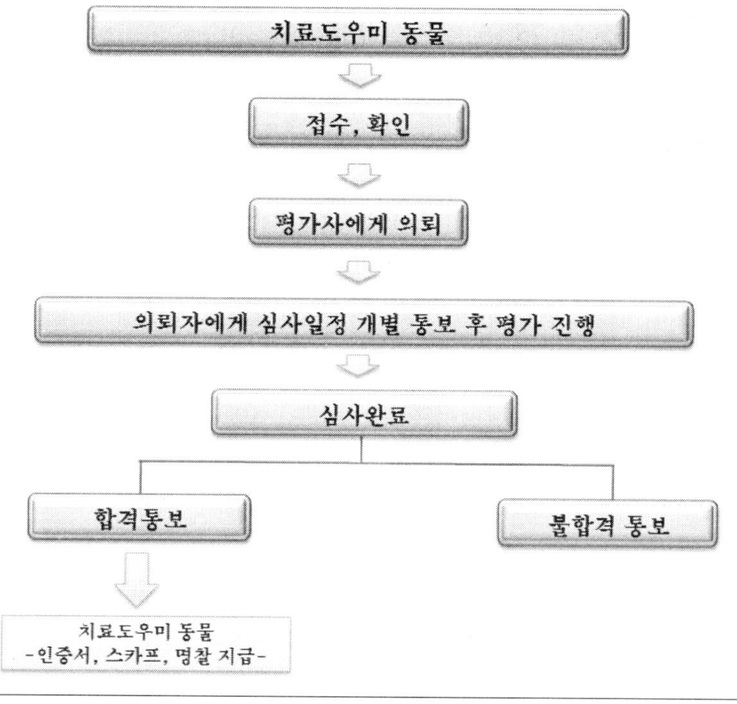

그림 6-1. 치료도우미동물 선발의 과정

그림 6-2. 치료도우미동물 인증서와 인증 카드

2 치료도우미동물 평가

1) 수의학적 평가

치료도우미동물 인증을 받기 위해서는 후보 동물의 피부질환, 내, 외부기생충 유무, 인수공통감염병 검사 등의 수의학적 평가를 통과하여야 한다.

후보 동물의 보호자는 동물병원에서 매달 구충과 적절한 예방접종을 실시하고 〈표 6-2〉, 〈표 6-4〉와 같은 양식에 담당 수의사의 확인을 받아 증빙 서류로 인증 신청시 제출하여야 한다.

〈표 6-3〉은 치료도우미견 인증을 위해 후보 동물이 접종을 받아야 하는 예방접종의 종류와 방법을 정리한 표이다.

〈표 6-5〉와 〈표 6-6〉은 수의학적 적합성과 진료기록에 대한 확인 양식으로 담당 수의사의 확인을 받아 증빙 서류로 인증 신청 시 제출하여야 한다.

표 6-2. 내 · 외부기생충 예방 및 검사 양식

	구충약	매달 예방유무(○)						검사유무	수의사 소견
내부기생충		1	2	3	4	5	6		
		7	8	9	10	11	12		
외부기생충		1	2	3	4	5	6		
		7	8	9	10	11	12		

모체이행항체가 소실되기 이전인 생후 6주령부터 예방접종을 실시하여 방어항체 수준을 끌어올리기 위해서 〈표 6-2〉와 같은 백신을 프로그램에 따라 반복 접종을 한다.

표 6-3. 치료도우미견 인증을 위한 예방접종의 종류와 접종 프로그램

백신 종류	예방 목적 질병	접종 프로그램
종합백신 (DHPPL)	개 홍역, 개 간염, 개 감기, 개 파보장염, 렙토스피라	• 생후 6주부터 2~4주 간격으로 5회 접종 • 이 후 매 년 1회 보강접종
코로나 장염	Canine corona virus	• 생후 6주부터 2~4주 간격으로 2~3회 접종 • 이 후 매 년 1회 보강접종
켄넬코프	*Bordetella brochiceptica* Parainfluenza virus	• 생후 8주부터 2~4주 간격으로 2~3회 접종 • 이 후 매 년 1회 보강접종
광견병	Rabies virus	• 생후 3~4개월령 1회 접종 • 이 후 6개월 마다 보강접종

표 6-4. 치료도우미견 인증을 위한 예방접종 유무 검사 양식

백신종류	접종유무			매년 추가접종			수의사 소견
	차수	Yes	No	년도	Yes	No	
DHPPL	1차						
	2차						
	3차						
	4차						
	5차						
Corona	1차						
	2차						
Kennel Cough	1차						
	2차						
Rabies	1차						

표 6-5. 수의학적 적합성 평가 양식

평가목록	적합	부적합	수의사 소견
예방접종 유무			
내·외부 기생충 예방			
진료내역 (신체검사 포함)			
인수공통전염병 예방			

표 6-6. 동물병원 진료내역(신체검사 포함) 양식

전반적인 검사	병원진료내역	수의사 소견

2) 공격성 평가

후보 동물이 다른 동물이나 사람에 대한 공격성, 신체적 접촉에 대한 거부반응, 돌발적인 행동을 보이는 경우에 치료도우미동물로 부적합하다.

치료도우미동물 인증을 받기 위해서는 후보 동물의 공격성 평가를 통과하여야 한다.

후보 동물은 보호자와 함께 인증을 위해 〈표 6-6〉과 같은 공격성과 성격에 대한 평가를 받고, 각 항목의 평가점수를 받아 총 4점을 받아야 한다.

표 6-6. 치료도우미동물의 공격성 평가 양식

<table>
<tr><th>평가</th><th>구성</th><th>변화</th><th>행동표현</th><th>점수</th></tr>
<tr><td rowspan="4">공격성</td><td rowspan="2">다른 치료도우미동물과의 관계</td><td rowspan="2">다른 치료도우미동물과 함께 같은 대기실(치료실) 안에 5분간 같이 있음</td><td>다른 치료도우미동물에게 공격하거나 으르렁거림</td><td>0</td></tr>
<tr><td>다른 치료도우미동물에게 적대감이 없음</td><td>1</td></tr>
<tr><td rowspan="2">사람과의 관계</td><td rowspan="2">대기실(치료실) 안에서 낯선 사람과 같이 있음</td><td>낯선 사람에게 으르렁거림</td><td>0</td></tr>
<tr><td>머리를 숙이거나 웅크리는 자세 또는 사람에게 접근함</td><td>1</td></tr>
<tr><td rowspan="4">성격</td><td rowspan="2">물리적 자극주기</td><td rowspan="2">낯선 사람이 치료도우미동물과 가깝게 접근하여 친근감을 표시하거나 접촉을 시도(몸, 다리, 귀, 이빨 등)</td><td>도망치거나 침착하지 못한 행동 또는 점프를 함</td><td>0</td></tr>
<tr><td>웅크리거나 의뢰자의 손을 혀로 핥거나 꼬리를 흔듦</td><td>1</td></tr>
<tr><td rowspan="2">거칠게 다룸</td><td rowspan="2">낯선 사람이 품에 안고 조이듯 안아보거나 밀쳐 봄</td><td>물거나 저항 또는 도망감</td><td>0</td></tr>
<tr><td>불안해하거나 행동의 멈춤이 없고 의뢰인의 접근에 반항감이 없음</td><td>1</td></tr>
<tr><td colspan="4">합격점수
(합격 : 4점 이상, 불합격 : 4점 미만)</td><td>4</td></tr>
</table>

3) 사회성 평가

후보 동물이 사람이나 다른 동물에 어울리지 못하는 사회성 부족 행동을 보이는 경우에 치료도우미동물로 부적합하다.

치료도우미동물 인증을 받기 위해서는 후보 동물의 사회성 평가를 통과하여야 한다.

후보 동물은 보호자와 함께 인증을 위해 〈표 6-7〉과 같은 사회성에 대한 평가를 받고, 각 항목의 평가점수를 받아 총 10점 이상을 받아야 한다. 이 때, 다른 치료도우미동물과 만났을 때의 습성 부분인 2-(c)항목은 필히 1점 이상을 받아야 한다.

사회성 평가는 후보 동물의 우호적이고 순종적이며 친화적, 명랑하고 활동적, 돌발적인 상황에 대한 적응 정도를 평가하는 것이다.

표 6-7. 치료도우미동물 사회성 평가

항목	구성	변화	행동표현	점수
1. 시작/기본	(a) 치료도우미동물 행동 관찰	의뢰자가 대기실(치료실) 근처에서 5분 동안 대기시킴	대기실(치료실)에서 기다리지 않음	0
			대기실(치료실)에서 기다리다가 3분 이상 유지를 못함	1
			대기실(치료실)에서 기다리다가 5분 동안 유지함	2
	(b) 대기실(치료실) 문이 열렸을 때 치료도우미동물의 행동	검사 후 대기실(치료실) 문을 개방함	한 번 이상 나옴	0
			한 번 나옴	1
			전혀 안 나옴	2
2. 사교성/정숙성	(a) 친분이 있는 사람이 대기실(치료실)에 들어왔을 때	의뢰자가 대기실(치료실) 밖으로 나간 후 치료도우미동물을 부름	치료도우미동물이 도망감	0
			의뢰자 근처에 오지 않고 주시함	1
			꼬리치며 의뢰자 쪽으로 힘차게 뛰어옴	2
	(b) 치료도우미동물이 사람에게 점프하는 습성	의뢰자가 직접적으로 치료도우미동물에 접근하여 팔을 벌리며 부름	의뢰자의 근처에 오지 않음	0
			치료도우미동물의 점프시도가 한 차례 이상	1
			의뢰자 근처에 오기만 함	2
	(c) 다른 치료도우미동물과 만났을 때의 습성	의뢰자와 같이 대기실(치료실) 안에 있으면서 다른 치료도우미동물을 대기실 근처에 접근시킴	으르렁거림	0
			의뢰자 뒤로 숨으면서 자신을 보호하려 함	1
			다른 치료도우미동물과의 접촉을 허락함	2
	(d) 대기실(치료실) 안으로 다른 사람을 들어오게 함	낯선 사람이 대기실 안으로 들어오고 치료도우미동물 이름을 부름	치료도우미동물이 낯선 사람에게 다가감	0
			의뢰자 근처에 오지 않음	1
			의뢰자 쪽에서 대기하고 있음	2
3. 반응성	(a) 강한 자극에 대한 반응	치료도우미동물이 인식하지 못하는 상태에서 단단한 물건을 바닥에 떨어뜨려 소음을 유발시킴	치료도우미동물이 으르렁거리거나 도망감	0
			치료도우미동물이 제자리에 있음	1
			주위 상황에 관심을 가지나 짖거나 도망가지 않음	2
합격점수 (합격 : 10점 이상, 불합격 : 10점 미만) * 2-(c)항목은 필히 1점 이상을 받아야 함				14

4) 적합성 평가

후보 동물이 보호자인 펫파트너 후보자와 호흡이 맞지 않거나 통제되지 않는 행동을 보이는 경우에는 치료도우미동물로 부적합하다. 치료도우미동물 인증을 받기 위해서는 후보 동물의 적합성 평가를 통과하여야 한다.

후보 동물은 보호자와 함께 인증을 위해 〈표 6-8〉과 같은 적합성에 대한 평가를 받고, 각 항목의 평가점수를 받아 총 12점 이상을 받아야 한다.

적합성 평가는 후보 동물의 사교성, 훈련에 대한 복종 능력, 상황에 따른 통제 능력 정도를 평가하는 것이다.

표 6-8. 치료도우미동물 적합성 평가

항목	구성	변화	행동변화	점수
1. 치료도우미동물 줄을 매고 따라 걷기	(a) 의뢰자와 함께 계단을 올라갈 때	치료도우미동물이 자유로운 상태에서 의뢰자와 같이 계단을 올라갈 때	앞에서 의뢰자를 끌어당김	0
			끌어당김 없이 앞장 섬	1
			의뢰자를 쫓아 올라감	2
	(b) 의뢰자와 함께 걷기	의뢰자와 함께 도보 중 그에 대한 관심	치료도우미동물이 줄을 집요하게 당김	0
			가끔 치료도우미동물이 줄을 당김	1
			치료도우미동물이 줄을 당기지 않고 걸음	2
	(c) 의뢰자와 걷기 중 치료도우미동물의 관심	함께 도보 중에 다른 치료도우미동물의 접근	의뢰자의 뒤로 숨음	0
			다른 곳으로 가려다 부르면 의뢰자와 함께 다시 걸음	1
			단지 의뢰자에게만 관심을 집중함	2
3. "앉아" 명령 수행	(a) 명령에 대한 이해	의뢰자의 "앉아" 명령어 실시 : 훈련이 안된 상태에서 반복적인 명령어 실행	자세를 취하지 않음	0
			2회 명령 시	1
			1회 명령 시	2
	(b) 명령에 대해 빠른 행동 능력	명령 후 얼마 후에 자세를 취하는가?	행동을 취하지 않음	0
			2회 명령 시	1
			1회 명령 시	2
	(c) 명령에 대한 지속성	명령 후 얼마나 오래 행동을 취하는가?	행동을 취하지 않음	0
			5초 이내	1
			새로운 명령이 있을 때까지	2

항목	구성	변화	행동변화	점수
4. "기다려" 명령 수행	(a) 명령에 대한 이해	의뢰자의 "일어서" 명령어 실시 : 훈련이 안된 상태에서 반복적인 명령어 실행	명령 없이 일어섬	0
			10초 이내	1
			5초 이내	2
	(b) 명령에 대한 이해	의뢰자의 "일어서" 명령에 대한 행동 시간	명령 없이 일어섬	0
			10초 이내	1
			5초 이내	2
5. 놀이	(a) 테니스 공을 가지고 노는 사람을 볼 때	의뢰자의 "앉아" 명령어 실시 : 훈련이 안된 상태에서 반복적인 명령어 실행	자세를 취하지 않음	0
			2회 명령 시	1
			1회 명령 시	2
	(b) 명령에 대한 빠른 행동능력	명령 후 얼마 후에 자세를 취하는가?	행동을 취하지 않음	0
			2회 명령 시	1
			1회 명령 시	2
합격점수 (합격 : 12점 이상, 불합격 : 12점 미만)				20

3 유기견 치료도우미동물 평가 및 선발

〈그림 6-3〉은 유기동물을 치료도우미동물을 선발하기 위한 절차를 도식화 한 것이다. **치료도우미동물 인증은 한국동물매개심리치료학회에서 수행하고 있다.**

유기동물을 치료도우미동물로 인증 받기 위해서는 유기동물보호소에서 후보 동물로 선발된 동물을 수의학적 관리와 훈련 과정을 거친 후 한국동물매개심리치료학회의 가이드라인에 따라 **4가지 선발 평가인 수의학적 평가, 공격성 평가, 사회성 평가, 적합성 평가를 통과하여야 한다.**

동물매개치료 과정에서 발생할 수 있는 위험요소로 동물로부터 감염 우려가 있는 인수공통감염병에 대한 차단을 위해, 유기동물은 철저한 수의학적 관리를 통해 질병의 위험이 없음이 입증되어야 한다.

유기동물의 선발을 통하여 육성된 치료도우미동물 후보 동물은 한국동물매개심리치료학회의 가이드라인에 따라 **〈표 6-2〉**, **〈표 6-4〉**, **〈표 6-5〉 및 〈표 6-6〉**과 같은 수의학적 관리 증빙 양식에 담당 수의사의 확인을 받아 증빙 서류로 인증 신청시 제출하여야 한다.

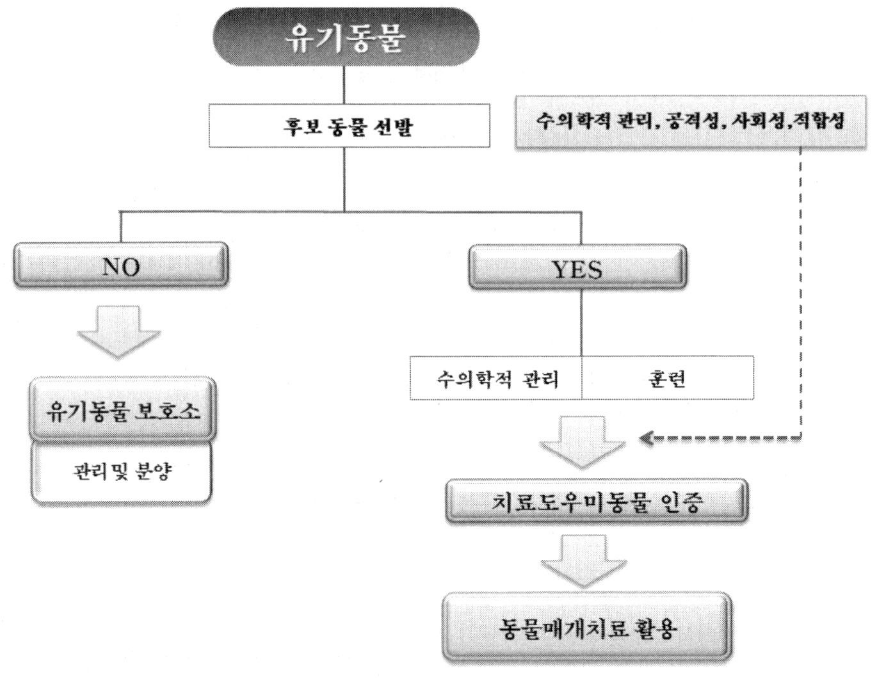

그림 6-3. 유기동물로부터 치료도우미동물 선발의 과정

4 치료도우미동물의 활동에 관한 지침

동물매개치료에 활용되는 모든 동물은 치료도우미동물로 한국동물매개심리치료학회에서 인증을 받아야 한다. 인증된 동물만을 치료도우미동물로 활용해야 하는 이유는, 동물매개치료 과정에서 발생할 수 있는 위험요소로 동물로부터 전파되는 인수공통감염병을 차단하고, 동물이 사람을 물거나 할퀴는 상해를 사전에 예방할 수 있기 때문이다.

한국동물매개심리치료학회는 치료도우미동물의 인증을 수행하고 있고, 인증된 치료도우미동물에 관한 지침 〈**표** 6-9〉를 마련하고 있다.

표 6-9. 치료도우미동물의 활동에 관한 지침

1. 동물매개치료 활동에 참여하는 모든 치료도우미동물은 등록되어있어야 한다.
2. 치료도우미동물은 수의학, 공격성, 사회성, 적합성에 대한 평가를 통과하여야 한다.

3. 치료도우미동물은 건강하여야 하고 최근까지 예방접종이 빠지지 않고 접종되어있어야 한다.
   - 수의사에 의한 치과 검사와 피부병에 대한 검사를 포함한 건강검사를 반드시 매년 실시하여야 한다. 치료도우미동물은 전염성 질병, 기생충, 이 등이 없어야 한다. 주요 전염병은 톡소플라즈마, 에키노코코스, 지알디아, 살모넬라, 파스튜렐라, 고양이 면역결핍바이러스, *Bordetella bronciseptica*, 클라미디아, 백선 (ring worm) 등을 포함한다.
4. 치료도우미동물의 건강에 대한 검진 기록이 작성되어 보관되어야 한다.
5. 치료도우미동물은 병원내 이동이나 병원 밖으로 이동 시, 이동장을 이용하거나 짧은 목줄로 통제가 가능하도록 한다. 치료도우미동물은 식별할 수 있는 스카프나 신분카드 또는 목줄을 하도록 한다.
6. 방문 활동 24시간 이내에 치료도우미동물은 알레르기의 원인 물질을 줄여주는 성분이 함유된 샴푸를 사용하여 목욕을 시키도록 한다.
7. 가정 애완동물의 경우에 방문 전에 진행 담당자에 의한 적절한 주의사항을 들어야 한다. 방문에 참여시키려는 가정 애완동물의 건강, 위생, 행동 등에 대한 지침이 만들어져야 한다.
8. 치료도우미동물이 환자와 만날 때는 반드시 1인 이상의 동물매개심리상담사, 펫파트너, 핸들러, 병원스텝 등의 동물매개치료 프로그램 진행 구성원이 함께 있어야 한다.

II. 치료도우미동물 관련 자격

학습목표

1. 펫파트너 자격을 이해할 수 있다.
2. 도우미동물평가사 자격을 이해할 수 있다.
3. 동물행동상담사 자격을 이해할 수 있다.
4. 펫 테라피와 관련 자격을 이해할 수 있다.

1 펫파트너

펫파트너란 동물매개치료 활동에서 **치료도우미동물**과 함께 **중재단위**를 구성하여 대상자와 활동하는 자격을 한국동물매개심리치료학회로부터 취득한 자이다. 펫파트너는 치료도우미동물을 훈련하고 관리하며 치료도우미동물과 파트너가 되어 중재단위를 구성한다.

펫파트너는 **동물매개심리상담사**의 계획과 지시에 따라 동물매개치료 활동 과정에 치료도우미동물과 활동을 수행하여 대상자의 삶의 질을 증진 시키며, 치료도우미동물과의 조화로운 관계성을 통해서 동물매개치료 활동의 중추적인 역할을 담당하는데 기여한다.

〈그림 6-4〉는 동물매개치료의 구성과 역할을 보여주는 도식도이다. 동물매개치료의 구성 요소는 치료도우미동물, 펫파트너, 대상자, 동물매개심리상담사를 들 수 있다. 한국동물매개심리치료학회에서 인증을 받은 **치료도우미동물**과 이를 잘 다루고 활동의 호흡이 맞을 수 있는 **펫파트너**와 함께 **중재단위**를 구성한다. 펫파트너는 치료도우미동물을 관리하고 통제하며, 동물매개심리상담사의 계획과 지시에 따라 대상자와 치료도우미동물이 상호반응을 유도하도록 활동을 수행한다.

〈그림 6-5〉는 펫파트너의 인증 과정을 도식도로 정리한 것이다. 펫파트너 인증을 받고자 하는 후보자는 자신의 치료도우미동물 또는 치료도우미동물 후보 동물과 함께 한국동물매개심리치료학회에 인증을 신청하여 평가를 통과한 경우 자격증을 취득할 수 있다. 이 과정은 펫파트너 단독 인증으로 진행될 수도 있고, 치료도우미동물 인증과 함께 동시에 수행될 수도 있다. 즉, 치료도우미동물 후보 동물을 육성한 보호자가 자신의 후보 동물을 치료도우미동물로 인증 신청하면서, 보호자 자신 또한 펫파트너 인증을 함께 받는 것으로 신청이 가능하다.

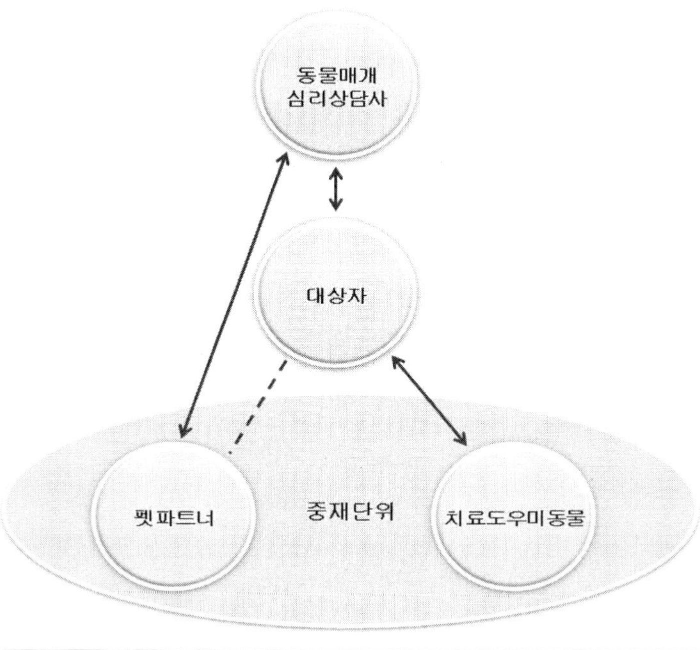

그림 6-4. 동물매개치료의 구성과 역할

그림 6-5. 펫파트너 인증의 과정

펫파트너 인증을 위한 평가는 <표 6-10>과 같이 평가 항목에 따라 심사위원들이 지켜보는 가운데, 인증 신청자가 자신의 치료도우미동물에게 총 다섯 가지의 명령(**전진, 앉아, 엎드려, 기다려, 서**)을 내리고 그 결과를 평가받게 된다. 명령을 내린 후 곧바로 실행했는지, 명령 거부 횟수가 몇 번인지를 통해서 각각 점수가 부여된다. 총 6점 이상을 취득 시 평가를 통과할 수 있다.

표 6-10. 펫파트너 인증을 위한 평가 양식

평가	구성	행동변화	점수
1. 전진	응시자는 시작점에서 리드줄을 풀고 기본자세를 취한다. 심사위원 사인에 약 20m 전방을 향해 "앞으로" 명령을 내린다.	명령어 3회 이상 거부 시	0
		명령어 1~2회 추가	1
		명령을 내린 후, 곧바로 실행 시	2
2. 앉아	응시자는 심사위원 사인에 "앉아" 명령을 내린다.	명령어 3회 이상 거부 시	0
		명령어 1~2회 추가	1
		명령을 내린 후, 곧바로 실행 시	2
3. 엎드려	응시자는 심사위원 사인에 "엎드려" 명령을 내린다.	명령어 3회 이상 거부 시	0
		명령어 1~2회 추가	1
		명령을 내린 후, 곧바로 실행 시	2
4. 기다려	응시자는 심사위원 사인에 "기다려" 명령을 내린다.	명령어 3회 이상 거부 시	0
		명령어 1~2회 추가	1
		명령을 내린 후, 곧바로 실행 시	2
5. 일어서	응시자는 심사위원 사인에 "서" 명령을 내린다.	명령어 3회 이상 거부 시	0
		명령어 1~2회 추가	1
		명령을 내린 후, 곧바로 실행 시	2
합격점수 (합격 : 6점 이상, 불합격 : 6점 미만)			10

2 도우미동물평가사

도우미동물평가사는 동물매개치료 활동에 중재단위로 활동하는 치료도우미동물의 인증 절차에 참여하여 치료도우미동물 인증 가능 여부를 평가할 수 있는 자격을 한국동물매개심리치리료학회에서 취득한 자이다.

도우미동물평가사는 치료도우미동물의 선발과 관리 및 도우미 동물의 훈련과 평가를 할 수 있는 전문인을 말한다. 동물을 매개로 하는 동물매개치료 활동에 있어서 치료도우미동물의 적합성을 평가하여 동물매개치료 활동의 효율성과 유익함을 증진시키는 역할을 한다.

표 6-11. 도우미동물평가사 자격의 검정기준

자격종목	등급	검정기준
도우미동물 평가사	전문가	동물매개심리치료학, 수의학, 동물학 분야의 학사학위 이상 소지자로 현장에서 필요한 전문가 수준의 뛰어난 도우미동물의 평가와 관리에의 활용능력 유무
	1급	고등학교 졸업 이상자로 현장에서 필요한 도우미 동물의 평가와 관리에의 활용능력과 현장사무를 수행 할 기본 능력 유무

표 6-12. 도우미동물평가사 자격의 검정방법과 검정과목

자격종목	등급	검정방법	검정 과목(분야 또는 영역)
도우미동물 평가사	전문가	필기	도우미동물학
			도우미동물의 훈련과 평가
			고급도우미 동물행동학
			고급도우미동물의 훈련과 평가
	1급	필기,	도우미동물학
			도우미동물의 훈련과 평가

3 동물행동상담사

동물행동상담사는 동물행동상담을 수행할 수 있는 자격을 한국동물매개심리학회에서 취득한 자이다. 동물행동상담사는 인간과 반려동물과의 상호작용을 이해하고 반려동물의 행동상담을 통해 동물보호자 가족과 반려동물의 올바른 관계성을 맺도록 도와주며, 인간과 반려동물의 삶의 질을 개선하는데 도움을 주고, 나아가 동물복지 향상에 기여할 수 있습니다.

표 6-13. 동물행동상담사 자격의 등급

자격종목	등급	수준
동물행동상담사	전문가	전문가 수준의 동물행동상담사로 동물문제행동 상담 및 동물행동상담사 1급 및 2급의 교육과 임상 등 해당 사무능력을 갖춘 책임자로서의 최고급 수준
	1급	준전문가 수준의 동물행동상담사로 동물문제행동 상담의 고급 수준
	2급	동물행동상담사 1급을 취득할 수 있는 기회가 주어지며, 임상실습을 통한 전문상담사의 보조 수준

표 6-14. 동물행동상담사 자격의 검정방법과 검정과목

자격종목	등급	검정방법	검정 과목(분야 또는 영역)
동물행동상담사	전문가	필기	고급동물행동학
			동물보호자상담학
	1급	필기	동물행동학
			보호자상담학
	2급	심사	해당 서류 심사 진행

표 6-15. 동물행동상담사 응시자격

자격종목	등급	응시자격
동물행동상담사	전문가	1. 한국동물매개심리치료학회 정회원 이상으로 아래 2항 또는 3항의 자격을 갖춘 자. 2. 동물행동삼당사 1급 취득자로, 학회 또는 학회에서 주관하는 학술활동(워크샵, 학술대회)을 18시간 이상을 이수하고 3년 이상의 동물관련 실무 경력이 있는 자. 3. 동물관련 박사학위 재학 이상자로서 학회가 인정하는 동물행동상담관련 과목(동물행동학, 동물자원학, 애견훈련학, 애견미용학, 반려(애완)동물학, 동물간호학, 동물복지학, 동물매개치료학, 인간과 동물 등)을 3과목 이상 이수한 자.
	1급	1. 한국동물매개심리치료학회 정회원 이상으로 아래 2항 또는 3항의 자격을 갖춘 자. 2. 동물행동삼당사 2급 취득자로, 학회 또는 학회에서 주관하는 학술활동(워크샵, 학술대회)을 6시간 이상 이수하고 1년 이상의 동물관련 실무 경력이 있는 자. 3. 동물관련 석사 재학 이상자로서 학회가 인정하는 동물행동상담학 또는 유사과목(동물행동학, 동물자원학, 애견훈련학, 애견미용학, 반려(애완)동물학, 동물간호학, 동물복지학, 동물매개치료학, 인간과 동물 등)을 3과목 이상 이수한 자.
	2급	1. 한국동물매개심리치료학회 정회원 이상으로 아래 2항 또는 3항의 자격을 갖춘 자. 2. 전문대학 재학 이상자로서 동물행동상담학 또는 유사과목(동물행동학, 동물자원학, 애견훈련학, 애견미용학, 반려(애완)동물학, 동물간호학, 동물복지학, 동물매개치료학, 인간과 동물 등)을 1과목 이상 이수한 자. 3. 동물훈련 관련 자격증 소지자

4 펫 헬스 테라피

펫 헬스 테라피(pet health therapy)는 **반려동물인 개와 고양이의** 건강 증진을 위한 테라피를 수행할 수 있는 자격을 한국동물매개심리학회에서 취득하여 수행하는 요법을 말한다.

펫 헬스 테라피(pet health therapy)는 **반려동물인 개와 고양이의** 건강 증진을 위해 1) **펫 마사지**, 2) **펫 요가**, 3) **펫 아로마 테라피**, 4) **펫 뮤직 테라피**, 5) **펫 푸드 테라피**, 6) **펫 하이드로 테라피**와 같은 요법들이다.

국내에서 **펫 헬스 테라피** 관련 자격은 한국동물매개심리치료학회(http://www.kaaap.org/)

에서 발급하는 **펫 헬스 테라피스트, 펫 마사지사, 펫 요가지도사** 자격증이 펫 헬스 테라피 관련 자격증으로 민간자격 인증을 받고 발급하고 있다.

1) 펫 마사지

펫 마사지(pet massage)는 반려동물인 개와 고양이들에게 마사지를 해 주는 것으로, 펫 마사지를 통하여 반려동물에게 휴식을 줄 수 있고, 스킨십을 제공하여 반려동물들이 사람들과 사회화가 촉진되며, 공격적 성향을 갖지 않도록 하기위한 예방 효과도 유도할 수 있다.

아동들에게는 반려동물들의 신체에 대한 구조를 알려주며 사람과 다른 인간들이 보호해야 하는 존재임을 가르칠 수 있다. 펫 마사지는 동물들의 건강에 유익한 효과가 있을 뿐 아니라, 보호자들의 정신건강 향상과 반려동물과의 반려감 상승에도 큰 도움을 준다.

국내의 펫 마사지는 향후 반려동물의 건강을 향상 시키고 보호자와 반려동물간의 상호 교감을 향상하여 행복한 반려동물 문화 형성에 크게 기여할 수 있는 이색 직업으로 주목을 받고 있다.

한국동물매개심리치료학회(http://www.kaaap.org/)에서 발급하는 **펫 마사지사** 자격증이 민간자격 인증을 받고 발급하고 있다.

2) 펫 요가

펫 요가(pet yoga)는 반려동물인 개와 고양이들과 요가를 보호자가 함께 하는 것으로, 펫 요가를 통하여 반려동물의 적절한 운동과 신체 재활, 적절한 자극의 제공을 통하여 반려동물의 건강 향상에 크게 기여할 수 있다.

또한, 보호자와 반려동물이 공동으로 요가 자세를 구현하게 되어 보호자의 성취감 제공과 활동 과정에 스킨십을 제공하여 반려동물들이 사람들과 사회화가 촉진되며, 공격적 성향을 갖지 않도록 하기위한 예방 효과도 유도할 수 있다.

펫 요가는 반려동물들의 건강에 유익한 효과가 있을 뿐 아니라, 보호자들의 정신건강 향상과 반려동물과의 반려감 상승에도 큰 도움을 준다.

한국동물매개심리치료학회(http://www.kaaap.org/)에서 발급하는 **펫 요가지도사** 자격증이 민간자격 인증을 받고 발급하고 있다.

국내의 펫 요가는 향후 반려동물의 건강을 향상 시키고 보호자와 반려동물간의 행복하고 즐거운 경험을 공유하게 하여 건전한 반려동물 문화 형성에 크게 기여할 수 있는 이색 직업으로 주목을 받고 있다.

3) 펫 아로마 테라피

펫 아로마 테라피(pet aroma therapy)는 반려동물인 개와 고양이들에게 효과가 검증된 아로마 향을 제공하여 반려동물의 건강 향상과 안정을 유도하는 요법이다.

꽃이나 나무 등 식물에서 유래하는 방향 성분(정유)을 이용하여, 반려동물에게 심신의 건강이나 심리적 안정을 증진하는 기술로 펫 아로마 테라피가 이용된다. 또한, 향이나 프레그랑스 캔들(향초)도 포함해 반려동물 뿐 아니라 보호자 생활에 자연의 향기를 도입해 반려동물과 보호자 둘 다의 스트레스를 해소하거나 심신을 휴식시키는 일도 포함할 수 있다.

펫 아로마 테라피는 펫 마사지나 펫 요가를 하면서 함께 수행하여 상호 시너지 효과를 얻을 수도 있다.

4) 펫 뮤직 테라피

펫 뮤직 테라피(pet music therapy)는 반려동물인 개와 고양이들에게 음악을 들려주어 반려동물에게 심리적 안정과 휴식을 제공하는 요법이다.

이미 효과가 검증된 음악을 이용하여, 반려동물에게 심신의 건강이나 안정을 유도하는 기술로 펫 뮤직 테라피가 이용된다. 또한, 반려동물 뿐 아니라 보호자 생활에 음악을 도입해 반려동물과 보호자 둘 다의 스트레스를 해소하거나 심신을 휴식시키는 일도 포함할 수 있다.

펫 뮤직 테라피는 펫 마사지나 펫 요가, 펫 아로마 테라피를 하면서 함께 수행하여 상호 시너지 효과를 얻을 수도 있다.

5) 펫 푸드 테라피

펫 푸드 테라피(pet food therapy)는 반려동물인 개와 고양이들에게 주는 자연 식이와 음식을 통하여 반려동물의 건강을 회복하거나 증진시키는 것이다. 이미 효과가 검증된 자연 식이나 음식을 이용하여, 반려동물에게 심신의 건강을 향상시키는 기술로 펫 푸드 테라피가 이용된다.

펫 푸드 테라피에 이용되는 자연식이나 음식은 그 효과가 과학적으로 반려동물에서 입증된 것을 활용하여야 한다.

6) 펫 하이드로 테라피

펫 하이드로 테라피(pet hydrotherapy, 수치료 : 水治療)는 반려동물인 개와 고양이들에게 따뜻한 스파와 같은 물을 이용하여 체내의 혈액순환 및 신진대사를 촉진하고, 발한을 통해 노폐물과 독소를 제거하여 질병을 치료하는 방법을 말한다. 또한 반려동물을 수조 안의 물에서 운동을 하게 하여 근육의 피로와 재활을 도와주는 효과도 얻을 수 있다.

Q&A

DHPPL이란?

• 개의 종합 백신으로 개 홍역, 개 간염, 개 감기, 개 파보장염, 렙토스피라를 예방할 수 있다.

펫 마사지란?

• 반려동물인 개와 고양이들에게 마사지를 해 주는 것으로, 펫 마사지를 통하여 반려동물에게 휴식을 줄 수 있고, 스킨십을 제공하여 반려동물들이 사람들과 사회화가 촉진되며, 공격적 성향을 갖지 않도록 하기위한 예방 효과도 유도할 수 있다.

펫 요가란?

• 펫 요가는 반려동물인 개와 고양이들과 요가를 보호자가 함께 하는 것으로, 펫 요가를 통하여 반려동물의 적절한 운동과 신체 재활, 적절한 자극의 제공을 통하여 반려동물의 건강 향상에 크게 기여할 수 있다.

Tips 알아둡시다

펫파트너

• 동물매개치료 활동에서 치료도우미동물과 함께 중재단위를 구성하여 대상자와 활동하는 자격을 한국동물매개심리치료학회로부터 취득한 자이다.

도우미동물평가사

• 동물매개치료 활동에 중재단위로 활동하는 치료도우미동물의 인증 절차에 참여하여 치료도우미동물 인증 가능 여부를 평가할 수 있는 자격을 한국동물매개심리치리료학회에서 취득한 자이다.

동물행동상담사

• 동물행동상담을 수행할 수 있는 자격을 한국동물매개심리학회에서 취득한 자이다.

단원학습정리

1. 치료도우미동물로 활용되기 위해서는 수의학적 평가, 공격성 평가, 사회성 평가, 적합성 평가와 같은 4가지 평가를 통과하여야 한다.

2. 동물매개치료에 중재 도구로 활용되는 모든 치료도우미동물은 한국동물매개심리치료학회에서 치료도우미동물 인증을 받아야만 한다.

3. 인증된 동물만을 치료도우미동물로 활용해야 하는 이유는, 동물매개치료 과정에서 발생할 수 있는 위험요소로 동물로부터 전파되는 인수공통감염병을 차단하고, 동물이 사람을 물거나 할퀴는 상해를 사전에 예방할 수 있기 때문이다.

4. 치료도우미동물은 병원 내 이동이나 병원 밖으로 이동 시, 이동장을 이용하거나 짧은 목줄로 통제가 가능하도록 한다. 치료도우미동물은 식별할 수 있는 스카프나 신분카드 또는 목줄을 하도록 한다.

5. 방문 활동 24시간 이내에 치료도우미동물은 알레르기의 원인 물질을 줄여주는 성분이 함유된 샴푸를 사용하여 목욕을 시키도록 한다.

6. 펫 헬스 테라피(pet health therapy)는 반려동물인 개와 고양이의 건강 증진을 위해 1) 펫 마사지, 2) 펫 요가, 3) 펫 아로마 테라피, 4) 펫 뮤직 테라피, 5) 펫 푸드 테라피, 6) 펫 하이드로 테라피와 같은 요법들이다.

7. 펫 아로마 테라피는 반려동물인 개와 고양이들에게 효과가 검증된 아로마 향울 제공하여 반려동물의 건강 향상과 안정을 유도는 요법이다.

8. 펫 뮤직 테라피(pet music therapy)는 반려동물인 개와 고양이들에게 음악을 들려주어 반려동물에게 심리적 안정과 휴식을 제공하는 요법이다.

9. 펫 하이드로 테라피(pet hydrotherapy, 수치료: 水治療)는 반려동물인 개와 고양이들에게 따뜻한 스파와 같은 물을 이용하여 체내의 혈액순환 및 신진대사를 촉진하고, 근육의 피로와 재활을 도와주는 요법이다.

쉬어가기

할리우드 배우 '파멜라 앤더슨'과 동물의 힐링 파워

할리우드 대표적 글래머 배우인 파멜라 앤더슨이 칸 영화제에서 12살때 첫 성폭행을 당하고, 또 6명의 남자로부터 윤간을 당했다는 충격적 사실을 폭로하며 동물이 주는 치유의 힘인 힐링 파워(healing power)에 대하여 언급하였다.

미국의 '피플' 잡지는 파멜라 앤더슨이 자신이 만든 동물권리보호 단체인 '파멜라 앤더슨 재단(The Pamela Anderson Foundation)' 발족식을 가지며 200여 팬들 앞에서 소녀 때의 충격적인 성폭행 상처를 고백했다고 보도했다.

가수인 남편 릭 살로먼도 참석한 자리에서 파멜라는 "사랑스런 부모가 있음에도 내 소녀시절은 순탄치 못했다. 6살때 유모로부터 성추행을 당했다"고 말했다. 그녀는 또 12살때 아는 사람으로부터 첫 성폭행을 당했다고 털어놨다.

파멜라는 "남자친구 집에 갔는데 그의 형이 주사위게임을 가르쳐주겠다고 하더니 내 허리를 주무르다가, 강간으로 이어졌다"며 "나의 첫 이성 섹스였다"고 말했다. 그 남자의 나이는 당시 25세였다는 것. 나중 그녀는 학교 남자친구가 "6명이랑 하면 더 재밌을 거야"라고 말하며 자신을 집단 윤간했다고도 폭로했다.

파멜라는 "난 지구상에서 사라지고 싶었다."면서 "자연스레 다가온 동물과의 사랑이 나를 살렸다. 또한 나에게 왜 살아야 하는지 그 이유를 말하곤 했다."고 동물이 주는 고통과 상처치유에 대한 힐링 파워(healing power)에 대해 말했다.

'파멜라 앤더슨 재단'은 "인권과 동물권리, 그리고 환경을 보호하기 위해 설립됐다"고 이날 파멜라는 밝혔다.

동물은 사람과의 상호작용과 공감(empathy)을 유도하는 능력을 가지고 있어 사람의 상처를 치유해줄 수 있는 힐링 파워(healing power)를 가지고 있다. 동물이 주는 이러한 치유의 힘은 성폭행, 아동학대, 집단 따돌림, 학교 폭력 피해자와 같은 대상자들에게 자신의 마음속 상처를 이야기하고 위로 받을 수 있는 친구의 역할을 동물이 제공하고, 이런 과정에서 대상자가 가지고 있는 마음의 상처를 치유한다.

[출처] www.mydaily.co.kr

CHAPTER 07

치료도우미동물의 복지

Welfare of Therapy Animal

Ⅰ. 동물복지 개요

Ⅱ. 치료도우미동물의 복지

Ⅲ. 치료도우미견의 행동과 복지 평가

동물매개치료는 사람 대상자의 치유 목표를 달성하기 위하여 계획된 프로그램을 치료도우미동물이 활동하는 것이다. 어떠한 경우도 동물매개치료의 활동 과정에 치료도우미동물의 복지가 제한되거나 침해 받는 일이 발생해서는 안 된다. 동물매개치료는 치료도우미동물의 복지를 최우선으로 보장한 상태에서 프로그램이 수행되어야 한다.

Ⅰ. 동물복지 개요

학습목표

1. 동물복지의 개념을 이해할 수 있다.
2. 동물보호법에 대해 알 수 있다.

1 동물복지(Animal Welfare)의 개념

동물복지는 인간이 동물에 미치는 고통이나 스트레스 등의 고통을 최소화하며, 동물의 심리적 행복을 실현하는 것이다.

OIE(세계동물보건기구)에 따르면 동물복지는 '동물이 건강하고, 안락하며, 좋은 영양 및 안전한 상황에서 본래의 습성을 표현할 수 있으며, 고통, 두려움, 괴롭힘 등의 나쁜 상태를 겪지 않는 것'으로 정의하고 있다.

미국수의학협회에서는 **동물복지(animal welfare)**는 동물의 복리를 보장하는 윤리적 책임으로서 보다 구체적으로 '동물에게 청결한 주거환경의 제공, 관리, 영양제공, 질병예방 및 치료, 책임감 있는 보살핌, 인도적인 취급, 필요한 경우의 인도적인 안락사 등 동물의 복리와 관련한 모든 것을 제공하는 인간적인 의무'라고 정의하고 있다.

1) 동물의 5대 자유

1979년 영국의 '농장동물복지위원회(Farm Animal Welfare Council: FAWC)'는 동물의 복지를 위하여 **표 7-1**과 같은 '동물의 5대 자유(Five Freedoms)'를 제시하였다.

FAWC의 '동물의 5대 자유'에 의하면 동물복지(animal welfare)는 바로 동물복리(animal well-being)라고 할 수 있다. 이 복리를 보장하기 위해서는 동물에게 불필요한 고통을 가하지 않고, 신체적 및 정신적 건강을 유지할 수 있는 환경을 마련하고, 그들을 보살펴주어야 한다. 결국 동물복지를 보장하는 것은 인간의 의무인 것이다

한국에서도 '동물보호법'이 1991년 제정되어 동물의 보호와 복지를 위한 세부 규정들을

두고 운영되고 있으며, 그 동안 '동물보호법'은 여러 번의 개정을 통하여 동물복지 향상을 위한 법률로 완성도를 높이고 있다. 동물보호법의 제 3조에 '동물보호의 기본원칙'이 명시되어 있는데, 이 조항들은 FAWC의 '동물의 5대 자유'와 내용을 담고 있다. 즉, 한국의 '동물보호법'의 기본 원칙은 '동물의 5대 자유'를 지켜주는 것이라 할 수 있다.

동물매개치료에 중재 도구로 활용되는 치료도우미동물 또한, 이러한 이유로 동물복지의 준수와 고려가 필요하다 할 수 있다.

표 7-1. 동물의 5대 자유

1. 배고픔과 갈증으로부터의 자유(Freedom from hunger and thirst)
2. 불안으로부터의 자유(Freedom from discomfort)
3. 통증, 부상 또는 질병으로부터의 자유(Freedom from pain, injury or disease)
4. 정상적인 행동 표현의 자유(Freedom to express normal behaviors)
5. 공포와 고통으로부터의 자유(Freedom from fear and distress)

2 동물보호법

1) 동물보호법 연혁

국내 동물복지에 대한 법률은 동물보호법[법률 제14651호, 2018.3.22., 일부개정]에 따라 준수해야 할 동물복지를 규정하고 있다.

동물보호법은 동물에 대한 학대행위의 방지 등 동물을 적정하게 보호・관리하기 위하여 필요한 사항을 규정함으로써 동물의 생명보호, 안전 보장 및 복지 증진을 꾀하고, 동물의 생명 존중 등 국민의 정서를 함양하는 데에 이바지함을 목적으로 한다.

동물보호법은 국내에서 1991년 처음 제정된 이후로 동물복지에 대한 세계 흐름에 따라 요구되는 사항들을 반영하여 〈표 7-2〉와 같이 여러 차례의 개정을 거쳐 오늘 날의 동물보호법이 완성되었다.

표 7-2. 동물보호법 연혁

1. 동물보호법[시행1991.7.1] [법률 제4379호, 1991.5.31, 제정]
2. 동물보호법[시행1996.8.8] [법률 제5153호, 1996.8.8, 타법개정]
3. 동물보호법[시행1998.1.1] [법률 제5454호, 1997.12.13, 타법개정]
4. 동물보호법[시행1998.6.14] [법률 제5443호, 1997.12.13, 타법개정]
5. 동물보호법[시행2005.2.10] [법률 제7167호, 2004.2.9, 타법개정]
6. 동물보호법[시행2008.1.27] [법률 제8282호, 2007.1.26, 전부개정]
7. 동물보호법[시행2008.2.29] [법률 제8852호, 2008.2.29, 타법개정]
8. 동물보호법[시행2010.11.26] [법률 제10310호, 2010.5.25, 타법개정]
9. 동물보호법[시행2012.2.5] [법률 제10995호, 2011.8.4, 전부개정]
10. 동물보호법[시행2012.7.1] [법률 제10995호, 2011.8.4, 전부개정]
11. 동물보호법[시행2013.1.1] [법률 제10995호, 2011.8.4, 전부개정]
12. 동물보호법[시행2013.3.23] [법률 제11690호, 2013.3.23, 타법개정]
13. 동물보호법[시행2013.4.5] [법률 제11737호, 2013.4.5, 일부개정]
14. 동물보호법[시행2014.2.14] [법률 제12051호, 2013.8.13, 일부개정]
15. 동물보호법[시행2014.3.24] [법률 제12512호, 2014.3.24, 일부개정]
16. 동물보호법[시행2014.8.14] [법률 제12051호, 2013.8.13, 일부개정]
17. 동물보호법[시행2015.1.20] [법률 제13023호, 2015.1.20, 일부개정]
18. 동물보호법[시행2018.3.22] [법률 제14651호, 2017.3.21, 일부개정]

2) 동물보호법 주요 내용

동물보호법에 규정된 동물보호의 기본원칙과 적정 사육 관리에 대한 사항은 〈**표 7-3**〉과 같다.

표 7-3. 동물보호법의 주요 내용

1) 제 1장 제3조 (동물보호의 기본원칙)

누구든지 동물을 사육·관리 또는 보호할 때에는 다음 각 호의 원칙이 준수되도록 노력 하여야 한다.

① 동물이 본래의 습성과 신체의 원형을 유지하면서 정상적으로 살 수 있도록 할 것
② 동물이 갈증 및 굶주림을 겪거나 영양이 결핍되지 아니하도록 할 것
③ 동물이 정상적인 행동을 표현할 수 있고 불편함을 겪지 아니하도록 할 것
④ 동물이 고통·상해 및 질병으로부터 자유롭도록 할 것
⑤ 동물이 공포와 스트레스를 받지 아니하도록 할 것

2) 제 2장 제7조 (적정한 사육관리)

① 소유자 등은 동물에게 적합한 사료와 물을 공급하고, 운동·휴식 및 수면이 보장 되도록 노력하여야 한다.
② 소유자 등은 동물이 질병에 걸리거나 부상당한 경우에는 신속하게 치료하거나 그 밖에 필요한 조치를 하도록 노력하여야 한다.
③ 소유자 등은 동물을 관리하거나 다른 장소로 옮긴 경우에는 그 동물이 새로운 환경에 적응하는 데에 필요한 조치를 하도록 노력하여야 한다.
④ 제1항부터 제3항까지에서 규정한 사항 외에 동물의 적절한 사육·관리 방법 등에 관한 사항은 농림축산식품부령으로 정한다.

[개정 2013.3.23, 제11690호(정부조직법)]

3) 반려동물의 사육·관리에 필요한 기본적 사항

반려동물을 기르기로 결정하고 분양받았다면, 반려동물을 잘 돌봐서 그 생명과 안전을 보호하는 한편, 자신의 애완동물로 인해 다른 사람이 피해를 입지 않도록 주의해야 한다.

이를 위해서 애완동물의 소유자와 소유자를 위해 애완동물의 사육·관리 또는 보호에 종사하는 사람(이하 "소유자 등"이라 함)은 다음과 같은 사항을 지키도록 노력해야 한다(「동물보호법」 제7조, 「동물보호법 시행규칙」 〈표 7-4〉).

표 7-4. 동물보호법 시행규칙

기준	세부내용
일반적 사항	1. 애완동물에게 적합한 사료의 급여와 급수·운동·휴식 및 수면을 보장할 것 2. 질병에 걸리거나 부상당한 경우 신속한 치료와 그 밖의 필요한 조치를 취할 것 3. 애완동물을 관리하거나 다른 동물우리로 옮긴 경우에 새로운 환경에 적응하는 데 필요한 조치를 취할 것 4. 동물의 소유자 등은 동물을 사육·관리할 때에 동물의 생명과 그 안전을 보호하고 복지를 증진하기 위하여 성실히 노력할 것 5. 동물의 소유자 등은 동물로 하여금 갈증·배고픔, 영양불량, 불편함, 통증·부상·질병, 두려움과 정상적으로 행동할 수 없는 것으로 인하여 고통을 받지 않도록 노력할 것 6. 동물의 소유자 등은 사육·관리하는 동물의 습성을 이해함으로써 최대한 본래의 습성에 가깝게 사육·관리하고, 동물의 보호와 복지에 책임감을 가져야 합니다.
사육환경	1. 애완동물의 종류, 크기, 특성, 건강상태, 사육 목적 등을 고려해서 최대한 적절한 사육환경을 제공할 것 2. 사육공간 및 사육시설은 애완동물이 자연스러운 자세로 일어나거나 눕거나 움직이는 등 일상적인 동작을 하는 데 지장이 없는 크기일 것
건강관리	1. 애완동물의 종류, 크기, 특성, 건강상태, 사육 목적 등을 고려해서 최대한 적절한 사육환경을 제공할 것 2. 사육공간 및 사육시설은 애완동물이 자연스러운 자세로 일어나거나 눕거나 움직이는 등 일상적인 동작을 하는 데 지장이 없는 크기일 것

II. 치료도우미동물의 복지

학습목표

1. 동물매개치료 활동에서 고려해야 할 동물복지 가이드라인을 이해할 수 있다.
2. 치료도우미동물들에 일어날 수 있는 동물복지 문제들을 알 수 있다.

1 치료도우미동물들의 동물복지에 대한 고려

1) 동물매개치료 활동에서 고려해야 할 동물복지 가이드라인

치료도우미동물로서 동물의 사용에 대한 윤리적 고려에 대한 관심이 증대되고 있다 (Serpell et al., 2006). 역사를 통해 살펴보면 사람들은 동물을 다양한 목적으로 이용해왔다. 식량, 섬유, 스포츠, 장신구, 노동력 또는 반려동물로서 사람의 목적에 맞게 선택되어 동물이 이용되어왔다. 동물들 또한 고통, 두려움, 스트레스, 신체적 손상을 피하고 싶어 하고 종류에 따라 특성이 다르지만 동물들 자신의 필요와 욕망과 목표를 좇아 살고 싶어 한다 (Serpell et al., 2006).

사람과 동물의 이해가 충돌되는 경우 도덕적 문제들이 발생한다. 사람들의 동물 이용이 동물에게 고통과 두려움, 손상을 입히거나 동물들이 그들 자신의 필요와 목표를 희생하게 되는 경우 이러한 충돌이 생긴다.

지난 10년 이상 동안 동물매개치료와 동물매개활동에서 Delta society (현재 Pet Partners)와 같은 단체들은 활동에 포함되는 동물들의 스트레스와 손상을 최소화하기 위하여 노력해왔다(Hines & Fredrickson, 1998).

현재 동물매개치료는 폭발적으로 성장하여 다양한 경우에 이루어지고 있다. 이러한 빠른 성장 때문에 활동에 포함된 동물에 대한 제도적이고 전반적인 위해성 평가 제도가 마련되지 않은 상황에서 동물매개치료가 수행되는 경우들이 있다. 동물매개치료 활동에 포함된 동물들이 원하지 않는 것, 따라 하기 힘든 일들에 강요되는 것은 없는지 고려하여야 한다.

동물매개치료는 사람 대상자의 치유 목표를 달성하기 위하여 계획된 프로그램을 치료도우미동물이 활동하는 것이다. 어떠한 경우도 동물매개치료의 활동 과정에 치료도우미동물의 복지가 제한되거나 침해 받는 일이 발생해서는 안 된다. **동물매개치료는 치료도우미동물의 복지를 최우선으로 보장한 상태에서 프로그램이 수행되어야 한다.**

한국동물매개심리치료학회에서는 동물매개치료 활동에서 고려되어야 하는 치료도우미동물의 복지에 대하여 〈표 7-5〉과 같은 가이드라인을 마련하고 있다.

표 7-5. 동물매개치료 활동에서 고려해야 할 동물복지 가이드라인

1. 치료도우미동물과 활동을 수행함에 있어 가장 중요한 것은 **치료도우미동물의 복지 상태를 고려**하는 것이다.
2. 치료도우미동물이 **스트레스 징후가 나타나면 즉시 활동을 중단하고 휴식**을 취하게 하면서 그에 대한 불만 표시나 실망을 하지 않도록 한다. 더욱 긍정적인 보상과 함께 칭찬을 치료도우미동물에 주고 다음 세션에서는 즐겁게 치료 활동에 함께 임하도록 필요한 조치를 강구해야 한다.
3. 동물매개치료 활동 시 치료도우미동물들은 프로그램 활동 과정 동안에 스트레스와 임상증상에 대한 밀착 모니터링이 수행되어야 한다. 중간에 **치료도우미동물이 피로 증상을 표현하거나 활동 거부를 할 때는 즉시 활동을 중단하고 휴식**을 취하여야 한다.
4. 치료도우미동물의 **활동시간은 45분 전후가 가장 적합**하며, 시간은 처음에는 20분 정도에서 점차 늘려가는 것이 바람직하다.

[출처] 한국동물매개심리치료학회 치료도우미동물 복지 가이드라인(www.kaaap.org)

2) 치료도우미동물을 위한 윤리 지침

치료도우미동물을 위한 5가지 윤리적 환경은 〈표 7-6〉과 같다. **치료도우미동물의 학대 또는 심한 스트레스 상황은 어떠한 경우도 용납되어서는 안 된다.**

표 7-6. 치료도우미동물을 위한 5가지 윤리적 환경

1	치료도우미동물로 이용되는 모든 동물들은 학대, 불편, 질병으로부터 신체적 정신적으로 보호되어야 한다.
2	동물에 대한 적절한 건강관리가 항상 제공되어야 한다.
3	치료도우미동물은 활동하는 장소에서 멀리 떨어진 곳에서 조용한 휴식을 취할 수 있는 장소가 있어야 한다.
4	대상자와의 상호작용으로 치료도우미동물의 역할을 다 할 수 있도록 동물의 능력을 유지하도록 해야 한다.
5	치료도우미동물의 학대 또는 심한 스트레스 상황은 **어떠한 경우도** 용납되어서는 안 된다.

〈표 7-7〉은 대상자와 치료도우미동물의 요구를 비교·검토하여 윤리적 결정을 내리는 과정으로, 동물매개심리상담사는 동물매개치료 프로그램 계획 단계에서 치료 목표 달성을 위해 치료도우미동물이 수행해 주어야 하는 일들에 대한 사항(인간 요구)을 확인하고, 동물복지를 위한 치료도우미동물의 기본 요구(동물 요구)를 확인한 후, 인간과 동물의 요구를 비교하여 우선시 되어야 되는 요구를 결정한다.

사람 대상자의 필요 사항들을 확인하기위해 '대상자가 치료도우미동물에게서 필요한 것이 무엇인가?, 대상자가 치료도우미동물과 함께 얼마나 많은 시간을 보내기를 원하는가?, 동물과 함께하는 접촉과 시간의 상태는 무엇인가?'를 확인한다.

치료도우미동물의 필요 사항들을 확인하기위해 '적절한 돌봄, 애정, 조용한 휴식 시간'에 대한 검토를 한다. 이후 **사람 대상자와 치료도우미동물의 필요 사항들을 비교하는 데** 심각한 정신적 또는 신체적 손상과 같은 사람 대상자의 강력한 필요사항들만이 치료도우미동물의 기초적 필요사항 보다 우선될 수 있다. 그러나, **어떠한 경우도 치료도우미동물의 학대 또는 심한 스트레스 상황은 용납되어서는 안 된다.**

표 7-7. 대상자와 치료도우미동물의 요구 비교·검토 내용

번호	상 황	내 용
1	인간 요구의 확인	대상자가 치료도우미동물에게 요구하는 것
		대상자가 동물과 함께하는 시간
		동물과 보내는 접촉하는 시간의 본질
2	동물의 가장 기본적인 요구 확인	적절한 관리, 애정, 조용한 휴식시간
3	인간과 동물의 요구 비교	• 가장 저항하기 어려운 인간의 요구 (예를 들어, 심각한 정신적 또는 신체적 상해)는 동물의 기본적인 요구들보다 우선시 될 수 있다. • **어떠한 경우도** 치료도우미동물의 학대 또는 심한 스트레스 상황은 용납되어서는 안 된다.

〈표 7-8〉은 **치료도우미동물을 위한 윤리적 결정 내리기 과정의 고려 사항**이다.

동물매개심리상담사는 동물매개치료 프로그램을 수행하면서 치료도우미동물의 스트레스와 학대 여부를 항상 모니토링하여야 한다.

중재활동이 부당하게 동물이 스트레스를 받는다면, 동물매개심리상담사는 활동 세션이나 상호반응을 중지해야만 한다. 동물매개심리상담사는 하루에 여러 번 치료도우미동물을 위한 휴식 시간을 제공해야 한다.

치료도우미동물들은 활동할 수 있는 나이를 고려하여야 한다. 나이가 든 동물은 복지를 위하여 은퇴를 시키고 휴식이 있는 삶을 살 수 있도록 한다.

대상자가 고의든 고의가 아니든 치료도우미동물을 학대하는 상황에서는, 동물의 기본 권리를 존중하여, 활동을 중단하여야 한다. 동물매개심리상담사는 대상자가 치료도우미동물을 학대할 것으로 예상되는 경우에는 활동 과정에서 치료도우미동물의 복지를 지키기 위해 주의를 기울여야 한다. 치료도우미동물이 학대를 받거나 스트레스를 받는 것으로 판단이 될 때는 대상자와의 상호반응 활동이 즉시 중단되어야 한다. 대상자가 동물이나 사람을 학대할 위험성을 가지고 있는 경우에는 동물매개심리상담사는 활동 전에 대상자에게 동물학대에 따른 법적 처벌이 가능하다는 점을 알려주어야만 한다.

대상자가 치료도우미동물을 심각하게 학대하는 경우에 대상자는 동물학대법을 위반한 것이다. 이러한 학대를 경험한 치료도우미동물은 사람을 돕는 자신의 능력이 심각히 손상 받게 된다.

어떠한 경우도 치료도우미동물의 학대 또는 심한 스트레스 상황은 용납되어서는 안 된다.

표 7-8. 치료도우미동물을 위한 윤리적 결정 내리기 과정의 고려 사항

번호	상 황	고려 사항
1	심한 스트레스	만약 대상자가 동물에게 과도하게 스트레스를 준다면 동물매개심리상담사는 그 세션이나 상호작용을 일시 중지시켜야 한다.
2	휴식시간	치료도우미동물을 이용하는 동물매개심리상담사들은 동물에게 하루에 여러 번씩 "휴식시간"을 제공해야 한다.
3	노령화와 스트레스	나이든 동물들과 엄청난 스트레스에 직면한 동물들은 그들의 서비스 규모를 줄이거나 은퇴하여 휴식을 취하게 하여야 한다.
4	치료도우미동물에 대한 학대	그것이 의도적이든 부주의에 의한 것이든 대상자가 치료도우미동물을 학대의 대상으로 삼는 환경에서는 활동이 중단되어야 한다. 활동 중단이 치료도우미동물과 대상자와의 관계 단절을 의미한다고 하더라도 동물의 기본적인 요구들은 존중되어야 한다.
		동물매개심리상담사가 보기에 대상자가 동물을 학대할 가능성이 있다고 의심되는 경우라면 동물의 복지와 권리를 보호하도록 예방 대책을 취해야 한다.
		스트레스나 학대의 어떤 증거이든 명확해졌을 때 동물매개심리상담사는 대상자와 치료도우미동물의 관계를 종료시켜야 한다.

3) 동물매개치료 또는 활동에 이용되어지는 동물들의 돌봄과 관리에 대한 윤리적 지침

치료도우미동물의 돌봄과 관리에 대한 윤리적 원칙은 〈표 7-9〉과 같다. 치료도우미동물은 동물복지가 보장된 환경에서 동물매개치료 활동을 수행할 수 있도록 동물매개심리상담사는 기본 윤리 원칙을 숙지하고 이를 보장할 수 있도록 환경을 마련하여야 한다.

표 7-9. 치료도우미동물의 돌봄과 관리에 대한 윤리적 원칙

1. 치료에 활용되는 모든 동물들은 학대, 불편 및 신체적이나 정신적 스트레스 받는 것으로부터 자유로워야 한다.
2. 적절한 건강관리가 항상 제공되어야 한다.
3. 활동을 하지 않는 시간에는 조용하고 안락한 장소에서 휴식을 취할 수 있어야 한다.
4. 수의사에 의해 모든 동물들의 질병 예방 관리가 수행 되어야 한다.
5. 사람 대상자들과의 상호반응은 동물의 능력이 유용한 치료 매체로 활용될 수 있도록 구성되어야 한다.
6. 치료도우미동물의 학대 또는 스트레스 상황은 사람 대상자의 심각한 상해, 학대를 피하기 위해 부득이 일시적으로 허락되는 경우를 제외하고는 어떠한 경우도 허락되지 않는다.

2 치료도우미동물들에 일어날 수 있는 동물복지 문제들

1) 동물행동학적 또는 사회적 필요들을 제공하지 못하는 것

기본적인 식량, 물, 보호에 대한 신체적 요구들뿐만 아니라 대부분의 치료도우미동물들은 가능한 언제든지 제공 받아야만 하는 사회적, 행동학적 필요들을 갖는다(Dawkins, 1988).

초기 돌보는 사람들에 의해 이러한 사회적, 행동학적 필요들의 이해는 동물소유와 이용에 참여하는 윤리적 의무의 한 부분이다.

다른 종류들은 다른 사회적, 행동학적 필요들을 가질 수 있다 (Mason & Men이, 1993). 초기 돌보는 사람들에 의해 이러한 사회적, 행동학적 필요들의 이해는 동물소유와 이용에 참여하는 윤리적 의무의 한부분이다.

다른 종류들은 다른 사회적, 행동학적 필요들을 가질 수 있다 (Mason & Men이, 1993). 하나의 동물에 대한 특별한 사회적, 행동학적 상호반응의 가치를 판단하는 것은 때때로 어

렵다.

일반적으로 한 동물이 특별한 행동이나 사회적 상호반응을 수행하도록 강하게 자극되어져야한다면 수행하기 위한 동기가 박탈(deprivation)의 기간을 증가로 나타난다면, 활동과 상호반응은 동물복지를 유지하는데 중요하다는 것을 알려준다.

박탈(deprivation)의 공통적인 지표는 비정상적으로 자주 장소를 바꾸는 활동들, 정형행동(streotypies) 또는 자해(self-mutilation)을 수행하는 동물들을 포함한다 (Brooom & Johnson, 1993). 모든 동물들은 항상 어떤 대상자로부터 어떤 형태의 학대와 위험을부터 안전하여야 한다. 만약 치료도우미동물이 스트레스를 받거나 지치면 활동하는 환경에서 치료도우미동물은 안전한 휴식처를 찾을 수 있어야만 한다.

동물매개치료에서 이용되는 동물들은 실제적인 대상자 접촉으로부터 휴식을 가질 필요가 있다. 치료와 활동 동물들은 고통, 손상, 질병으로부터 자유로워져야만 한다. 모든 동물들은 그들의 적용에 잘 유지되어야만 한다.

만약 동물이 아프게 보이거나 스트레스를 받거나 지치거나 해보이면 의료적 주의가 주어져야만 한다.

보조와 치료를 위한 동물들을 위해서 복지문제는 건강 돌봄 기관에 거주하거나 복지시설 또는 요양원과 같은 기관들에서 상주하거나 많은 시간을 보내는 동물들은 복지문제가 일어날 수 있다.

부적절한 계획, 선택, 공헌, 감독은 동물들에게 부적절하게 돌보아질 수 있다 (Hines & Fredrickson, 1998).

케이지에 갇혀있는 소형 포유동물들, 새, 파충류는 무관심 또는 부적절한 돌봄의 위험이 크다. 가축화되지 않은 동물들은 가축화된 동물들 보다 더 특별한 요구가 필요하다. 부적절한 돌봄은 부적합하게 먹이고 물을 적절히 주지 않고, 깨끗하게 유지되지 않는 것으로 정의할 수 있다.

비만이 발생할 정도로 과도한 먹을 것을 제공하는 것이 먹을 것을 적게 주는 것만큼이나 부주의한 돌봄이다.

동물에게 운동할 수 있는 기회를 제공하는 것은 동물복지의 하나라 할 수 있다.

동물매개치료에서 다른 문제는 동물이 나이를 먹기 시작할 때 일어날 수 있다.

치료활동에 포함되는 동물의 활동 시간은 단축 되어져야만 한다. 이것은 동물매개심리상담사와 치료도우미동물 둘 다에 조정과 분열의 원인이 된다. 치료도우미동물의 정신사회적 고려와 필요를 포함하는 우리의 생각들을 잘 짜이도록 돕기 위하여 가이드라인들이 고려를 위한 특정지침으로 공식화 되어져 왔다. 이러한 지침들은 작은 의료기관 뿐 아니라 대규모 기관 기초 프로그램에서 제공되는 동물매개치료 활동에 적용되어야 한다.

복지문제는 개와 같은 동물들이 보육원의 환경풍부화가 수행된 환경에서 길러지는 경우에도 발생할 수 있다. 최종 훈련을 위해서 수개월 동안 개별적으로 갇혀지는 경우에도 발생할 수 있다(Habrecht, 1995).

사회적이고 신체적 환경에 갑작스런 변화는 동물들에게 매우 큰 스트레스를 줄 수 있다(Coppinger & Zuccotti) 그리고 그들의 복지에 대한 영향 뿐 아니라 성공적인 훈련과 장소를 결정하는 치료도우미동물들은 그들의 삶 동안 연속적인 주인과 핸들러와 관계를 맺는 변화된 상태 때문에 위험에 처해질지 모른다.

이러한 동물들의 대다수는 선천적으로 사회적인 개체들로 선택된다. 동물들은 내적으로 다른 개체들과 사회적인 상호반응을 찾으려고 동기 받는다.

그들은 그들의 파트너인 사람들과 강한 유대감을 갖는다. 다른 특성과 경험을 가진 다른 핸들러들과 연계를 참아내면서 소유를 위한 동기는 이러한 개체들에 특별히 스트레스를 줄지 모른다. 자유롭게 사는 동물들과 반대로 대부분의 치료도우미동물은 시스템 안에 갇혀 지내야 한다. 그 곳에서 그들의 사회적 삶을 뛰어넘어 조정할 것이 거의 없고 즐겁지 않은 사회적 개입을 피할 수 없다.

그들의 사회적 신체적 환경을 극복하지 못하는 동물들은 신체적 정신적 건강에 부작용을 가질 수 있다 (Hubrecht et al., 1992).

불행히도 동물매개치료 프로그램 계획자들과 실행자들은 때때로 동물의 요구 필요에 대한 지식이 부족할 수 있다.

수의사는 참여 동물의 건강유지와 백신을 통한 면역획득을 도와줄 수 있고 참여자들은 청소, 먹이주기, 물주기를 훈련자들은 하루 1시간 동안 행동을 조정해주고 기금모금, 기관장 누구든지 동물의 사회적 건강을 위해 특별한 책임을 다할 수 있다.

2) 치료도우미동물 선택과 양육

대부분의 가축은 길들여지지 않은 동물에 비교하여 스트레스를 주는 상황을 잘 인내한다. 심지어 완전히 갇혀있는 상황조차도 인내한다(Hemmer, 1990).

길들여지지 않은 품종은 훈련이 어렵고 훈련되어진 특성이 있어도 쉽게 잃어버린다. 유인원들과 같은 특정 품종은 지능이 높고 사회적으로 조절한다 (Cheney & Seyfarth, 1990).

이는 그들을 잠재적으로 사람들을 위한 사회적 동반자로서 신뢰할 수 없고 안전하지 않도록 만든다.

이러한 요소들의 모두는 길들여지지 않은 품종을 동물매개치료 프로그램에 덜 적합하다. 또한 더욱 복지 문제가 유발될 가능성이 높다. 이 점이 심각한 장애를 가진 사람들을 돕기 위해 원숭이를 훈련하고 사용하려고 노력하는 것을 설명해준다. 이런 경우에 이러한 프로그램들은 원숭이를 중성화수술과 외과적으로 견치를 발치하는 것이 도움을 줄수 있다. 원숭이들은 원격조정 전기충격 목줄을 입는 것이 요구되어지기도 한다. 이러한 이유는 동물의 잠재적인 공격성과 신뢰할 수 없는 행동을 조절하는 방법으로 사용하여 공급될 수 있다. 분명히 그러한 극단적인 도구들의 사용은 그러한 동물들을 이용하여 동물매개치료 프로그램을 운영하여야 하는지, 동물복지와 윤리적인 의문을 제기한다.

동물매개치료에 선택된 동물들은 그들의 행동을 다소 조정하여야 될 필요성이 있다. 그들은 길들여져야 하고 비자연적 기술을 가르쳐야 할 지 모른다. 이 것은 스포츠와 사역견을 훈련시키는데 사용되어지는 다른 과정이다. 스포츠와 사역견은 보상을 제공하는 것으로 행동을 조정한다(Coppinger et al., 1998).

모든 가축이 치료도우미동물이 되는데 적합한 것은 아니다. 사실상 개들이 장애를 가진 사람들을 위한 광범위한 일들을 수행하도록 믿을 만하게 훈련되어진 유일한 길들여진 동물일지 모른다.

그럼에도 개들 중에서 이런 동물매개치료 활동에 적합한 정도차이가 매우 크다.

청각도우미개와 같은 도우미개들은 보호소에서 선발되어질 수 있다. 많은 수의 그레이하운드가 치료도우미동물로 선택되어질 수 있다. 그 이유는 그레이하운드가 도우미 일에 가장 적합하다기 보다는 경주용 개로 선발된 개체를 제외하고 나머지는 안락사 되는 현실 때문에 배려되어지는 것이다. 이와 같이 동물의 사용에 유기견 보호소나 도태되는 동물의 이용이 동물복지 차원에서 유익한 것이다. 비록 동물매개치료 운영진에서 이러한 동물의 이용이 신뢰성에 의심을 갖는다. 최근에 치료도우미동물 단체들의 절반은 치료도우미동물을 유기견 보호소에서 선발하고 있다. 1년에 버려지는 4~5백만 두 중에서 적합한 개를 선발하는 것은 주요 문제이지만, 청각도우미와 치료도우미견은 크기에 제한이 없기 때문에 선택에 제한을 줄여줄 수 있다. 그러나 아직 체계화된 과학적 선발 기준에 대한 연구가 없어 선발에 주관적 판단이 많이 작용하기 때문에 어려움이 있다.

3) 발달 상태와 과정의 주의 기울이기 실패

유전, 환경, 발육, 영양상의 차이를 고려한 많은 도우미 동물 프로그램들 중에 혼동이 있다. 예를 들어 고관절 이형성에 환경적 요인이 없다는 문헌을 볼 수 있다(Orthopedic Foundation for Animals, 1998). 그러한 문장은 잘못되었다. 배아발달 관점에서 유전과 환경사이에 상호작용이 있다(Serpell, 1987). 고관절이형성은 유전적 인자에 발달 단계에서 여러 가지 환경요소들이 작용하여 일어나는 병적 현상이다.

많은 경우에 유전자 보다 오히려 환경이 보다 원인제공을 한다. 행동도 또한 그렇다.

생명주기의 후기에 겪은 경험보다 초기에 경험이 보다 큰 영향을 주고 오래 지속되는 것으로 알려져 있다(Serpell & Jagoe, 1995). 이와 같이 초기 어린 연령의 환경요소가 중요함에 따라 도우미 개의 출생 후 8주를 보내는 곳에 대한 고려가 심각히 되어야 함을 알 수 있다.

소독이 잘된 견사는 어린 강아지의 취약한 면역 시스템에 위험 병원체를 제거하여 도움을 줄 수 있다. 또한 이 시기가 치료도우미견의 사회화에 중요한 시기이다. 훌륭한 도우미 개를 양육하기 위해서는 영향을 많이 주는 어린 연령 강아지의 외부 환경과 영향 요소 인자에 대하여 잘 조절해야 한다.

4) 부적절 또는 비인본적 훈련방법 사용

훈련은 외부 체벌과 외부 보상을 통하여 많이 이루어진다. 예를 들어 원하는 방향으로 이동하면 훈련 중인 개에게 보상을 해주고 원하지 않는 방향으로 이동하면 체벌을 하는 방식을 반복하면 지시에 의해 원하는 방향으로 이동하도록 개를 훈련시킬 수 있다. 이런 훈련 프로그램에서 2가지 중요한 열쇠가 자주 고려되어지고 있지 않다.

첫째 동반자로서 개가 성공적인 이유는 개들은 사람과 사회적 상호반응의 보상을 위한 작업에 준비가 되어 있다는 점이다.

둘째 특정 품종의 개들은 양치기 또는 사냥을 좋아하는 선천성 품성을 가지고 있으며 그런 행동에 보상을 필수로 하지는 않는다는 점이다.

치료도우미견 전문가들은 특정 임무를 수행하려는 내적 동기유발이 되지 않는 개를 훈련시키는 것은 어렵다고 한다.

사실상 훈련사들에게 주어진 문제는 개들을 단순히 지치게 하는 단시간적 훈련방법을 중단해야한다는 점이다(Coppinger & Schneider, 1995).

5) 비현실적인 기대

치료도우미동물들이 그들의 이용자들을 위한 복잡하거나 신체적으로 요구되는 일들을 수행하도록 평상시 요구되어지는 것은 아니다.

반대로 치료도우미동물들은 복잡한 명령에 복종하고 복지문제를 위한 잠재성을 만드는 상대적으로 도전적인 신체 활동을 수행하도록 기대되어진다.

Coppinger 등(1998)은 어떤 치료도우미견 프로그램은 치료도우미견에 부담을 갖도록 비현실적인 기대를 내세운다고 하였다. 동물보호론자들은 치료도우미견이 휠체어를 끌거나 문을 열어주는 것이 치료도우미견에게 신체적 무리를 주고 반복하면 신체적 손상을 초래한다고 주장한다.

6) 잘못 설계된 장비와 시설의 사용

Coppinger 등(1998)은 치료도우미견들이 수행하는 요구 많은 임무를 물리적 분석에 의해 장애인들이 사용하는 기구나 시설들에 의해서 도우미들이 다칠 수 있다는 점을 밝히고 있다.

예를 들어 휠체어를 끌거나 문을 여는 것을 수행하는 도우미 개들은 이가 손상되거나 신체 손상이 될 확률이 있다. 소음이 큰 시설에 사육된 도우미 개들은 청각에 장애가 유발될 수 있다.

7) 최종 사용자 문제

치료도우미견을 이용하는 사용자의 일부가 충분한 경험이 없거나 잘못된 지식을 가지고 있어 문제가 유발될 수 있다. 이러한 경우 사용자는 개들을 부적절한 명령과 체벌, 잘못된 형태의 보상 등이 주어질 수 있다(Coppinger 등, 1998). Hines와 Frederickson(1998)은 치료도우미견에 적절한 훈련과 사용자에 대한 올바른 교육이 없으며 동물매개치료 활동효과도 좋지 않다고 하였다.

장애를 가진 사람들을 돕기 위해 훈련과 사회화된 동물들의 사용은 동물과 사람의 상호 이익이 되는 파트너십의 극대화라 할 수 있다. 그러나 종종 이러한 활동이 사람에 이익은 분명한 반면, 동물에 이익이 불분명한 경우가 있다(Serpell et al., 2006).

사실 동물매개치료 활동이 동물에 스트레스와 긴장을 주는 경우가 종종 발생한다. 이러한 점 때문에 우리는 동물매개치료 활동에서 일어날 수 있는 동물복지 문제점들을 살펴보고자 하였다. 그 결과, 다음과 같은 권장사항들을 고려하였다.

표 7-10. 치료도우미동물에 일어날 수 있는 동물복지 문제점들에 대한 지침

1. 동물매개치료 활동에 치료도우미동물을 육성하기 위해 특별한 사회와 행동 필요를 고려한 교육이 필요하다. 사회화 행동 박탈의 결과들을 회피하는 것뿐만 아니라 그들이 맡은 사회화 환경 자극의 정도를 극복하는 정도를 허용하는 것까지 둘 다 고려하여 교육이 필요하다.
2. 치료도우미동물을 양육하고 훈련하는 과정동안 보호자로부터 훈련사, 또는 핸들러에 보내지는 과정에 동물이 느낄 수 있는 사회적 유대감의 붕괴로 인한 스트레스를 경감시킬 수 있도록 미리 고려되어져야 한다.
3. 야생동물 재활프로그램과 같은 예외적 상황 이외에는 길들여지지 않은 종류들은 동물매개치료 활동에 사용하지 않는다. 유기견보호소에 수용된 동물들 중에서 적절한 치료도우미동물을 선택하여 육성하는 노력은 동물복지 측면에서 기여할 수 있다.
4. 치료도우미견의 현재상태가 부적합하면 동물매개치료 활동에 활용해서는 안 된다. 치료도우미동물은 발육단계에서부터 활동에 적합하게 육성될 수 있도록 주의를 기울여 육성해야만 한다.
5. 치료도우미동물의 훈련에 체벌이나 스트레스를 주는 훈련법을 사용하지 않도록 대체 훈련법이 개발되어져야 한다.
6. 동물복지를 향상시킬 수 있는 동물친화적 장비들과 동물시설들이 계획되고 구축되어져야만 한다.
7. 치료도우미동물들의 적절한 돌봄에 대하여 치료도우미동물 최종 사용자인 펫파트너와 동물매개심리상담사에 대한 지속적인 교육 프로그램이 이루어져야만 한다.

Ⅲ. 치료도우미견의 행동 및 복지 평가

학습목표

1. 치료도우미견 행동을 이해할 수 있다.
2. 치료도우미견 복지를 평가할 수 있다.

1 치료도우미동물들의 행동 및 복지 평가

동물들 또한 고통, 두려움, 스트레스, 신체적 손상을 피하고 싶어 하고 종류에 다라 특성이 다르지만 동물들 자신의 필요와 욕망과 목표를 좇아 살고 싶어 한다(Serpell et al., 2006).

사람과 동물의 필요와 요구되는 이해가 충돌되는 경우 도덕적 윤리 문제들이 발생한다. 사람들의 동물 이용이 동물에게 고통과 두려움, 손상을 입히거나 동물들이 그들 자신의 필요와 목표를 희생하게 되는 경우 이러한 충돌이 생긴다. 지난 10년 이상 동안 동물매개치료와 동물매개활동에서 Delta society(현재 Pet Partners)와 같은 단체들은 활동에 포함되는 동물들의 스트레스와 손상을 최소화하기 위하여 노력해왔다(Hines & Fredrickson, 1998).

1) 치료도우미동물 행동학

(1) 개의 생리 상태

개의 정상 생리 상태는 〈표 7-11〉과 같다. 스트레스를 받는 경우, 이와 같은 정상 생리 상태와 다른 현상을 보이게 된다.

표 7-11. 건강한 개의 상태

식욕 및 원기	귀의 움직임이 활발하고, 식욕이 왕성하며, 외부자극에 민감하다.
보행	걸음걸이가 활기차고 자세가 바르다.
체온 및 맥박	평균정상 체온은 38~39°C내외이며, 정상맥박은 70~120회/분, 호흡수는 20~25회/분이다.
비만정도	몸이 풍만하고 좌골단의 뼈를 감지할 수 있다.
동작	꼬리의 움직임이 활발하고, 눈은 충혈되지 않으며 움직임이 활발하다.
비경 및 점막	비경은 점액이 나와 축축하게 젖어있고, 콧구멍과 눈꺼풀 안의 점막은 붉지 않으며 입안에는 거품이 흐르지 않고 점막에 궤양이 없다.
피부와 피모	피모는 윤택하고 밀도가 높으며 피부의 탄력이 좋다.
배변상태	변은 설사나 변비가 아니며, 오줌에는 피나 점액이 없고, 항문과 외음부가 깨끗하다.

(2) 개와 고양이의 감정과 자세

동물매개치료에 이용되는 치료도우미동물은 얼굴 표정, 눈빛, 자세, 소리로 자신의 상태와 다음 행동을 나타낸다. 동물도 본능적으로 생존하려는 욕구가 있기 때문에 일차적인 두려움과 공격성을 가지며 이차적인 감정인 애정과 슬픔, 고통과 같은 감정이 있고 표현한다. 치료도우미동물로 널리 이용되는 개와 고양이의 감정과 자세는 다음과 같다.

표 7-12. 개의 감정과 자세

구 분		표정과 자세
부정적 행동	공격적	• 귀를 앞으로 세우고 귀를 당겼다가 내리면서 공격한다. • 눈은 고정된 채로 상대를 주시한다. • 입술은 올라가며 입을 벌리고 콧등에 주름이 생긴다. • 머리는 높이 들어 올리고 몸이 경직되며 긴장한다. • 몸의 중심을 앞쪽으로 기울이며 공격 자세를 취한다. • 털을 엉덩이부터 목까지 세운다. • 앞다리는 공격 방향으로 향한다. • '으르렁'거리는 소리를 낸다.
	공포심 (두려움)	• 귀를 뒤로 눕혀 내리면서 눈을 크게 뜨고 고정되어 있다. • 머리를 조금 숙이고 입이 약간 열려있다. • 털은 목 위로 세워져 있다. • 몸의 중심이 뒤쪽에 있고 꼬리를 다리사이에 넣는다. (그레이하운드는 예외임) • 덜덜 떨고 소변을 자주 눈다. • 도망치려고 준비하며 우는 소리를 낸다.
	복종적	• 귀와 눈을 아래로 내리고 있다. • 머리를 숙이고 뒤로 당겨 수평을 이룬다. • 털이 아래로 향하고 꼬리를 흔들거나 내린다. • 우는 개도 있다.
	수동적	• 머리를 내리고 귀가 쳐진다. • 꼬리를 바짝 붙이고 옆으로 누워 있다. • 소변을 눈다.
긍정적 행동	활동적 (쾌활)	• 귀가 올라가 있고 눈의 움직임이 활발하다. • 털이 몸에 편평하게 약간 뒤쪽으로 향해 있다. • 입은 긴장감이 없다. • 앞발을 들어올리기도 한다. • 꼬리를 위로 향하고 크게 흔든다. • 헐떡거리기도 하고 짖거나 울기도 한다.
	신중함	• 귀를 세우고 눈을 자주 움직인다. • 머리를 올리고 긴장감이 없다. • 털이 편평하고 균일하게 분포되어 있다. • 꼬리는 수평을 이루고 천천히 좌우로 움직인다. • 울거나 짖는 소리를 내지 않는다. • 눈을 지그시 감고 긴장을 풀고 편안한 자세를 취한다.

출처 : Delta society, 현재 Pet Partners (2000).

표 7-13. 고양이의 표정과 자세

구분			표정과 자세
공포심 두려움			• 긴장감이 있고 땅에 엎드려 웅크리고 있는다. • 귀를 뒤로 붙이고 머리보다 낮게 내린다. • 눈의 동공이 커지고 상대를 강하게 응시한다. • 콧수염을 뒤로 젖히고 꼬리를 활발하게 움직인다.
부정적 행동	공격성	방어적	경우에 따라 공격성을 보인다.
			귀를 뒤로 붙인다.
			동공이 확대되고 강하게 응시한다.
			등을 구부리고 동작이 빨라진다.
			앞발을 들고 땅을 내리친다.
			이를 드러내고 성난 소리를 낸다.
		공격적	공격의향을 보인다.
			귀를 높이 세우고 머리를 천천히 돌린다.
			눈의 동공이 수축되고 목표물을 주시한다.
			콧수염이 앞으로 펼쳐진다.
			털이 등에서 꼬리까지 세워진다.
			몸이 길게 펴지고 발톱을 내밀면서 앞발을 올린다.
			입술이 위축된다.
	복종적		귀를 뒤로 붙이고 턱을 앞발 사이에 넣는다.
			눈을 아래로 내리고 눈맞춤없이 동공이 작아진다.
			눈꺼풀이 감기고 콧수염을 얼굴쪽으로 향하게 한다.
			꼬리를 내린다.

출처 : Delta society, 현재 Pet Partners (2000).

2) 치료도우미견이 스트레스를 받았을 때 이를 어떻게 알 수 있을까?

치료도우미견을 관리하는데 있어 스트레스에 대한 반응을 적확하고 신속하게 인지하는 것은 매우 중요한 요소 중 하나이다. 개들은 자신의 스트레스를 몸짓언어(body language)로서 표현하는 것이 일반 적이기 때문에 〈표 7-14〉의 증상을 주의 깊게 관찰하여 대응해야 될 것이다.

표 7-14. 치료도우미견의 스트레스 증상

• 팬팅(헐떡거림, Panting) 및 침흘림	• 하품
• 강박행동	• 울음
• 탈모	• 물건 물어뜯기
• 설사, 장운동 과다	• 으르렁거림
• 오줌 지림	• 발바닥 땀 증가(바닥에 땀 발자국)
• 입술 핥기	• 행동 감소 또는 과다
• 기침	• 반복적인 발톱 긁기 및 핥기
• 재채기	• 눈 맞춤 회피하고 멍하게 있음
• 동공확대	• 식욕 감소
• 떨기	• 보호자 또는 핸들러 뒤에 숨기
• 몸 흔들기	• 가구 밑에 숨기

출처 : http://cwanimalbehavior.com

개가 혀를 내 놓고 헐떡이며 침을 흘리는 현상은 일반적으로 가장 쉽게 관찰 가능한 현상인데, 보통 생리적인 체열 발산(날씨가 덥거나 운동을 할 때 특히 심함)과 스트레스를 받은 경우에 병적으로 나타난다. 특히, 시추, 퍼그, 불독 그리고 페키니즈 등과 같은 단두종(brachycephalic dog breeds)인 경우에 심하다. 건강상의 병적으로 헐떡임이 심한 이유는 선천성 심장질환, 빈혈이나 일산화탄소 중독과 같은 혈액학적 질병, 호흡기계 문제(특히 상부기도 또는 하기부기도의 합병증), 호르몬 이상(갑상선기능저하증, 쿠싱병), 기타 통증, 출혈, 발열 증상 등과 밀접한 관련이 있다.

표 7-15. 치료도우미동물의 스트레스 반응

개	• 불안해한다. • 몸을 흔든다. • 헐떡거리고 침을 흘린다. • 눈동자가 커진다. • 지나치게 눈을 깜박 거린다. • 주의 산만하고 혼란스러워 한다. • 눈 맞춤을 피한다. • 하품을 자주한다. • 털이 많이 빠진다. • 울음소리를 낸다. • 입술을 핥는다. • 사람을 피한다. • 자리를 피한다. • 명령에 따르지 않는다. • 배뇨현상을 보인다.	토끼	• 몸이 경직되고 꼬리가 올라간다. • 눈이 커지고 흰자를 많이 보인다. • 귀를 뒤로 젖힌다. • 울음 소리를 낸다. • 사람을 피한다. • 호흡이 빨라진다. • 입술을 핥는다. • 접촉을 피한다.

고양이	• 주의가 산만하고 불안해한다. • 사람에게 매달린다. • 수동적으로 행동한다. • 명령에 따르지 않는다. • 방어적 태도를 가진다. • 털이 많이 빠진다. • 눈동자가 커진다.	새	• 깃털을 곤두세운다. • 사람을 피한다. • 배설하는 횟수가 증가한다. • 쪼는 행동을 반복한다. • 멀리 쳐다본다. • 평소와는 다른 소리를 낸다.

출처 : Delta society, 현재 Pet Partners (2000).

3) 치료도우미동물의 스트레스 대처 방안

동물이 이상행동을 나타낼 때는 그것이 스트레스 때문인지 주위 환경의 영향인지를 파악해 보아야 한다. 예를 들어 너무 덥거나 갈증을 느낄 때도 헐떡거리는 증상이 나타난다. 동물이 스트레스로 말미암은 증상이 나타날 때 취할 수 있는 조치는 <표 7-16>과 같다(Delta society, 현재 Pet Partners, 2000).

표 7-16. 치료도우미동물의 스트레스 대처 방안

1	즉시 분리하고 쉬도록 하여 안정시킨다.
2	증상이 없어질 때까지 매개치료를 중단한다.
3	자주 증상이 나타날 때는 정밀검사를 하여 적합성 여부를 판정한다.
4	나이가 많은 동물은 은퇴시킨다.
5	치료 활동 후에는 몸을 가볍게 마사지해 준다.

4) 치료도우미견의 활동 시 동물복지 고려

치료도우미견과 시설을 방문하여 활동을 수행함에 있어 가장 중요한 것은 치료도우미견의 복지상태를 고려하는 것이 가장 우선되어야 한다.

치료도우미견이 스트레스 징후가 나타나면 즉시 활동을 중단하고 휴식을 취하게 하면서 그에 대한 불만 표시나 실망하지 말고 더욱 긍정적인 보상과 함께 칭찬을 하고 즐겁게 치료 활동에 함께 임하도록 조치를 강구해야 할 것이다.

또한 훈련 과정에서 미리 활동 전, 후에 치료도우미견이 가장 좋아하는 것과 싫어하는 것을 확실하게 상기할 수 있게 훈련을 하고, 상황에 따라 대처를 하면서 부정적인 판단보다 더 잘할 수 있을 것이라는 긍정적인 생각으로 즐겁게 개와 활동에 임하되, 중간에 치료도우

미견이 피로나 활동 거부를 할 때는 즉시 이후 활동계획을 중단하고 휴식을 취하여야 한다. 또한 치료견의 활동시간은 45분 전후가 가장 적합하며, 시간은 처음에는 20분 정도에서 점차 늘려가는 것이 바람직하다. 그러나 항상 기억할 것은 치료활동이 개에게 즐거워야하고 다음에 또 기대감을 가질 수 있게 활동에 대한 동기부여가 확실히 되어야 한다.

한편, 치료 활동을 수행함에 있어 급격한 환경변화나 활동 방법이 바뀌게 되면 개에 혼란이 되기 때문에 일관성을 갖추어야 하고, 항상 치료도우미견의 행동 변화를 유심히 관찰하여 한다. 또한 정기적인 건강 검진과 위생 안전에 주의를 기울여야 된다.

표 7-17. 동물매개 치료활동 시 동물복지 고려

요구분야	지표 내용
동물복지	• 공간(활동 공간 및 휴식, 일상생활 공간 등) • 보호관리(건강위생; 피부-피모 관리, 백신 및 구충 등) • 영양관리 • 적절한 놀이와 휴식 안정화 • 기본적인 생리적 욕구와 행동의 자유 해결
동물매개심리상담사	• 펫파트너 자질과 소양 • 생명윤리와 동물사랑 • 기본예절과 대인간 소통능력 • 심리학적 기초소양 • 동물에 대한 이해와 케어능력

5) 동물복지 평가를 위한 과학적 접근 방법

동물복지를 평가하는 일이 매우 중요한 요소인 것을 모두 잘 알고는 있지만 지금까지 동물의 복지를 잘 먹고 잘살 수 있게 보장 하는 일 정도로 예측할 뿐 명백한 기준이 설정되지 못하고 있다. 따라서 Agostino sevi(2009)는 동물기반의 복지측정의 경우 각종 스트레스에 대한 동물들의 반응이 개체별로 이전 경험이나 유전적인 특성 그리고 생리적 상태에 따라 모두 달라지기 때문에 매우 복잡하다고 주장하였다.

동물복지를 평가하기 위해서는 다양한 학문적인 접근방법이 요구되는데 번식, 행동학, 내분비모니터링, 면역 및 병리학 등의 각종 매개변수가 완전하게 신뢰성을 가져야 될 필요성이 있다.

복지평가를 위한 핵심적인 요소들로 생물학적 효율성, 행동검사에 대한 반응성, 스테로이드 호르몬 분비, 백혈구 반응(임파구와 호중구의 비), IgG생성 및 사이토카인 분비능, 염증

반응(체세포수나 C-RP 등) 등을 중심으로 조사를 한다.

사람과의 친밀성(관계) 즉, Human-animal interaction과 BCS(body condition score), 피부와 모발 상태, 청결, 파행(lameness), 상처 그리고 행동이상 등이 농장에서의 복지평가 주된 요소가 된다.

6) 동물매개치료 활동에 있어 기초 소양 교육

동물매개치료는 동물과 사람이 함께 환자를 대상으로 하는 심리적인 안정과 치료 효과를 증대하는데 목적이 있기 때문에 사전에 대상자의 요구를 충분히 이해하기 위한 선행조사, 해당 전문가(의사 및 간호사 등) 및 보호자와의 충분한 소통이 이루어진 후 동물매개치료를 위한 프로그램 안을 작성하여 체계적인 접근이 이루어져야 할 것이다. 동물매개치료를 수행함에 있어서 수단이 되는 치료도우미견에 대한 사전 훈련과 동물복지에 기초한 동물매개심리상담사의 소양교육이 반드시 수반되어야 한다. 〈표 7-18〉은 Assistance Dogs Europe (ADEu)에서 제공한 동물매개치료 활동 펫파트너에 대한 최소한의 기준이다. 동물매개치료 활동에 참여하는 펫파트너는 치료도우미견과 참여하는 사람 모두에게 존경과 감사하는 마음으로 참여하는 것은 물론 동물복지적인 관점에 치료도우미동물의 건강과 안정화를 위해 노력할 것을 강조하고 있다.

표 7-18. 공인된 치료도우미견과 함께 활동하는 펫파트너의 최소한의 기준

자질을 갖춘 펫파트너는 아래 내용에 대한 책임을 져야 한다.

1. 활동에 참여하는 개를 존중하고 사랑을 가지고 다루어야 한다.
2. 프로그램에 참여하는 모든 대상자와 기관 스텝들을 존중하는 마음으로 대하여야 한다.
3. 활동에 참여하는 개의 자연적 행동을 유지해 주어야 한다.
4. 활동에 참여하는 개의 배설물을 깨끗이 치워야 한다.
5. 요구되어지는 적합한 신분증을 가지고 있어야 한다.
6. 활동에 참여하는 개는 미용이 되고 잘 관리되어져야 한다.
7. 활동에 참여하는 개의 건강을 잘 유지해주어야 한다.
8. 활동에 참여하는 개의 정기 건강검진과 예방접종을 실시해야 한다.
9. 활동에 참여하는 개는 목줄을 해야 한다.
10. 활동에 참여하는 개는 프로그램 수행 과정 동안에 통제될 수 있고 편안하게 유지될 수 있도록 해주어야 한다.
11. 활동에 참여하는 개는 적절한 훈련을 마치고 수의학적 평가를 받아 인증을 받고, 유지될 수 있도록 관리하여 정기적인 재평가를 통과하여야 한다.
12. 활동에 참여하는 개는 자신의 보호자와 팀워크를 형성하고 펫파트너 인증을 받도록 한다.
13. 펫파트너는 인증된 개의 공적 활동에 대한 책무를 이해하고 개인적인 욕심에 의한 활동을 자제하여야 한다.

출처 : Assistance Dogs Europe; ADEu

7) 동물복지 평가

동물매개치료는 다른 대체의학적 방법과 다르게 살아있는 동물이 중재의 도구로 활용되기 때문에, 동물복지를 준수하도록 노력하여야 한다. 한국동물매개심리치료학회에서는 〈표 7-19〉과 같은 동물복지 평가서를 마련하여 모든 동물매개치료 활동 시, 치료도우미견의 복지가 지켜지고 있음을 확인할 수 있도록 하고 있다.

표 7-19. 한국동물매개심리치료학회 동물복지 평가서

동물복지 평가서

년 월 일

1. 동물매개치료 회기 전 동물복지 평가

	Yes	No	평가
회기 30분 전에 내담하고자는 시설에 도착하였는가?			
도착하여 충분한 휴식을 취하고 있는가?			
휴식을 취할 시 물 급여와 사료 급여는 충족되었는가?			
휴식을 취하며 대소변을 볼 수 있게 해주었는가?			
휴식을 취하는 공간이 너무 좁지는 않은가?			
스트레스를 줄 수 있는 자극은 없었는가?			

2. 동물매개치료 회기 중 동물복지 평가

	Yes	No	평가
회기를 시작하며 내담자와 첫 대면 시 자극요인은 없었는가?			
내담자가 회기 중에 동물을 꼬집지는 않았는가?			
내담자가 동물의 털을 세게 잡아당기지는 않았는가?			
내담자가 동물의 신체를 때리지는 않았는가?			
내담자가 동물에게 함부로 대하지는 않았는가?			
내담자가 소리를 지르며 동물의 학대하진 않았는가?			
회기 중에 물 급여와 대소변 문제를 해결해 주었는가?			
동물이 스트레스를 받아 힘든 경우 휴식 시간을 주었는가?			
동물이 스트레스를 심하게 받을 때 프로그램을 중단했는가?			
주위 환경이 동물에게 스트레스를 주는지 파악되었는가?			
기본 복종훈련 반복 시 스트레스 정도를 평가할 수 있는가?			

3. 동물매개치료 회기 후 동물복지 평가

	Yes	No	평가
회기 후에 충분한 휴식을 취할 수 있게 도와주었는가?			
물 급여와 사료급여, 간식 급여를 해 주었는가?			
스트레스로 인한 증상을 파악하고 평가하였는가?			
신체 이상 시 즉시 동물병원으로 진료를 받으러 갔는가?			

※ 1,2,3의 동물복지 평가에 의하여 치료도우미동물(　　)의 동물매개치료 회기에 동물복지가 이루어지고 있음을 인정합니다.

20　년　월　일

담당자　　　　　　(인)

Q&A

동물복지란?

• 인간이 동물에 미치는 고통이나 스트레스 등의 고통을 최소화하며, 동물의 심리적 행복을 실현하는 것이다.

Panting이란?

• 개가 혀를 내 놓고 헐떡이는 현상을 팬팅이라 하며, 체온을 유지하기 위해 뜨거운 체내 공기를 밖으로 뱉어 내기 위한 행동이다. 스트레스를 받게 되면, 개는 팬팅 현상이 더욱 심하게 나타나게 된다.

Salivation이란?

• 개가 스트레스를 받았을 때, 침흘림이 증가되는 현상을 말한다.

코티졸이란?

• 동물과 사람이 스트레스를 받았을 때, 스트레스를 이겨내기 위해 체내에서 빠르게 증가되는 호르몬이다.

Tips 알아둡시다

OIE

• 동물의 질병 관리와 예방을 위한 국제적 기구로 세계동물보건기구(과거에는 국제수역사무국)라 부른다.

FAWC

• 영국의 '농장동물복지위원회'로 '동물의 5대 자유'를 제정하였다.

동물보호법

• 국내에서 1991년 제정되어 동물의 보호와 복지를 위한 세부 규정들을 두고 운영되고 있으며, 그 동안 '동물보호법'은 여러 번의 개정을 통하여 동물복지 향상을 위한 법률로 완성도를 높이고 있다.

단원학습정리

1. 동물의 5대 자유는 배고픔과 갈증으로부터의 자유, 불안으로부터의 자유, 통증, 부상 또는 질병으로부터의 자유, 정상적인 행동 표현의 자유, 공포와 고통으로부터의 자유를 말한다.

2. 국내 동물복지에 대한 법률은 동물보호법에 따라 준수해야 할 동물복지를 규정하고 있다.

3. 동물매개치료는 치료도우미동물의 복지를 최우선으로 보장한 상태에서 프로그램이 수행되어야 한다.

4. 치료도우미동물의 학대 또는 심한 스트레스 상황은 어떠한 경우도 용납되어서는 안 된다.

5. 대상자가 고의든 고의가 아니든 치료도우미동물을 학대하는 상황에서는, 동물의 기본 권리를 존중하여, 활동을 중단하여야 한다.

6. 치료도우미동물들은 활동이 어려운 나이가 든 동물은 복지를 위하여 은퇴를 시키고 휴식이 있는 삶을 살 수 있도록 한다.

7. 치료도우미동물들은 수의사에 의해 모든 질병의 예방 관리가 수행 되어야 한다.

8. 치료도우미동물의 훈련에 체벌이나 스트레스를 주는 훈련법을 사용하지 않도록 대체 훈련법이 개발되어져야 한다.

9. 치료도우미견이 스트레스 징후가 나타나면 즉시 활동을 중단하고 휴식을 취하게 하여야 한다.

쉬어가기

발가락 잃은 고양이 '다행이'와 행복한 동행

지하철 1호선 부천 역곡역 안에는 조금은 '특별한' 직원이 있다. 느지막이 일어나 하루 종일 창밖을 바라보거나 조금은 서툰 걸음걸이로 역사를 유유자적 돌아다니는 게 일이다. 그런데도 그를 보는 사람마다 반갑게 달려와 인사를 한다. 노란 털의 고양이 '다행이'다.

다행이가 처음 사람들에게 발견된 건 천안의 한 마트 주차장. 왼쪽 앞발 두 마디가 잘린 상태였다. 시간이 지나면서 상처는 아물었지만 조금 다른 신체 조건 때문인지 입양이 되지 않았다. 다행이가 안락사에 처해질지도 모른다는 이야기를 전해들은 김행균 역장은 다행이를 부천 역곡역으로 데려왔다. 김 역장이 다행이를 외면할 수 없던 데는 특별한 사연이 있다. 그는 2003년 서울 영등포역에서 근무하던 중 선로에 있던 아이를 구하고 왼쪽 발목 아래와 오른쪽 발가락을 잃었다. 현재 왼쪽 다리는 의족을 하기 위해 무릎 아래 10cm 정도만 남긴 상태다. 그가 '아름다운 철도원'으로 불리는 것도 이 때문이다.

처음부터 사람을 잘 따르고 얌전했던 다행이는 역곡역에 온 뒤 금세 없어서는 안 될 '마스코트'가 됐고, 지난해 9월에는 명예역장으로 취임했다. 김 역장은 "직원들도 워낙 예뻐하고 역을 이용하는 시민들도 좋아한다. 이제는 식구나 다름없다"며 웃었다.

다행이의 인기는 역장실만 봐도 알 수 있다. 역장실 한쪽 벽에는 다행이를 보러 들렀던 이들이 남긴 손편지들이 가득하다. 다행이에게 애정을 표현하거나 다행이를 보며 장애나 유기동물에 대해 다시 생각하게 됐다는 내용들이다. 한 미대생이 그린 다행이의 그림은 시민들의 모금을 통해 다행이의 사연이 담긴 동화책으로 만들어졌고, 지역아동센터와 유치원 등에 무료로 3000부가 배부됐다. 최근에는 역곡역 인근에 다행이를 그린 벽화도 생겼다. 김 역장은 "모두 다행이를 예뻐하는 분들의 재능 기부로 이뤄진 일"이라며 "다행이가 많은 사람들에게 변화를 주고 있다"고 말했다.

김 역장은 다행이를 만난 후 자신의 삶도 달라졌다고 말한다. 그는 "다행이를 통해 많은 분들을 만나면서 생각의 폭도 넓어졌고 다행이를 보며 위안을 받기도 한다"며 미소 지었다. 그에게 다행이는 이제 '특별히 말을 하지 않아도 마음이 통하는' 친구가 됐다. 정년퇴임을 하면 시골에 내려가 동물들과 함께 살고 싶다는 꿈도 생겼다. 김 역장은 "다행이는 그 자체만으로도 기적"이라며 "같이 있는 것만으로도 충분한 역할을 하고 있다. 앞으로도 아프지 말고 지금처럼 역곡역에서 행복하게 지냈으면 좋겠다"고 말했다.

[출처] 세계일보 2015. 07. 10.

CHAPTER 08

동물매개치료 활동 가이드라인

Guidelines of Animal Assisted Therapy

Ⅰ. 치료도우미동물 위험 요소
Ⅱ. 치료도우미동물의 수의학적 관리
Ⅲ. 동물매개치료 활동 시 유의 사항

동물매개치료의 최대 걸림돌은 동물로부터 올 수 있는 전염병인 인수공통감염병(zoonosis), 전염병 문제 등의 안전성이다. 인수공통감염병에 대한 염려는 비과학적이고 비합리적이다. 대부분의 감염은 동물에 의해서보다는 사람에 의해서 감기나 다른 질병이 환자에 옮겨진다. 인수공통감염병에 대한 염려는 수의사에 의한 치료도우미동물의 정기적인 예방접종, 월 1회 내부기생충 구충, 정기적으로 외부기생충 예방 및 검사, 알레르기 감소 물질 함유 샴푸로 정기적 목욕 등의 지침서 내용을 따르면서 최소화될 수 있다.

Ⅰ. 치료도우미동물 위험 요소

학습목표

1. 병원내 동물매개치료 활동을 이해할 수 있다.
2. 치료도우미동물과 환자의 적합성에 대해 알 수 있다.
3. 위험요소로 인수공통감염병과 정책을 알 수 있다.

동물매개치료의 최대 걸림돌은 동물로부터 올 수 있는 전염병인 인수공통감염병(zoonosis), 전염병 문제 등의 안전성이다. 1997년에 Emmett는 그 동안의 동물매개치료 프로그램의 병원내 감염 사례 연구를 통하여 동물매개치료 프로그램 수행으로 "질병이 전염된 보고 사례는 없다"고 하였다(Emmett, 1997).

동물매개치료 과정 동안에 펫파트너들은 환자 대상자와의 접촉을 위하여 비누를 가지고 손을 철저히 씻어야 한다. 치료도우미동물 또한 예방접종 프로그램에 따라 최근 백신이 접종되어야 하고 질병이나 기생충이 없도록 철저한 관리가 필요하며, 동물매개치료 활동 전 24시간 안에 목욕을 시키도록 한다. 치료도우미동물은 항상 활동사가 조절할 수 있도록 목줄이나 이동장을 사용하여 제한되어져야 한다.

1 병원내 동물매개치료 활동 관련

최근 기술의 발달로 병원내 간호 환경이 많이 변화되었지만 가장 큰 변화 중에 미국과 유럽의 병원에서 활발히 진행되고 있는 동물매개치료의 도입이 있다.

Cole과 Gawlinski (2000)는 병원내 동물매개치료의 도입에 대한 부정적 도전을 〈표 8-1〉과 같이 설명하였다.

표 8-1. 병원내 동물매개치료의 도입에 대한 부정적 도전

1. 치료도우미동물에 대한 병원 스텝들의 보수적 분위기
2. 병원에 동물매개치료 도입에 의한 변화에 대비한 정책을 만들어야 될 필요성
3. 면역억제 환자에서의 전염병 문제에 대한 의학적 걱정

동물매개치료의 도입은 병원이나 요양 시설들에서 변화에 대한 준비를 하는 것을 요구하고 있다(Animals in Institutions, 1996).

환자의 돌봄과 간호의 주요 목적들 중 하나는 환자에게 건강을 회복하고 활동할 수 있도록 하는 것이다. 이러한 목적을 달성하기 위하여 동물매개치료가 무슨 역할을 하는지에 대하여 검토하고 도입하는 병원에서 갖추어야 될 정책과 지침에 대한 표준이 필요하다.

동물매개치료의 효과 중 물고기에게 먹이를 주는 것을 도입한 예가 있다. 연구결과에 의하면 참여 환자들은 물고기에게 먹이를 주고 보는 것으로 이완반응과 기쁨을 얻었고 그들의 질병과 병원 입원 환경으로부터 벗어나 스트레스와 우울감을 탈피하는 것으로 환자의 질병을 개선하였다(Friedman 등, 198; Wilson, 1987).

그러나 일부 환자들은 동물을 싫어하고 두려움을 가질 수 있다. 이러한 의견은 또한 동물매개치료의 도입에 무시할 수 없는 부분이다. 또한 동물매개치료 과정에서 동물이 환자를 물거나 동물로부터 사람에 올 수 있는 인수공통감염병(zoonosis)이 발생할 수 있다는 우려도 있다(Hart, 1997; Tan, 1997).

환자가 면역저하 환자라면 전염병이 걸릴 확률이 더욱 높아진다. 따라서 이를 예방하기 위한 특정 지침이 필요하다. 이는 환자와 동물의 전염병 검사, 전염병 관리에 대한 지침 및 발생한 사고와 상해에 대하여 즉시 보고할 수 있는 프로토콜이 포함된 지침이 필요하다(Schantz, 1990).

동물매개치료에 반대하는 여러 의견 중 가장 큰 것은 청결, 알레르기 및 전염의 위험이다. 가장 큰 염려가 동물로부터 환자에게 병원체의 전염이다. 동물은 사람의 병원체를 옮길 수 있는 매개체로 작용할 수 있고 교차감염(cross infection)으로 인수공통감염병의 원인이 될 수 있다. 이 부분에 대한 자료는 많지 않다. 캘리포니아주의 Huntington Memorial Hospital에 도입된 동물매개치료의 결과는 5년 동안 1,690명의 환자에게 3,281건의 치료견 방문 동안에 인수공통전염병의 발병이 없었다(Jorgenson, 1997). 아동병원에서 2년 동안 수행된 또 다른 연구에서도 치료도우미견의 활동 후 병원내 감염율에 변화가 없었다.

인수공통감염병 이외에 동물매개치료에 대한 다른 염려는 알레르기이다. 이를 예방하기 위하여 치료도우미견은 방문 24시간 이내에 알레르기를 줄여주는 성분이 함유된 샴푸로 목욕을 시켜야 한다. 치료도우미견에 옷을 입히는 것도 알러지 물질의 배출을 줄여준다

(Barba, 1995).

다른 문제로는 동물매개치료의 과정에 결정이 이루어져야 하는 핵심문제들이 있다. 이에는 치료도우미견 선택, 치료견의 건강과 관리, 훈련 등이 있다. 동물매개치료를 위한 교육, 방법, 수행평가 및 조직, 행정, 관리, 전염병 예방에 대한 정책과 프로토콜의 수립, 결과 평가의 점검 등이 필요하다.

동물매개치료의 진행담당자는 전문가적인 방법으로 활동을 조절하는 것이 필요하다. 동물매개치료의 효과를 극대화하기 위하여 표준 지침이 만들어지더라도 지속적인 재평가와 재개정이 이루어져야 한다. 이러한 표준지침은 환자에게 동물매개치료의 효과를 극대화하기 위하여 그리고 환자에게 끼칠 수 있는 위험을 줄이기 위한 방향으로 만들어져야 한다.

2 치료도우미동물의 적합성

치료도우미동물들은 성격이나 행동에 대한 평가를 거쳐 선발되고 훈련되어야 한다. 치료동물들은 환자를 위한 특수 치료기구들에 접근하지 않도록 그리고 떨어진 환자의 알약을 먹지 않도록 훈련되어야 한다(Dossey, 1997).

훈련 후 평가 기준에 따라 치료도우미동물들의 평가가 이루어져야 한다. 활동을 위한 가장 중요한 부분으로 치료도우미동물은 수의사의 검진을 받아 동물매개치료 활동에 적합한 건강을 가지고 있음이 증명되어야 한다. 이러한 절차를 통하여 치료도우미동물이 환자에게 질병을 전염시키는 것을 막을 수 있다. 치료도우미동물들은 기생충 검사와 피부병에 대한 검사와 처치를 완벽히 끝내야 되고 요구되는 최근 예방접종이 완료되어야 한다.

미국의 경우 치료도우미동물은 American Kennel Club's Canine Citizen's test를 통과하거나 공인된 자격증을 받는 것이 동물매개치료를 위하여 요구될 수도 있다. 따라서 치료도우미동물은 자격을 갖추기 위하여 요구되는 수업들에 참여하여야 한다. 이를 위하여 Delta Society(현재 Pet Partners)에 의해 만들어진 프로그램(Standards of Practice for Animal-Assisted Activities and Therapy, 1996)이나 'Pets as Therapy (PAT)'와 같은 프로그램이 있다. PAT는 1983년 설립된 자선조직으로 치료동물의 훈련 및 동물매개치료를 위하여 병원, 요양 시설과 같은 기관의 방문을 돕는다. 비록 지역 동물매개치료 진행담당자를 통하여 자원자들은 그들의 동물을 치료도우미동물로 등록할 수 있는데, 이 때 예방접종을 포함한 동물의 건강의 확인, 훈련, 성격 등에 대한 선별 검사가 선행되어야 한다. 영국의 경우 4,000 마리 이상의 치료견과 치료도우미고양이가 동물매개치료의 활동을 하고 있다.

치료도우미동물들은 병원내 환자의 음식 준비 또는 서비스를 위한 구역에 출입이 제한된다(Barba, 1995). 전염병 관리 과정은 치료동물을 만진 누구든지 간에 손을 철저히 씻는 것으로부터 출발한다. 동물매개치료 참여 병원 스텝과 자원자는 활동하는 동안에 치료도우미동물과의 반응에 대한 모든 것을 관찰하여야 한다. 동물매개치료에 필요한 공간의 크기는 계획된 프로그램의 종류와 치료동물의 종류 및 크기에 따라 달라진다. 동물매개치료를 위한 방문 시간은 가능한 조용한 시간에 잡도록 한다. 소음은 치료도우미동물들의 주의력을 분산시킬 수 있다.

3 환자의 적합성

알레르기 환자와 개방 창상(open wound) 환자 및 면역저하 환자는 특별한 주의가 필요로 한다.

치료도우미동물의 보호와 치료도우미동물로부터 환자에게 질병이 전염되는 것을 막기 위하여 결핵, 살모넬라, 캠필로박터, 시겔라, 연쇄상구균, MRSA, ringworm, giardia, 아메바 감염증이 있는 환자에게 치료도우미동물의 방문은 허락되지 않는다. 비장을 적출(splenectomy)한 환자는 동물과의 접촉이 허락되지 않는다. 비장 적출이 개의 침에 상재하는 dysgenic fermenter type 2 (DF-2)에 감수성이 증가하기 때문이다(Findling 등, 1981). 면역저하 환자에게도 동물과의 접촉이 제한되지만 연구보고들에 의하면 암환자 및 장기이식 환자에서 동물매개치료 프로그램이 성공적으로 수행될 수 있다고 한다(Dossey, 1997).

치료가 어려운 질병의 경우에 간호의 목표는 환자의 삶의 질(QOL)을 높여주는 것이다. 특히 사람들과의 만남이 감소하게 되는 불치병 환자의 경우에 치료동물과의 만남이 삶의 변화에 적응하는 능력을 향상시킬 수 있다(Gorczyca, 1996).

AIDS 환자와 암환자에서 동물매개치료를 적용하는 것에 대한 논란이 있다. Gorczyca (1996)는 AIDS 환자에서 반려동물이 환자의 스트레스를 감소시킬 수 있다고 하였다. 적절한 주의를 기울이면 특정 질병의 환자에게도 동물매개치료가 문제되지 않을 수 있다.

키우던 반려견을 만나는 것이 허락 받지 못한 환자의 죽음 이후로 오하이오 주에 있는 한 아동병원의 전염 관리 담당자는 반려동물의 방문을 허락하였다(ICP's develop policies for pet and sibling visitation, 1994). 방문은 병원의 업무가 비교적 적은 주말에 하고 한

번에 한 마리의 반려동물만 허락된다. **한 연구조사에 의하면 조사한 심장질환 환자의 절반이 반려동물의 방문을 허락하는 병원을 선택하여 입원하였다**(Cole과 Gawlinski, 1995).

동물매개치료의 대상 환자가 정해지면 동물매개치료 진행담당자는 치료동물 방문 일정을 짜게 된다. 방문 동물은 개인 반려동물일 수도 있고 훈련이 된 치료도우미동물일 수도 있다. 동물을 만나고 싶지 않은 환자들의 권리도 또한 존중되어야 한다.

4 정책과 과정

치료도우미동물의 인증에 관여하는 공인 기관의 신뢰도가 매우 중요하다. 동물매개치료 프로그램의 안전성은 간호사와 펫파트너, 치료도우미동물을 위한 일관성 있는 훈련과 평가의 지침을 갖추는 것이 중요하다. 최소한의 지침은 치료도우미동물의 성격 평가와 치료도우미동물과 활동사의 상호반응에 대한 내용이 포함한다. 예를 들어 펫파트너가 치료도우미동물을 학대하거나 너무 큰 소리로 명령하지 못하도록 하는 내용도 포함될 수 있다. 치료동물의 성격이 사회적이지 않아 활동사와 친화도가 낮으면 안 된다. 치료동물과 활동사 둘 다 함께 활동하는 것을 즐겨야 한다. 또한 치료도우미동물이 간단한 복종 훈련을 받아 "앉아, 일어서, 누워" 등의 명령을 수행할 수 있어야 한다. 이러한 평가는 치료도우미동물이 활동하는 기관에서 수행되어야 한다.

치료도우미동물의 평가는 최소한의 복종훈련에 대한 평가를 포함하는데 종종 이러한 평가는 치료도우미동물에게 스트레스를 줄 수 있다. 평가는 치료도우미동물이 활동하려는 병원이나 기관에 적합한지 부적합한지로 결과가 나오게 된다. 평가 동안 치료 활동 동안에 부딪히게 될 상황과 유사한 환경에서의 치료도우미동물의 반응도 포함된다. 예를 들면 치료활동 중 환자가 갑자기 소리를 지르거나 움직이는 경우가 발생할 수도 있다. 이러한 경우에 평가 받는 동물이 과민하게 받아들이면 안 된다. 만약 평가 받는 동물이 으르렁거리거나, 공격하거나, 주의력이 분산되거나, 신경질적으로 된다면 부적합한 동물로 평가된다. 평가자는 관찰의 결과를 기초로 하여 'pass' 또는 'fail'로 치료동물을 평가한다.

치료도우미동물로 선택된 동물들은 활동하려는 병원 또는 기관의 전염병위원회(infectious disease committee)의 평가를 받아야 한다. **치료도우미동물로 가장 많이 선택되는 동물은 개이다.** 고양이나 토끼에 비교하여 훈련이 쉽고, 성격이 다루기 쉽기 때문이다.

새들은 동물매개치료의 치료도우미동물로 허락되지 않는 경우가 많다. 새들은 인수공통감염병인 조형 결핵균(Mycobacterium avium)과 같은 전염병에 감염되어있을 확률이 높기 때문이다(Waltner-Toews와 Ellis, 1994). 고양이와 토끼는 동물매개치료 활동을 위하여 개와 동일한 기준의 평가를 받아야 한다. 그러나 고양이와 토끼는 명령에 대한 복종 평가는 필요 없다. **고양이와 토끼는 치료 활동 동안에 환자가 접촉할 때 바구니에 있도록 훈련되어야 한다.**

고양이와 토끼는 발톱에 세균을 가지고 있을 수 있다. 개 발바닥 또한 환자가 직접 접촉하지 않도록 한다. 만약 **치료도우미견이 점프를 해서 환자를 발톱으로 상처를 내게 된다면 간호사는 바로 기록보고를 하고 의사에게 환자를 보여야 한다.** 만약 환자가 침대에 치료도우미견을 올려두기를 원한다면 수건이나 시트 등을 깔아 침대에 직접 접촉하지 않도록 한다. 치료도우미동물의 크기와 모양 등에 대하여 환자가 선호하는 것이 있어 요구한다면 가능한 환자의 요구를 맞추도록 한다.

5 인수공통감염병

동물매개치료의 적용에 가장 큰 걸림돌은 많은 의료 전문가들이 병원, 장기요양시설 등의 의료시설에 치료도우미동물의 반입을 반대한다는 것이다. 특히 면역 저하 우려가 있는 환자의 경우에 더 큰 반대에 부딪히게 된다.

이러한 반대는 치료도우미동물로부터 올 수 있는 상해(물리거나 할퀴게 되는 것) 또는 알레르기 보다 인수공통감염병(zoonosis)에 대한 염려로부터 기인한다. Hines (1996)는 동물매개치료 과정 동안에 발생한 인수공통감염병에 대한 과학적 연구 보고가 많지 않다고 지적한다. 문서화된 지침서는 이러한 위험을 감소시킨다(Center for Disease Control and Prevention, 2001; Duncan, 2000; Greene, 1998; Marcus & Marcus, 1998; Weber & Rutala, 1999).

인수공통감염병에 대한 염려는 비과학적이고 비합리적이다(Hines, 1996; Khan and Farrag, 2000; Owen, 2001; Serpell, 1986). Serpell (1986)은 **동물에 의해서보다는 사람에 의해서 감기나 다른 질병이 환자에 옮겨진다**고 하였다.

동물매개치료 과정 동안의 치료도우미동물에 의한 문제들의 발생에 대한 연구들이 수행되었고 이들 연구 결과 동물에 의한 문제는 거의 없는 것으로 보고되고 있다(Jorgenson, 1997; Lerner-Durjava, 1994). Stryler-Gordon 등(1985)은 284곳의 애완동물을 키우는 요양소를 대상으로 12개월의 조사에 의한 동물 유래 문제점에 대한 연구를 수행하였으며 그 결과 100,000명 당 1건이 애완동물 유래 문제 발생이었고 506건이 애완동물과 관련 없는 문제 발생이었다.

동물매개치료의 반대는 2세기 전 Edward Jenner가 수두 바이러스에 대한 예방접종을 개발하여 사람에 접종할 때 부딪혔던 반대를 떠올리게 한다. 반대의 큰 이유 중 하나가 예방접종이 사람을 절반의 소로 만들 수 있다는 염려였다고 한다(Serpell, 1986).

동물매개치료에 대한 최근의 반대는 치료도우미동물이 환자의 감염율을 높일 것이라는 것이다. 그러나 **동물매개치료는 엄격한 치료도우미동물의 선발과 훈련 및 펫파트너가 지켜야 될 지침서를 가지고 있다. 인수공통감염병에 대한 염려는 수의사에 의한 치료동물의 정기적인 예방접종, 월 1회 내부기생충 구충, 정기적으로 외부기생충 예방 및 검사, 알레르기 감소 물질 함유 샴푸로 정기적 목욕 등의 지침서 내용을 따르면서 최소화될 수 있다.**

6 동물매개치료의 평가

목표의 성취도를 평가하고 환자의 필요에 더 맞추기 위한 프로그램의 개발을 위하여 수행한 동물매개치료의 평가가 필요하다(Barba, 1995).

평가의 방법은 설문지, 사례연구, 발생한 사건보고 등을 이용할 수 있다. 평가는 간호의 일부로서 수행되어야 한다. 발생한 사건보고는 치료도우미동물에게 물리거나 할퀴게 되거나, 치료도우미동물 유래 인수공통감염병 질병으로 추정되는 것을 모두 포함한다.

동물매개치료의 연구결과들에 대한 제한점은 모집단 수가 적고 동물매개치료의 결과에 대한 평가 방법의 신뢰도가 낮다는 것이 과학적 연구에 큰 장벽이다(Voelker, 1995).

동물매개치료의 반응에 대한 평가는 환자의 신체적 개선보다는 정신 건강의 개선을 보여주는 환자에서 희망과 감성의 기준에 의하여 평가되어야 한다(Findling 등, 1980). 동물매개치료의 목표를 성취하기 위하여 신중한 계획이 세워져야 한다.

II. 치료도우미동물의 수의학적 관리

학습목표

1. 개와 고양이의 전염성 질병을 이해할 수 있다.
2. 인수공통감염병에 대해 알 수 있다.
3. 치료도우미동물의 위생관리를 이해할 수 있다.

1 개의 전염성 질병

1) 바이러스 감염증

개의 전염병으로 병원체가 바이러스인 것은 다양한 것이 있으나, 대부분 개에게만 문제가 되는 질병을 유발한다. 인수공통감염병인 바이러스성 질병은 광견병이 있다.

(1) 광견병(Rabies) : 인수공통감염병

모든 온혈 포유동물에 감염될 수 있는 치명적인 법정전염병으로서 사람이나 다른 동물을 물었을 때 타액을 통해 전파되어 사람에게는 공수병을 일으킨다.

(2) 개 파보 바이러스 감염증(canine parvovirus infection) : 개과 동물 감염증.

본 질병은 개와 늑대, 여우와 코요테 등의 개과 동물과 족제비, 밍크, 페렛 등의 족제비과 동물에 전염력과 폐사율이 매우 높은 질병으로 어린 연령의 개일수록, 백신 미접종의 개체일수록 증상이 심하게 나타나며, 심한 구토와 설사가 따르므로 강아지에게는 치명적인 질병이다.

(3) 개 홍역(canine distemper) : 개과 동물 감염증.

본 질병은 개와 늑대, 여우와 코요테 등의 개과 동물과 족제비, 밍크, 페렛 등의 족제비과 동물에 전염성이 강하고 폐사율이 높은 전신감염증으로서 눈곱, 소화기증상, 호흡기증상,

신경증상 등의 임상증상을 보이며 병이 경과하는데 소수의 사례에서는 발바닥이나 코가 딱딱해지고 균열이 생기는 경우도 있다.

(4) 개 전염성 간염(canine infectious hepatitis) : 개과 동물 감염증.

본 질병은 개와 늑대, 여우와 코요테 등의 개과 동물과 족제비, 밍크, 페렛 등의 족제비과 동물에 감염되며 개의 홍역(canine distemper)과 유사한 증상을 나타내는 질병으로서 강아지 때 급사되는 경우를 제외하고는 사망률이 10% 정도로 가볍게 내과 하는 경우가 대부분이며 국내에서 판매되는 백신에 의하여 비교적 잘 방어가 되는 질병이다.

(5) 개 코로나 바이러스 장염(Canine coronavirus infection) : 개과 동물 감염증.

본 질병은 개와 늑대, 여우와 코요테 등의 개과 동물과 족제비, 밍크, 페렛 등의 족제비과 동물에서 전염성이 강하고 구토와 설사를 주 증상으로 한다.

(6) 개 감기(canine parainfluenza virus infection) : 개과 동물 감염증.

본 질병은 개와 늑대, 여우와 코요테 등의 개과 동물과 족제비, 밍크, 페렛 등의 족제비과 동물에 감염되는 개의 감기로서 켄넬코프와 증상이 유사하지만 병원체가 다르다.

(7) 개 허피스바이러스(canine herpesvirus infection) : 개과 동물 감염증.

본 질병은 개와 늑대, 여우와 코요테 등의 개과 동물과 족제비, 밍크, 페렛 등의 족제비과 동물에 감염된다. 개에서 한 번 감염되면 어린 연령에 치명적인 허피스바이러스 감염증으로 유사산의 원인이 된다.

2) 세균성 감염증

개의 전염병으로 병원체가 세균인 것은 다양한 것이 있으나, 대부분 개에게만 문제가 되는 질병을 유발한다. 인수공통감염병인 세균성 질병은 렙토스피라증, 브루셀라병, 라임병이 있다.

(1) 렙토스피라증(leptospirosis) : 인수공통감염병

1898년 이래 유럽 등지에서 많이 발생한 질병으로 갑작스런 고열, 오한, 황달 그리고 유산을 일으키는 등의 증상을 보이며, 사람에게도 전파되어 비슷한 증상을 보이는 인수공통감염병으로서 렙토스파이라 세균에 감염된 들쥐에 의하여 전파되는 질병이다.

(2) 켄넬코프(kennel cough) : 개과 동물 감염증.

본 질병은 개와 늑대, 여우와 코요테 등의 개과 동물과 족제비, 밍크, 페렛 등의 족제비과 동물에 감염된다.

(3) 개 부루셀라병(canine brucellosis) : 인수공통감염병

유산을 제외한 특별한 임상증상을 나타내지 않고, 진단상 어려움이 많고, 항상 보균동물로 존재함으로써 집단적으로 사육하고 있는 번식장에서는 매우 중요한 전염병이다.

(4) 개 라임 병(canine Lyme Disease. canine Borreliosis) : 인수공통감염병

진드기에 의하여 전파되는 질병으로 사람에 감염이 일어나는 인수공통감염병이다.

3) 기생충 감염증

대부분의 기생충 감염은 개와 사람에 모두 감염될 수 있는 인수공통감염병이다. 따라서 개의 기생충에 대한 구충과 예방과 공중보건학적으로 매우 중요하다고 할 수 있다.

(1) 심장사상충(Heartworm) : 개와 고양이 감염병

심장사상충(Heartworm, *Dirofilaria immitis*)은 현재 가장 광범위하게 퍼져 있는 기생충으로 중간 숙주인 모기를 통해 전염된다. 모기가 있는 계절에는 개에게 심장사상충 예방약을 매달 먹여야 한다.

(2) 원충감염(protozoa infection)

① **지알디아증(Giardia infection) : 인수공통감염병**

주원인은 *Giardia canis* 이며 2 개의 핵과 편모를 가진 이자형의 원충으로 개의 상부 소장에 기생하면 돌발적으로 악취가 나는 수양성 설사와 식욕감퇴를 주증상으로 하는 급성형과 만성적으로 흡수장애를 일으키는 만성형으로 구분된다.

② **트리코모나스증 : 인수공통감염병**

비위생적인 견사에서 사육되는 자견에 Trichomonas spp. 편모를 가지며 운동성이 있는 원충이 감염되어 발생하는 질병으로서 수양성 설사를 유발하는 원인이 된다.

③ **크립토스포리디아증**(Cryptosporidium infection) : **인수공통감염병**

콕시디아 속 원충인 크립토스포리디움(Cryptosporidium)의 중요한 보균 가축은 소이지만 개와 고양이의 분변에서도 검출되며 이 원충은 많은 동물을 감염시키고 감염된 동물의 대변으로 나온 낭포체는 전염성 가지고 있다.

④ **톡소플라즈마증**(Toxoplasma infection) : **인수공통감염병**

톡소플라즈마증은 편성 세포내 원충인 톡소플라스마 곤디(*Toxoplasma gondii*)의 감염에 의해 발생하며 사람에 감염되면 인체의 면역능력에 따라 무증상에서 뇌염, 폐렴 등의 증상을 나타낼 수 있으면 급성형으로 나타나거나 만성화 할 수 있다.

⑤ **아메바증**(Entamoeba infection) : **인수공통감염병**

이질아메바(*Entamoeba histolytica*)가 개, 고양이, 쥐, 돼지 등에 감염되어 소화기 관내에서 궤양을 일으키며 점액성 설사를 유발하기도 한다.

⑥ **바베시아증**(Babesia infection) : **인수공통감염병**

진드기 매개성 주혈원충증(住血原蟲症)으로서 *Babesia canis*, *Babesia gibsoni* 등의 원충이 문제가 되며 주 증상으로는 발열, 빈혈증상, 혈색소뇨, 황달이 특정인 증상을 보이며 종대된 간이나 비장 등이 촉진된다.

(3) 외부 기생충

① **개 선충**(scabies) : **인수공통감염병**

주 원인은 개 선충(*Sarcoptes scabies*)의 감염으로 옴이라고도 불리는 증상을 유발한다.

② **개 모낭충**(demodex) : **인수공통감염병**

주 원인은 개 모낭충(*Demodex canis*)의 감염으로 모낭충에 감염된 개는 모낭 안에 기생충 감염에 의한 염증으로 털이 빠지고 가려워 긁은 피부에 2차 세균감염으로 염증이 유발된다.

③ **귀 이**(Ear mite) : **인수공통감염병**

주 원인은 ear mite의 감염으로 증상이 유발된다.

④ **이**(lice) **및 벼룩**(flea) : **인수공통감염병**

주 원인은 이와 벼룩으로 이와 벼룩의 감염은 위생적 관리로 예방할 수 있다.

4) 내부 기생충 감염증

(1) 선충류(線蟲類) : 인수공통감염병

선 형태의 모양을 한 견회충(*Toxocara canis*), 견소회충(*Toxocara leonina*), 개편충(*Trichuris vulpis*) 등이 있으며 구충류(鉤蟲類)는 갈고리가 있는 형태를 갖춘 견십이지장(*Ancylostoma caninum*), 비경구충(*Uncinaria stenocephais*)이 있다.

(2) 조충류(條蟲類) : 인수공통감염병

납작한 선모양의 형태를 한 기생충으로서 긴촌충(*Diphyllobothrium latum*), 촌충(*Echinococcus spp.*), 일반조충(*Taenia spp.*), 두상조충(*Taenia pisifomis*), 고양이 조충(*Taeniataenia formis*), 다두조충(*Multiceps spp.*) 등이 있다.

(3) 흡충류(吸蟲類) : 인수공통감염병

창형흡충(*D. lanceolatum*), 묘흡충(*O. tenuicollis*), 간흡충(*Fasciola hepatica*), 폐디스토마(*P. westermanii*) 등이 있다.

5) 곰팡이 감염증

피부 곰팡이 감염증은 진균에 의하여 유발되며 대부분 인수공통감염병으로 사람 피부에도 감염이 유발된다.

다양한 곰팡이에 의하여 피부 병변이 유발되며 세균과 외부 기생충 감염증과 감별 진단이 필요하다. 우드 램프에 의하여 피부에 자외선을 쬐어 형광을 발하는 것을 확인하여 피부 곰팡이 감염증을 진단할 수 있다. 피부를 긁어 도말하여 현미경으로 관찰하여 곰팡이 포자를 관찰하는 것으로 진단하기도 한다. 곰팡이는 치료가 어렵고 흔히 재발하기 때문에 주의를 요한다.

2 고양이 전염성 질병

1) 바이러스 전염병

(1) 광견병(Rabies) : 인수공통감염병

광견병 바이러스 감염에 의하여 유발되며 광견병에 걸린 야생동물 또는 다른 동물에 의해 물릴 때 생긴 상처로 체내에 들어온 바이러스가 신경세포를 타고 뇌로 들어가 뇌세포를 손상시켜 신경마비와 광폭증상을 보이다 치명적으로 사망한다.

(2) 고양이 범백혈구감소증(Feline panleukopenia, FPV) : 고양이과 동물의 감염증

고양이과 동물들에만 감염이 이루어진다. 고양이 홍역(distemper) 또는 고양이 전염성 장염이라고 불리기도 하는 바이러스 질환으로 고양이 파보바이러스 감염에 의한다.

(3) 고양이 백혈병바이러스 감염증(Feline leukemia virus, FeLV) : 고양이과 동물의 감염증

고양이과 동물들에만 감염이 이루어진다. 레트로바이러스에 속하는 고양이 백혈병바이러스 감염에 의해 유발된다. 백혈구에 암이 유발되는 것으로 이 병에 걸린 고양이의 타액에는 대량의 바이러스가 존재하므로 같은 식기로 먹던가, 몸을 서로 핥는 것으로 감염된다.

(4) 고양이 바이러스성 호흡기 질환 : 고양이과 동물의 감염증

2개의 바이러스(비기관염바이러스, 칼리시바이러스)에 의해 발생하는 경우가 많다.

① **고양이 비기관염(Feline rhinotracheitis) : 고양이과 동물의 감염증**

고양이과 동물들에만 감염이 이루어진다. 고양이 허피스 바이러스(Feline herpesvirus) 감염에 의한다.

② **고양이 칼리시바이러스(Feline calicivirus) : 고양이과 동물의 감염증**

고양이과 동물들에만 감염이 이루어진다. 고양이 칼리시 바이러스(Feline calicivirus)감염에 의한다.

(5) 고양이 전염성 복막염(Feline infectious peritonitis, FIP) : 고양이과 동물의 감염증

고양이과 동물들에만 감염이 이루어진다. 고양이 코로나바이러스가 원인으로 생기는 병으로 전신의 장기를 침입한다.

(6) 고양이 면역결핍증 바이러스(Feline immunodeficiency virus, FIV) : 고양이과 동물의 감염증

고양이과 동물들에만 감염이 이루어진다. 고양이 면역결핍바이러스가 원인으로 생기는 병으로 면역 저하로 만성 구내염, 치은염, 기도염, 임파절부종, 설사와 빈혈 증상을 보인다.

2) 클라미디아 : 인수공통감염병

Chlamydia Pschittasi 감염에 의한다. 사람에서 결막염이 유발된다.

3) 기생충

대부분의 고양이 기생충은 인수공통감염병이다.

(1) 톡소플라즈마 : 인수공통감염병

원충에 의한 전염병으로 사람과 고양이에 공통된 인수공통감염병이다. 원충은 고양이 몸 어딘가를 침입, 발열, 폐렴, 설사, 간장애(황달) 등의 여러 가지 증세를 일으킨다.

(2) 회충 : 인수공통감염병

고양이 회충은 고양이가 회충 충란에 오염된 음식물 등의 섭취를 통하여 전염된다.

(3) 조충 : 인수공통감염병

고양이조충은 길이가 15~40cm로 체절을 가지고 있으며 고양이의 소장에 기생한다.

(4) 콕시디움 감염증 : 인수공통감염병

몸이 약한 고양이가 감염되면 증상이 특히 심하며 장에 많은 병변을 일으킨다.

(5) 벼룩 감염증 : 인수공통감염병

벼룩은 고양이 및 다른 동물에 감염되어 피를 빨아 먹는다.

4) 진균(곰팡이) 감염증

주로 털 관리가 제대로 되지 않아 곰팡이에 감염되어서 발생하는 피부병이다. 증상은 털이 많이 빠지고 가려움증을 동반하며 몸 전체로 번진다. 또한 피부에서 하얀 비듬이 많이 떨어진다.

3 인수공통감염병

1) 인수공통감염병의 정의

공중보건 분야 중에 가장 중요한 부분으로 인수공통감염병을 꼽을 수 있는데 이는 동물과 인간에 공통으로 감염되는 질병으로 정의된다. 인수공통감염병은 원래 Greece어로 Anthropozoonosis, Anthropos=인류, Zoo=동물, nosis=질병을 의미하며, "사람과 동물이 같이 감염되는 전염병"을 말한다.

표 8-2. 동물종류에 따른 인수공통감염병의 예

Zoonoses: Animal Species

Dogs & Cats
1. Rabies
2. Roundworm
3. Ringworm
4. Lyme Disease (dogs only)
5. Cat Scratch Disease (cats only)

Food Animals
1. Salmonella
2. E.coli
3. Brucellosis

Birds:
1. Psittacosis
2. West Nile
3. Cryptococcus

Reptiles, Fish, & Amphibians
1. Salmonella
2. Mycobacterium

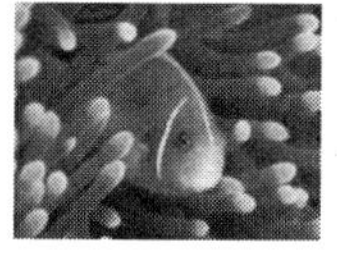

Wild Animals
1. Hantavirus
2. Plague
3. Tularemia

2) 개의 인수공통감염병

〈표 8-3〉은 개에서 주로 발생할 수 있는 인수공통감염병을 정리한 것이다. 바이러스로는 광견병이 있고, 세균으로 렙토스피라, 파스튜렐라, 부르셀라, 라임병이 있다. 그 외는 기생충이 인수공통감염병으로 문제가 되고 있다.

표 8-3. 개의 주요 인수공통전염병

병명	병원체	감염경로	사람에서의 증상
광견병	Rabies virus	감염된 개에게 물린 경우	두통, 불안감, 경련, 사망
렙토스피라증	*Leptospora inerrogans*	감염동물의 요충으로 나온 병원체가 물과 토양을 오염시키고, 이를 접촉하는 경우 감염된다.	발열, 두통, 근육통, 구토, 출혈, 활당, 신부전
파스튜렐라증	Pasteurella spp.	감염동물에 물리거나, 입맞춤등에 의해 직접 감염된다.	국소적인 통증, 발적, 종창
부르셀라증	*Bruella Canis*	유산태아 등의 접촉	오한, 발열, 두통, 근육통
라임병	*Borrelia burgdorferi*	감염동물을 흡혈한 진드기에 의해 감염된다.	윤곽이 명료한 홍반, 관절염
톡소카라증	*Toxacara canis*	견회충란을 섭취	발열, 근육통, 소아에서는 시력장애가 온다.

병명	병원체	감염경로	사람에서의 증상
분선충증	분선충	오심지역에서 휴지기를 보내는 제3기 유충의 경피 감염	설사, 점액성 혈변
심장사상충증	견사상충	감염동물을 흡혈한 모기에 물린 경우	기침, 발열, 흉통
개조충	개조충	감염 유충을 가지고 있는 벼룩을 섭취하는 경우	통상적으로 무증상이지만 소아에서는 소화기 장애가 보인다.
개선충	진드기	감염동물과 직접접촉	피부 가려움증, 구진
벼룩교상	개벼룩, 고양이 벼룩	오염 환경중의 번데기	심한 가려움, 발적
피부진균증	Microsporum spp,. Trichoophyton spp.	감염동물과의 직접적인 접촉	두부, 팔, 다리, 피부에 원형 홍반, 소수포

4 병원체의 예방

1) 기생충의 예방 및 치료

다양한 전파방법으로 감염되는 기생충의 감염예방은 단순한 구충제 투여만으로는 예방에 어려움이 있다. 다음과 같은 요령으로 관리하면 구충은 물론 건강한 동물의 상태를 유지 할 수 있다.

① 조속한 분변 청소 및 위생적 처리

② 동물 자체 및 주변 정기적인 소독

③ 청결하고 영양이 풍부한 먹이급여

④ 이, 벼룩, 모기 등의 해충 구제

⑤ 쥐의 구제

⑥ 선충류 및 조충류, 흡충류 구충이 가능한 종합구충제 투여 기생충 감염은 어린동물에게 특히 피해가 크기 때문에 어린 동물은 동물병원을 방문하여 건강진단과 분변검사를 받아 보아야 한다. 생후 4~6주경에 구충한 후 생후 4개월이 되면 3주 간격으로 구충제를 투여한다. 심장사상충 예방을 위해서는 모기가 발생하는 계절에 심장사상충 예방제를 월 1회 경구 투여한다.

2) 예방접종

(1) 개의 예방접종

개의 예방접종의 종류와 접종 프로그램. 모체이행항체가 소실되기 이전인 생후 6주령부터 예방접종을 실시하여 방어항체 수준을 끌어올리기 위해서 <표 8-4>와 같은 백신을 프로그램에 따라 반복 접종을 한다.

표 8-4. 개 예방접종의 종류와 접종 프로그램

백신 종류	예방 목적 질병	접종 프로그램
종합백신 (DHPPL)	개 홍역, 개 간염, 개 감기, 개 파보장염, 렙토스피라	• 생후 6주부터 2~4주 간격으로 5회 접종 • 이 후 매 년 1회 보강접종
코로나 장염	Canine corona virus	• 생후 6주부터 2~4주 간격으로 2~3회 접종 • 이 후 매 년 1회 보강접종
켄넬코프	*Boardetella brochiceptica* Parainfluenza virus	• 생후 8주부터 2~4주 간격으로 2~3회 접종 • 이 후 매 년 1회 보강접종
광견병	Rabies virus	• 생후 3~4개월령 1회 접종 • 이 후 6개월 마다 보강접종

(2) 고양이 예방접종 종류

고양이 종합백신 국내에서 3종백신이 주로 사용되며, 4종 백신 또한 일부 이용되고 있다.

① **3종 종합백신**

고양이 범백혈구감소증(Feline panleukopenia virus, FPV)과 바이러스성 호흡기 질환으로 **고양이 바이러스성 비기관염(Feline viral rhinotracheitis, FVR), 고양이 칼리시 바이러스(Feline Calici virus, FCV)**의 3개 병원체에 대한 예방

② **4종 종합백신**

3종 종합백신 병원체 + 고양이 백혈병 바이러스(Feline leukemia virus)의 4개 병원체에 대한 예방

③ **단독백신**

- **고양이 전염성 복막염(Feline infectious peritonitis, FIP)**

- **고양이 광견병** : Rabies virus 예방
- **클라미디아** : *Chlamydia pschittasi* 병원체 예방
- **고양이 면역결핍 바이러스**(Feline immunodeficiency virus, FIV) : lentivius 일종

(3) 고양이 예방접종 스케줄

① 고양이 백신은 **생후 8주령**부터 접종하는데, **종합백신**은 흔히 3종 백신으로 **「백혈구감소증(FPV)+바이러스성 호흡기질환(FVR, FCV)」**의 3개 병원체에 대한 백신이 혼합되어 있는 제재를 많이 사용하며, 생후 8주부터 접종을 시작하여 **3-4주간격**으로 **3회**를 실시한다.

② 이후 매 1년에 한번이상 추가접종을 해주며 종합백신 추가접종 시에는 고양이 **백혈병 바이러스** 검사를 필수적으로 해주어야 한다.

③ 12주령에 **고양이 백혈병 바이러스** 백신 1차 접종, 16주령에 2차, 이후 1년에 1회 추가 접종한다.

④ 고양이 **전염성복막염과 고양이 광견병** 예방주사는 생후 16주령에 1차 접종한 후 매년 추가 접종을 한다.

⑤ **고양이의 기생충** 감염은 때로 사람에게도 옮겨 질 수 있기 때문에 기생충 검사 후 건강상태에 따라 구충제를 먹여야 한다.

표 8-5. 고양이 예방접종의 종류와 접종 프로그램

연 령	백 신 종 류
6~8주령	1차 : 3종 종합백신「백혈구감소증(FPV) + 바이러스성 호흡기질환(FVR, FCV)」
12주령	2차 : 3종 종합백신「백혈구감소증(FPV) + 바이러스성 호흡기질환(FVR, FCV)」 1차 : 백혈병 (FeLV)
16주령	1차 : 전염성복막염 (FIP), 광견병 (rabies) 2차 : 백혈병 (FeLV) 3차 : 3종 종합백신「백혈구감소증(FPV) + 바이러스성 호흡기질환(FVR, FCV)」
매년	3종종합백신「백혈구감소증(FPV) + 바이러스성 호흡기질환(FVR, FCV)」, 백혈병, 광견병

* FPV : 고양이 백혈구감소증, FVR : 고양이 바이러스성 비기관염, FCV : 고양이 칼리시바이러스, FeLV : 고양이 백혈병, FIP : 고양이 전염성복막염

5 치료도우미동물의 위생 관리

동물매개치료는 엄격한 치료도우미동물의 선발과 훈련 과정을 거칠 뿐 아니라 위생 관리에 대한 지침을 따라 철저한 관리를 받아야 한다.

동물매개치료 프로그램 과정 동안에 인수공통감염병에 대한 배제를 확신할 수 있도록 고려되어야만 한다. 예를 들어 광견병, 앵무병, 살모넬라, 톡소플라즈마, 캠필로박터, 지알디아 감염증과 같은 동물로부터 사람에 감염될 수 있는 감염병에 대한 대책이 마련되어야 한다. 프로그램 참여 수의사에 의해 이러한 인수공통감염병은 예방될 수 있고 문제가 없음을 검사하여 확인할 수 있다.

치료도우미동물들은 적절히 예방접종이 실시되어야하고 그에 따른 증명서를 첨부하여야 한다. 만약 활동 동물이 시설에 거주한다면 치료도우미동물의 먹는 것과 음수, 사육시설, 미용과 운동이 적절히 이루어지는지 감독이 이루어져야 한다.

치료도우미동물들과 관련된 소음과 배설물 문제도 해결 방안이 마련되어 있어야 한다.

인수공통감염병에 대한 염려는 수의사에 의한 치료도우미동물의 정기적인 예방접종, 월 1회 내부기생충 구충, 정기적으로 외부기생충 예방 및 검사, 알레르기 감소 물질 함유 샴푸로 정기적 목욕 등의 지침서 내용을 따르면서 최소화될 수 있다.

치료도우미동물은 수의사에 의하여 정기적 검진과 예방접종 및 위생 관리를 위한 수의학적 진료를 받고 〈표 8-6〉과 같은 수의학적 평가서가 관리되어져야 한다. 치료도우미동물 인증 받기를 원하는 보호자는 후보 동물의 수의학적 평가서 〈표 8-6〉 양식을 담당 수의사의 확인을 받아 한국동물매개심리치료학회에 인증 신청을 하면서 증빙 서류로 제출하여야 한다.

동물매개치료 과정동안 펫파트너들은 환자와의 접촉을 위하여 비누를 가지고 손을 철저히 씻어야 한다. 치료도우미동물 또한 예방접종 프로그램에 따라 최근 백신이 접종되어야 하고 질병이나 기생충이 없도록 철저한 관리가 필요하며, 동물매개치료 활동 전 24시간 이내에 목욕을 시키도록 한다.

표 8-6.

수의학적 평가서

년 월 일

1. 정기적인 예방접종 유무

백신종류	접종유무			매년 추가접종			수의사 평가
	차수	Yes	No	년도	Yes	No	
DHPPL	1차						
	2차						
	3차						
	4차						
	5차						
Corona	1차						
	2차						
Kennel Cough	1차						
	2차						
Influenza	1차						
	2차						
Rabies	1차						

2. 내·외부기생충 예방 및 검사

	구충약	매달 예방유무(○)						검사유무	수의사 평가
내부기생충		1	2	3	4	5	6		
		7	8	9	10	11	12		
외부기생충		1	2	3	4	5	6		
		7	8	9	10	11	12		

3. 동물병원 진료내역(신체검사포함)

전반적인 검사	병원진료내역	수의사 평가

4. 인수공통감염병 예방 및 검사

동물	병원균	전염	의심유무		검사	평가
			Yes	No		
개	*Capnocytophaga canimorsus*	상처				
개/고양이	*Pastueurella haemolytica*	상처				
개/고양이	*Pasteurella multocida*	상처				
고양이/개	*Bartonella henselae*	상처				
개/새	*Richettsia rickettsiae*	상처				
개/쥐/소	Leptospira sp.	물림				
개/고양이/돼지	Dermatophytes (Trichophyton, Microsporum)	피부				
개/고양이	Sarcoptes scabei	피부				
개/고양이	Mixed aerobes/ anaerobes	피부				
개/고양이/돼지	*Bordetella bronchiseptica*	흡입				
개/고양이/비둘기	*Cryptococcus noeformans*	흡입				
많은 동물	*Pneumocystis carinii*	흡입				
개/고양이	Campylobacter sp.	경구				
가축동물	Listeria sp.	경구				
소/기타	*Cryptosporidium parvum*	경구				
개/양	*Giardia lamblia*	경구				
고양이	*Toxoplasma gondii*	경구				
개	*Toxocara canis*	경구				
개/고양이	*Salmonella enterica*	경구				
개	*Echinococcus granulosus*	경구				
물고기	*Mycobacterium ulcrans*	피부				
새	*Chlamydia psittacosis*	경구				

5. 수의학적 적합성 평가

평가 목록	적합	부적합	수의사 평가
예방접종 유무			
내외부기생충 예방			
진료내역(신체검사포함)			
인수공통감염병 예방			

※ 1,2,3,4,5의 수의학적 평가에 의하여 치료도우미동물 (　　)는 동물매개치료 프로그램을 수행함에 있어서 적합함을 인증합니다.

20 　년 　월 　일

담당 　　　　　(인)

III. 동물매개치료 활동 시 유의 사항

학습목표

1. 동물매개치료 활동 시 요구 조건을 이해할 수 있다.
2. 치료도우미동물의 윤리 지침과 복지 가이드라인에 대해 알 수 있다.
3. 동물매개치료 활동 가이드라인을 이해할 수 있다.

1 동물매개치료 활동 시 요구 조건

2007년 5월 방영된 모 방송에서 동물매개치료 코너를 신설하여 방영을 하던 중, 시청자들로부터 동물학대 논란에 휩싸인 적이 있다. 당시 방송에서는 주의력결핍 과잉행동장애(ADHD)를 앓고 있는 지웅이(7)를 치료하기 위해 레트리버 종의 생후 2개월 강아지 몽실이를 데려다가 함께 생활하는 과정을 담았다. 70일의 촬영기간 동안 동물매개치료를 약물 치료와 병행한 결과 지웅이는 처음으로 다른 생명체와 정서적으로 소통하고 교감하는 경험을 거쳐 일반 유치원에 다닐 수 있게 되는 등 장애아들에게 희망이 되는 사례가 됐다고 제작진은 말하고 있다.

이와 같은 동물매개치료의 긍정적 결과들에도 불구하고 첫 방영된 장면들에서 지웅이의 공격적인 행동과 강아지 발톱을 깎아주려다 피가 나는 장면 등이 문제가 되었다. "사람을 치료하기 위해 동물을 도구로 삼은 것이 아니냐"는 항의가 많이 있어 제작진을 당황케 하였다고 한다. 이러한 사례에서 보듯이 사람 대상자의 치유를 위해 활동하는 매개 동물인 치료도우미동물에 대한 학대와 복지에 대한 우려가 있을 수 있다.

동물매개치료 분야의 활성화를 위해서는 치유 효과에 대한 관심뿐만 아니라 치료도우미동물의 복지에 대한 고려도 함께 이루어져야 됨을 명심해야 할 것이다. 동물매개치료 활동 시 〈표 8-7〉과 같이, 동물복지 측면에서 요구되는 사항들을 충족시키려 노력하여야 하며, 동물매개심리상담사 또한 기본적인 소양과 자질을 갖추도록 준비되어야 한다.

표 8-7. 동물매개치료 활동 시 요구 조건

요구 분야	지표 내용
동물복지	• 공간(활동 공간 및 휴식, 일상생활 공간 등) • 보호관리(건강위생; 피부-피모 관리, 백신 및 구충 등) • 영양관리 • 적절한 놀이와 휴식 안정화 • 기본적인 생리적 욕구와 행동의 자유 해결
동물매개심리상담사	• 펫파트너 자질과 소양 • 생명윤리와 동물사랑 • 기본예절과 대인간 소통능력 • 심리학적 기초 소양 • 동물에 대한 이해와 돌보기 능력

2 치료도우미동물을 위한 윤리 지침

동물매개치료 프로그램을 설계하고 운영하는 과정 및 평가를 할 때, 활동에 포함된 치료도우미동물들이 원하지 않는 것, 따라 하기 힘든 일들이 강요되는 것은 없는지에 대하여 충분히 고려되어야 한다.

이러한 치료도우미동물을 위한 윤리적 환경, 원칙과 윤리적 상황 대처법은 〈표 8-8〉, 〈표 8-9〉 및 〈표 8-10〉의 정리된 내용과 같다.

표 8-8. 치료도우미동물을 위한 윤리적 환경

1	치료도우미동물로 이용되는 모든 동물들은 학대, 불편, 질병으로부터 신체적 정신적으로 보호되어야 한다.
2	동물에 대한 적절한 건강관리가 항상 제공되어야 한다.
3	치료도우미동물은 활동하는 장소에서 멀리 떨어진 곳에서 조용한 휴식을 취할 수 있는 장소가 있어야 한다.
4	대상자와의 상호작용으로 치료도우미동물의 역할을 다 할 수 있도록 동물의 능력을 유지하도록 해야 한다.
5	치료도우미동물의 학대 또는 심한 스트레스 상황은 특별한 경우를 제외하고는 용납되어서는 안 된다. 어떠한 경우도 치료도우미동물의 복지가 보장되어야 한다.

표 8-9. 치료도우미동물에 대한 윤리적인 원칙

번호	상 황	내 용
1	인간 요구의 확인	대상자가 치료도우미동물에게 요구하는 것
		대상자가 동물과 함께하는 시간
		동물과 보내는 접촉하는 시간의 본질
2	동물의 기본적인 요구 확인	적절한 관리, 애정, 조용한 휴식시간
3	인간과 동물의 요구 비교	가장 저항하기 어려운 인간의 요구(예를 들어, 심각한 정신적 또는 신체적 상해)는 동물의 기본적인 요구들보다 우선시 되어야 한다.

표 8-10. 치료도우미동물에 대한 윤리적인 상황 대처법

번호	상 황	대처법
1	심한 스트레스	만약 대상자가 동물에게 과도하게 스트레스를 준다면 동물매개심리상담사는 그 세션이나 상호작용을 일시 중지시켜야 한다.
2	휴식시간	치료도우미동물을 이용하는 동물매개심리상담사들은 동물에게 하루에 여러 번씩 "휴식시간"을 제공해야 한다.
3	노령화와 스트레스	나이든 동물들과 엄청난 스트레스에 직면한 동물들은 그들의 서비스 규모를 줄이거나 은퇴를 시켜 휴식을 취하도록 해야 한다.
4	치료도우미동물에 대한 학대	의도적이든 부주의에 의한 것이든 대상자가 치료도우미동물을 학대의 대상으로 삼는 환경에서 비록 그것이 그 동물과 대상자와의 관계 단절을 의미한다고 하더라도 동물의 기본적인 복지 요구들은 존중되어야 한다.
		동물매개심리상담사가 보기에 대상자가 동물을 학대할 가능성이 있다고 의심되는 경우라면 동물의 복지와 권리를 보호하도록 예방책을 취해야 한다.
		스트레스나 학대의 어떤 증거이든 명확해졌을 때 동물매개심리상담사는 동물과 대상자와의 관계를 종료시켜야 한다.

3 동물매개치료 과정에서 동물복지 향상을 위한 권장 사항

치료도우미동물과 같이 장애를 가진 사람들을 돕기 위해 훈련과 사회화된 동물들의 사용은 동물과 사람의 상호 이익이 되는 파트너십의 극대화라 할 수 있다. 그러나 종종 이러한 활동이 사람 대상자에 이익을 주는 것이 분명한 반면, 치료도우미동물들에게는 이익이 제공

되는지가 불분명한 경우가 발생한다(Serpell et al., 2006). 동물매개치료 프로그램 수행 과정 동안에 치료도우미동물이 스트레스와 긴장을 받을 수 있는 요소가 종종 포함될 수 있다.

동물매개치료 과정에서 동물복지를 향상하기 위한 권장 사항으로 〈표 8-11〉 내용들을 고려할 수 있다.

표 8-11. 동물매개치료 과정에서 동물복지를 향상하기 위한 권장 사항

1. 치료도우미동물을 선택하고 육성하는 과정에서 변화된 환경에 적응하고 극복하는데 스트레스를 받지 않도록 배려가 필요하며, 잘 계획된 교육을 제공하여야 한다.
2. 치료도우미동물을 양육하고 훈련하는 과정에 훈련소에 보내는 것과 같이 낯선 환경에 보내지게 됨에 따라 느끼게 되는 사회적 유대감의 붕괴를 미리 예측하고 이러한 스트레스를 경감시킬 수 있는 사전 배려가 있어야 한다.
3. 야생동물 재활프로그램과 같은 예외적 상황이 아니라면 길들여지지 않은 동물들은 동물매개치료 프로그램 활동에 활용하지 않는다.
4. 치료도우미동물은 임무를 수행하도록 적절히 준비될 수 있도록 발육단계에서부터 환경과 교육에 주의를 기울여야만 한다.
5. 치료도우미동물의 훈련을 위해 단시간적 훈련 방법이 아닌 동물복지 관점에서의 방법이 개발되어 적용되어야 한다.
6. 동물매개치료 프로그램에 동물 친화적 장비와 시설이 계획되고 구축되어야 한다.
7. 치료도우미동물의 최종 사용자인 동물매개심리상담사와 대상자에게 동물복지 관점에서 동물의 돌보기와 대하기에 대한 지속적인 교육 프로그램이 확산되어야 한다.

4 치료도우미동물의 복지와 기대 효과

동물매개치료 프로그램 과정 동안, 치료도우미동물들은 프로그램의 일부를 형성하는 중요한 부분이지, 대상자들에 보상으로 제공되는 애완동물이 아니라는 점을 명심하여야 한다(Serpell et al., 2006).

동물매개치료는 대상자와 치료도우미동물의 양자의 복지를 향상시키기 위하여 수행되어야 한다. 동물매개치료 과정은 철저히 동물복지 관점에서 치료도우미동물의 복지가 보장될 수 있도록 계획되고 수행되어야 한다.

동물매개치료 프로그램 계획과 수행과정에서 활동에 포함된 치료도우미동물들이 원하지 않는 것, 따라 하기 힘든 일들이 강요되는 것은 없는지 엄격히 고려되고 평가 되어야 한다.

한국동물매개심리치료학회에서는 동물매개치료 프로그램 과정에서 치료도우미동물의 스트레스를 평가하는 기준과 치료도우미동물의 복지 향상을 위한 가이드라인을 개발하여 보

급하고 있다.

최근 한국에서도 동물매개치료가 개를 포함하여, 고양이, 말 뿐만 아니라 돌고래와 같은 동물들을 중재 역할로 활용하여 계획되고 운영되고 있는 실정이다. 인간과 동물의 유대(human animal bond)가 구석기 원시인부터 형성되어 발전되어온 오랜 역사를 감안한다면, 동물과 사람 간에 자연스레 일어나는 긍정적인 상호반응의 작용인 동물매개치료의 효과가 뛰어나고 그에 따라 동물매개치료 프로그램 운영이 확대되는 것은 당연한 결과라 할 수 있다. 그러나, 한편으로 중재의 매체로 활용되는 치료도우미동물에 대한 동물복지에 대한 철저한 고려가 필요한 상황이다. 동물은 도구가 아니며, 동물매개심리상담사와 함께 호흡하고 함께 활동하는 스텝으로서의 역할을 동물매개치료 프로그램에서 수행하는 것이기 때문에, 치료도우미동물을 도구로 생각하여 치료 목표 달성을 위해 동물복지를 무시하고 프로그램이 진행되는 일은 있어서는 안 될 것이다. 동물매개치료 프로그램의 계획 시 가장 중요한 요소는 치료도우미동물의 복지 보장이라 할 수 있다.

동물매개심리상담사는 동물매개치료 프로그램의 설계와 운영 시 최우선적으로 중재 역할을 하는 치료도우미동물의 복지를 고려하여야 한다. 이와 같이 동물복지에 대한 가이드라인을 마련하고 준수한다면, 치료도우미동물의 복지 침해에 대한 우려는 발생하지 않을 것이며, **동물매개치료가 사람 대상자와 치료도우미동물의 쌍방의 복지를 향상시킬 수 있는 행복한 과정이 될 것이다.**

5 치료도우미동물 활동 가이드 라인

1) 동물매개치료 진행담당자(coordinator or designate)

① 사람과 치료도우미동물의 반응에 관여하는 모든 구성(환자, 병원스텝, 펫파트너, 치료도우미동물, 병원시설 등)에 관한 문자화된 정책을 만들어야 한다.

② 병원 또는 기관의 관리지침을 벗어나지 않도록 치료도우미동물 방문 활동을 수행한다.

③ 환자의 적합성을 검토한다. 치료도우미동물 방문이 특정 환자에게 알레르기, 공포 등의 부작용을 가질 수도 있다.

④ 치료도우미동물 방문 전에 환자의 동의서를 받고, 병원 또는 기관 스텝들과 역할과 책임에 대하여 상의하고, 활동에 대한 평가와 위험관리에 대한 점검을 수행한다.

⑤ 치료도우미동물과 접촉을 한 환자를 비롯한 참여자는 손을 위생적으로 철저히 씻도록 한다.
⑥ 치료도우미동물 방문이 기록되고 기록이 유지되도록 한다.
⑦ 동물매개치료의 효과에 대한 보고서를 작성하고 제출한다.
⑧ 동물매개치료 구성원들 중 참여를 원하지 않는 환자, 병원스텝 등의 권리를 존중하여야 한다.
⑨ 참여 환자에 대한 비밀보장(confidentiality)이 항상 이루어져야 한다.
⑩ 정기적으로 동물매개치료 정책과 과정에 대하여 검토한다.

2) 치료도우미동물에 관한 지침

① 동물매개치료에 참여하는 치료도우미동물은 학회가 인증하는 치료도우미동물로 등록되어있어야 한다.
② 치료도우미동불은 수의학적, 적합성, 공격성, 사회성 평가를 통과하여야 한다.
③ 치료도우미동물의 건강에 대한 검진 기록이 작성되어 보관되어야 한다.
④ 치료도우미동물은 병원 내 이동이나 병원 밖으로 이동 시 이동장을 이용하거나 짧은 목줄로 통제가 가능하도록 한다.
⑤ 방문 전 치료도우미동물은 알레르기원인 물질을 줄여주는 성분이 함유된 샴푸를 사용하여 목욕을 시키도록 한다.
⑥ 가정 애완동물의 경우에 방문 전에 진행담당자에 의한 적절한 주의사항을 들어야 한다. 방문에 참여시키려는 가정 애완동물의 건강, 위생, 행동 등에 대한 지침이 만들어 져야 한다.
⑦ 치료도우미동물이 환자와 만날 때는 반드시 1인 이상의 동물매개심리상담사, 펫파트너 병원 또는 기관 스텝 등의 동물매개치료 프로그램 진행 구성원이 함께 있어야 한다.
⑧ 동물매개치료 프로그램 활동 중 인 치료도우미동물을 환자가 아닌 외부인이 갑작스레 쓰다듬거나 하는 등의 접촉은 피한다.
⑨ 치료도우미동물에게 활동 중에 프로그램 구성 또는 동물매개심리상담사의 지시에 따라 제공하는 먹이 외 에는 먹을 것을 주지 말아야 한다.
⑩ 동물매개치료 프로그램 활동 과정 동안 치료도우미동물을 외부인이 부르거나 잡지 말아야 한다.

3) 동물매개치료에 참여하는 환자에 관한 지침

(1) 적합한 참여 대상 환자

① 소아과부터 노인병학 영역의 환자
② 장기 입원환자 및 급만성 질환 환자
③ 장기이식 환자를 포함하는 면역저하 환자의 경우에는 의사의 동의가 있을 때
④ 기관 또는 병원 스텝, 동물매개치료 진행 담당자가 환자의 적합성을 결정한다.
⑤ 신체적 또는 정신적으로 어려움을 가지고 있는 환자

(2) 참여가 부적합한 환자

① 비장적출(splenectomy) 환자. 개의 침에 상재하는 dysgenic fermenter type 2(DF2) 에 감수성이 높아져 패혈증이 유발될 수 있다.
② 개 알레르기가 있는 환자
③ 결핵이 있는 환자
④ 원인불명의 발열 환자
⑤ 항생제내성균(Methicillin-resistant Staphylococcus aureus) 감염 환자

4) 치료도우미동물 펫파트너/자원자

① 치료도우미동물은 학회가 인정하는 치료도우미동물로 등록되어 있어야 하고 방문 전에 치료도우미동물 평가가 이루어져야 한다.
② 치료도우미동물 방문으로부터 문제될 수 있는 전염병으로부터 환자를 보호할 수 있는 있는 적절한 방법과 주의사항이 포함된 지침서를 따라야 한다.
③ 기관 또는 병원 방문 동안 동물매개치료 프로그램에 참여하는 펫 파트너 또는 자원자들은 치료도우미동물의 행동과 보호에 책임이 있다.
④ 동물매개치료 프로그램 활동 과정에 질병에 노출되거나 다른 사고가 발생하는 경우는 기관 또는 병원 스텝에 보고하여야 한다.

5) 동물매개치료 활동 시 지침

① 치료도우미동물은 기관 또는 병원 전염관리부서에서 출입을 제한하는 구역(식당, 조리실, 멸균제품준비실 등)에 출입해서는 안 된다.
② 동물매개치료 프로그램 활동 과정 동안 치료도우미동물의 접촉 전후 손을 씻고 위

생 관리를 하여야 한다.

③ 동물매개치료 프로그램 활동 과정 동안 치료도우미동물이 배변이나 배뇨를 하는 경우 동물매개심리상담사 또는 참여자는 즉시 치우고 소독제를 이용한 위생관리를 하여야 한다. 또한 위생관리를 위한 장비들이 미리 준비되어야 한다.

④ 상처를 가진 환자들은 치료도우미동물과의 직접 접촉을 막기 위하여 시트 등을 이용하여 환자를 보호하도록 한다.

⑤ 치료도우미동물의 방문 시간은 치료도우미동물의 상태, 펫파트너 및 환자의 요구에 따라 다르다.

⑥ 프로그램 진행담당자는 모든 동물매개치료 프로그램 활동 과정 동안 방문을 모니터링을 하도록 한다.

표 8-12. 치료도우미동물 사육 관리에 관한 복지 지침

기준	세부내용
일반적 사항	1. 동물에게 적합한 사료의 급여와 급수·운동·휴식 및 수면을 보장할 것 2. 질병에 걸리거나 부상당한 경우 신속한 치료와 그 밖의 필요한 조치를 취할 것 3. 동물을 관리하거나 다른 동물우리로 옮긴 경우에 새로운 환경에 적응하는 데 필요한 조치를 취할 것 4. 동물의 소유자 등은 동물을 사육·관리할 때에 동물의 생명과 그 안전을 보호하고 복지를 증진하기 위하여 성실히 노력할 것 5. 동물의 소유자 등은 동물로 하여금 갈증·배고픔, 영양불량, 불편함, 통증·부상·질병, 두려움과 정상적으로 행동할 수 없는 것으로 인하여 고통을 받지 않도록 노력할 것 6. 동물의 소유자 등은 사육·관리하는 동물의 습성을 이해함으로써 최대한 본래의 습성에 가깝게 사육·관리하고, 동물의 보호와 복지에 책임감을 가져야 합니다.
사육환경	1. 동물의 종류, 크기, 특성, 건강상태, 사육 목적 등을 고려해서 최대한 적절한 사육환경을 제공할 것 2. 사육 공간 및 사육시설은 동물이 자연스러운 자세로 일어나거나 눕거나 움직이는 등 일상적인 동작을 하는 데 지장이 없는 크기일 것
건강관리	1. 수의사에 의해 질병 예방 관리를 받을 것 2. 수의사에 의한 정기 예방접종과 구충 및 건강검사를 매년 실시하고 전염성 질병, 기생충, 이 등이 없도록 관리한다.

6) 미국 동물매개치료 활동에서 수의사의 역할

미국의 동물매개치료 활동에서 수의사는 활동 동물들의 건강과 복지를 모니터링 하는 역할을 담당하게 된다. 수의사는 활동 동물들의 수용시설과 건강, 돌봄 및 행동에 대한 기준의

질문들에 조언할 수 있으며, 인수공통감염병을 예방할 수 있기 때문에 중요한 역할을 담당하고 있다. 특히 동물매개치료 수의사의 역할은 치료도우미동물의 건강에 미치는 영향에 대한 과학적인 이론의 제시와 평가와 기록을 위한 프로그램에 조언자의 역할을 수행할 수 있다. 미국의 동물매개치료는 수의사의 참여로 전문적인 지식을 가지고 활동에 참여하는 치료도우미 동물들의 건강과 복지에 대하여 모니토링하며, 사람에게 전염될 수 있는 인수공통감염병의 문제에 대해서 사전에 예방하는 역할을 수행할 수 있어서 동물매개치료의 위험성을 배제하는 큰 조력자로 평가된다.

동물매개치료에서 발생하는 인수공통감염병의 문제점을 예방하기 위해서는 환자와 동물의 전염병 검사, 전염병 관리에 대한 지침 및 발생한 사고와 상해에 대하여 즉시 보고할 수 있는 프로토콜이 첨부된 지침이 문서화 되어야 한다(Schantz, 1990). 수의사는 이러한 치료도우미 동물의 대상에 알맞은 적합성의 평가와 전염병 예방 등의 건강관리의 역할을 담당할 수 있다.

수의사는 동물매개치료 치료도우미동물의 적합성에 대한 프로토콜을 제시 할 수 있다. 치료 도우미동물은 성격이나 행동에 대한 평가를 거쳐서 선발되고 훈련되어야 하고, 치료도우미동물은 환자를 위한 특수 치료기구들에 접근하지 않고, 알약 등을 먹지 않도록 훈련되어야 한다(Dossey, 1997).

미국의 동물매개치료 치료도우미동물에게 제시하는 수의사의 지침에 따르면 치료도우미동물은 기생충 검사와 피부병에 대한 검사와 처치를 철저하게 받아야 하고 필수적으로 요구되는 예방접종이 이루어져야 한다. 미국의 치료도우미동물은 공식적인 선발을 통해 자격증을 받은 치료도우미동물만 요구된다.

치료도우미동물은 병원 내 환자의 음식 준비 또는 서비스를 위한 구역에는 제한을 받게 된다. 전염병 관리 과정은 치료도우미동물과 접촉한 사람은 손을 철저하게 씻는 것을 원칙으로 한다.

표 8-13. 미국 동물매개치료 활동에서 수의사의 역할

1	동물매개치료 치료도우미동물의 건강과 복지의 모니토링
2	수용시설과 건강, 돌봄과 행동에 대한 지침
3	인수공통감염병 예방
4	동물의 건강증명서 발급
5	모든 활동에 한 명 이상의 수의사를 포함

7) 동물매개치료 활동을 위한 지침

동물매개치료 활동을 위한 다양한 기관에서 적용되고 있는 지침을 숙지하고, 이를 동물매개치료 완성도를 높이기 위해 적용하는 것이 필요하다.

표 8-14. 치료도우미동물에 관한 지침

1	동물매개치료에 참여하는 치료도우미동물은 등록되어 있어야 한다.
2	치료도우미동물은 건강, 태도, 성격, 훈련에 대한 검사를 통과하여야 한다.
3	치료도우미동물은 건강하여야 하고 최근까지 예방접종이 빠지지 않고 접종되어있어야 한다. 자격증을 가진 수의사에게 의한 치과 검사와 피부병에 대한 검사를 포함한 건강검사를 반드시 매년 실시하여야 한다.
4	치료도우미동물의 건강에 대한 검진 기록이 작성되어 보관되어야 한다.
5	치료도우미동물은 병원 내 이동이나 병원 밖으로 이동 시 이동장을 이용하거나 짧은 목줄로 통제가 가능하도록 한다. 치료동물은 식별할 수 있는 목줄을 하도록 한다.
6	방문 전 치료도우미동물은 알레르기 원인 물질을 줄여주는 성분이 함유된 샴푸를 사용하여 목욕을 시키도록 한다.
7	가정의 반려동물이 방문할 경우에는 진행 담당자에 의한 주의사항을 들어야 한다. 방문에 참여하기 전에 위생과 행동에 의한 지침이 필요하다.
8	치료도우미동물이 환자와 만날 때는 반드시 1인 이상의 동물매개심리상담사, 진행 담당자, 펫파트너, 핸들러, 병원스텝 등의 동물매개치료 프로그램 구성원이 함께 있어야 한다.

표 8-15. 전염병 관리를 위한 지침

1	동물매개치료 프로그램으로 유발될 수 있는 전염관리에 관련되는 정책과 과정의 지침서를 개발하여야 한다.
2	동물매개치료 참여 구성원들에게 전염병 예방 및 관리 훈련을 제공하여야 한다.
3	새로운 동물매개치료를 진행하기 전 검토와 허가를 수행한다.
4	환자와 치료도우미동물 사이에 발생할 수 있는 결과의 형태를 예상하고 전염병의 예방의 조언을 제공한다.
5	방문하는 치료도우미동물의 질병에 관련된 지침을 개발한다.
6	위생장갑, 소독제, 손 세척을 위한 물품을 구비하고 항시 준비를 지시한다.
7	동물매개치료 프로그램 동안 발생할 수 있는 상해와 사고를 미리 예측하고 예방한다.
8	최근 인수공통감염병 등이 발병한 구역에 주의하고, 프로그램 진행담당자에게 조언한다.
9	동물매개치료 참여 구성원들에게 사전에 조사해야 할 검사와 샘플링을 조언해준다.
10	동물매개치료 활동 동안 전염병과 사고에 관련되는 업무일지를 작성한다.

표 8-16. 환자 대상자의 동물매개치료 참여 적합 여부

참여가 적합한 환자	참여가 부적합한 환자
• 장기 입원 환자 • 울혈성 심장 질환, 심근경색증 환자, 노인성 질환 • 장기이식 환자를 포함하는 면역저하 환자의 경우에는 의사의 동의를 구해야 한다. • 병원 스텝 또는 동물매개치료 진행 담당자가 환자의 적합성을 결정한다. • 환자의 상처는 동물매개치료 프로그램 동안 반투과성의 붕대를 이용하여 상처부위를 덮도록 한다.	• 비장적출환자, 개의 침에 상재하는 dysgenic fermenter type 2 (DF-2)에 감수성이 높아져 패혈증을 유발하게 된다. • 개 알레르기가 있는 환자 • 결핵이 있는 환자 • 원인불명의 발열 환자 • 항생제내성균 감염환자

표 8-17. 환자의 동물매개치료 참여 적합성 판단기준

적합성 판단 기준 (Eligibly Criteria)	금기 (contraindication)
• 의식이 혼미하거나 무의식 환자의 경우에는 보호자의 동의가 필요하다. • 상처나 화상 환자는 치료도우미동물의 방문 때 상처나 화상 부위가 치료도우미동물과 직접 접촉이 되지 않도록 보호되어야 한다. • 기관절개술을 받은 환자는 산소공급 장치 등이 직접 접촉되지 않도록 치료도우미동물과 보호되어야 한다. • 집중치료를 받는 중환자의 경우 환자와 장비들에 주의하여야 될 사항에 대하여 담당 간호사의 충분한 안내를 받아야 한다. • 아동 환자의 경우 보호자로부터 방문에 대한 구두 동의와 치료에 대한 동의서를 받아야 한다.	• 동물에 알레르기 반응이 있는 환자 • 개방 창상 또는 화상환자 • 개방 기도절개술 환자 • 면역저하환자 • 흥분 또는 공격성 환자 • 격리 병동 환자 • 동물에 대한 공포감을 가지고 있는 환자

표 8-18. 동물매개치료 수행을 위한 병원 지침

1	치료도우미동물은 병원의 감염관리부서에서 출입을 제한하는 구역에 출입해서는 안 된다.
2	동물매개치료 프로그램 활동 과정 동안 치료 도우미 동물의 배변과 배뇨 현상에 대해서 즉시 관리하고 소독제 등을 미리 준비한다.
3	프로그램 과정 동안에 치료도우미동물의 접촉 전후 손을 씻고 위생관리를 하여야 한다.
4	환자가 입원 전에 키우던 반려동물의 방문이나 치료도우미동물의 방문은 병원 동의를 받은 접견실에서 전염병 관리에 안전하게 진행되어야 한다.
5	상처를 가진 환자들은 치료도우미동물과의 직접접촉을 막기 위하여 시트 등을 준비한다.
6	치료도우미동물이 방문 시간은 동물의 상태와 환자의 요구에 따라서 정한다.
7	프로그램 진행 담당자는 모든 동물매개치료 프로그램 활동 과정 동안 방문을 모니터링 하도록 한다.

표 8-19. 동물매개치료 활동을 위한 확인 사항 대조표

1	동물매개치료의 필요성에 대하여 현재 존재하는 다른 치료와 조화롭게 진행되는가를 평가한다.
2	실제적이고 측정 가능한 목표를 정하고 동물매개치료가 실현이 가능한 정도로 훈련의 정도와 시설기관의 재정과 요건을 파악한다.
3	프로그램을 진행하려는 시설의 담당자에게 허락을 취득하고 프로그램을 제작할 때 충분히 상의한다.
4	프로그램을 적용하려는 대상자들의 신체적, 정신적 문제를 사전에 검토하자.
5	수행하고자 계획하는 시설의 기존의 동물들과 관련된 규칙을 확인하자.
6	치료도우미동물들의 사육을 위한 시설이 복지와 위생이 확립되어 있는지 검토하자.
7	동물매개심리상담사와 펫파트너에게 치료도우미동물의 훈련과 관련된 프로토콜을 개발하여 제공하도록 하자.
8	인수공통감염병의 위험도를 평가하고 발생 위험도를 사전에 최대로 예방하는 방법을 개발하자.
9	프로그램 수행 후 성공과 실패를 평가하자.

표 8-20. 개인 반려동물의 병원 방문시 수의학적 지침

1	일부 병원이나 기관에서는 개인 반려동물의 방문에 대하여 아래와 같은 지침을 사용한다.
2	방문 전 24시간 반려동물은 목욕을 하여야 한다.
3	반려동물은 예방접종 프로그램에 따라 빠지지 않고 최근 예방 접종까지 실시되어야 한다.
4	병원 내로 이동하거나 외부로 반려동물이 이동하려면 훈련된 직원을 동반하여야 한다.
5	반려동물은 환자 주인과만 접촉 할 수 있다.
6	방문은 시간에 제한을 두어야 한다. (보통 1주에 30분)
7	병원이나 기관의 정책은 청각도우미견, 시각안내견, 발작검출견과 같은 치료도우미견을 보호하는 내용이 포함된 미국 장애인법에 저촉되지 않아야 한다.

출처 : Connor & Miller. (2000).

표 8-21. 병원내 전염관리 부서의 동물매개치료 관리 지침

1. 동물매개치료 프로그램으로 유발될 수 있는 전염관리에 관련되는 정책과 과정 지침서를 개발하여야 한다.
2. 동물매개치료 참여 구성원들에게 전염병 예방 및 관리 훈련을 제공하여야 한다.
3. 전염관리위원회는 동물매개치료 프로그램에 새로이 추가되는 요소에 대한 검토와 허가를 수행한다.
4. 환자와 치료도우미동물 사이에 발생할 수 있는 결과의 형태를 예상하고 잠재 전염병의 예방을 위해 적합한 조언을 제공한다.
5. 방문하는 치료도우미동물이 가지고 있지 말아야 할 질병에 대하여 지침을 마련하고 참여구성원들에 알려주도록 한다. 이들 질병에는 세균성 (앵무병, 기니픽에서 유래될 수 있는 클라미디아 눈병, 살모넬라, 캠필로박터, 시겔라, 브루셀라, 파스튜렐라, 보데텔라, 라임병, 렙토스피라, 돈단독, 연쇄상 또는 포도상구균), 기생충 (에키노코커스, 지알디아, 크립토스포리디아, 톡소플라즈마, 회충, 개선충), 곰팡이 (dermatophtosis), 바이러스 (광견병) 등이 포함된다.
6. 위생장갑, 소독제, 손 세척을 위한 물품 등의 필요한 물품을 예측하고 준비를 지시한다.
7. 동물매개치료 프로그램 동안 발생할 수 있는 상해와 사고를 예측하고 정보를 수집한다.
8. 동물매개치료 활동을 위해 방문하는 구역의 최근 전염병 발생에 대하여 검토하고 동물매개치료 프로그램 진행담당자에게 조언하도록 한다.
9. 동물매개치료 참여 구성원들에게 조사되어야 할 검사와 샘플링에 대하여 조언한다.
10. 동물매개치료 활동 동안 전염병과 사고에 관련되는 업무일지 (logbook)를 작성한다.

표 8-22. 동물매개치료 활동을 중단 해야 되는 상황

1. 특정 치료도우미동물이 대상자들 간에 경쟁의 대상이 될 때
2. 참여 대상자 중에 특정 치료도우미동물에 대한 소유욕이 지나치게 강할 때
3. 부적절한 핸들링 또는 관리 부주의로 치료도우미동물의 상해 위험이 있을 때
4. 무의식적으로 중재 동물을 자극하고 성나게 하는 참여 대상자가 포함되어 있을 때
5. 동물에 대한 알레르기 반응이 있는 대상자가 있을 때
6. 개방성 창상 환자가 포함되어 있을 때
7. 동물에 대한 두려움을 가진 대상자가 포함되어 있을 때
8. 동물학대 경력이 있는 자가 포함되어 있을 때
9. 다른 문화적 배경을 가지고 있는 대상자가 있어 치료도우미동물에 대한 의미와 가치에 부정적 견해를 가지고 있을 때
10. 사고나 상해에 대한 법적 규제가 고려되지 않았을 때
11. 기본적인 동물복지가 보장되지 않을 때
12. 치료도우미동물이 방문 활동을 즐거워하지 않을 때
13. 치료도우미동물이 인수공통감염병을 가지고 있을 때

[출처] Delta Society (현재 Pet Partners)

Q&A

심장사상충이란?

- 모기를 통해 전파되는 혈액내 기생충으로 개와 고양이에서 감염 시 심장에서 성장하여 치명적인 결과를 초래한다.

톡소플라즈마증이란?

- 고양이가 중간숙주로 작용할 수 있는 원충으로 인수공통감염병으로 사람에도 감염이 일어난다.

DHPPL이란?

- 개의 종합백신으로 주로 문제가 되는 5가지 병원체인 개홍역, 개간염, 개감기, 파보장염, 렙토스피라증의 병원체에 대한 예방을 한꺼번에 할 수 있다.

Tips 알아둡시다

인수공통감염병

- 동물과 사람에 감염이 이루어질 수 있는 질병으로 동물의 질병 중 일부만이 사람에 전염이 되며 이를 zoonosis, 인수공통감염병이라 부른다.

광견병(Rabies)

- 너구리, 박쥐, 개, 고양이를 포함하는 모든 온혈 포유동물에 감염이 될 수 있는 치명적인 법정전염병이다.

렙토스피라증

- 인수공통감염병으로서 렙토스파이라 세균에 감염된 들쥐에 의하여 전파되는 질병이다.

단원학습정리

1. 동물매개치료의 최대 걸림돌은 동물로부터 올 수 있는 전염병인 인수공통전염병(zoonosis), 전염병 문제 등의 안전성이다.

2. 치료도우미견은 방문 24시간 이내에 알레르기를 줄여주는 성분이 함유된 샴푸로 목욕을 시켜야 한다. 치료도우미견에 옷을 입히는 것도 알러지 물질의 배출을 줄여준다

3. 치료도우미동물로 가장 많이 선택 되는 동물은 개이다. 고양이나 토끼에 비교하여 훈련이 쉽고, 성격이 다루기 쉽기 때문이다.

4. 고양이 종합백신은 고양이 범백혈구감소증과 바이러스성 호흡기질환으로 고양이 바이러스성 비기관염, 고양이 칼리시 바이러스의 3개 병원체에 대한 3종 백식이 주로 이용된다.

5. 인수공통감염병은 수의사에 의한 치료도우미동물의 정기적인 예방접종, 월 1회 내부기생충 구충, 정기적으로 외부기생충 예방 및 검사로 예방할 수 있다.

6. 동물매개치료 과정은 철저히 동물복지 관점에서 치료도우미동물의 복지가 보장될 수 있도록 계획되고 수행되어야 한다.

7. 동물매개심리상담사는 동물매개치료 프로그램의 설계와 운영 시 최우선적으로 중재 역할을 하는 치료도우미동물의 복지를 고려하여야 한다.

쉬어가기

치료도우미견이 학기말 스트레스를 덜어드려요!

학기말은 일 년 중 학생들이 가장 스트레스에 시달리는 시기이고, 대학 도서관이 가장 분주한 때이기도 하다. 시험을 앞두고 긴장하고, 학기말 레포트 작성에 지친 학생들을 위해 대학 도서관들이 제공하는 색다른 서비스는 치료도우미견을 이용한 동물매개치료이다.

1) 버지니아텍 대학 (Virginia Tech)

버지니아텍 대학 도서관 로비에는 매월 마지막 목요일(독서의 날, Reading Day)은 수의과 대학의 치료도우미견들이 학생들을 기다리고 있다. 학생들은 치료도우미견이나 때때로는 고양이들의 등을 어루만지거나 배를 쓰다듬어줄 수 있다

2) 에모리 대학 (Emory University)

학기말 시험 공부에 지친 에모리 대학의 학생들은 우드러프 도서관에서 치료견과 함께 잠시 쉬는 시간을 가질 수 있다. 기말 시험이나 학기말 리포트 작성으로 분주한 학생들은 치료도우미견과 놀거나 치료도우미견들을 어루만지는 등 약 10분의 시간을 보낸다.

우드러프 도서관은 매 학기말 시험 기간 동안 학생들의 시험 긴장과 불안을 덜어주기 위해 특별한 행사를 기획해 왔다. 과거에는 주로 아이스크림이나 간단한 스낵 등 무료 음식을 제공하는 서비스를 제공했었다. 지난 해 치료도우미견에는 무려 360명의 학생들이 참여하는 등의 긍정적인 반응을 얻어내었다.

에모리 대학 도서관의 치료도우미견 아이디어는 에모리 대학의 맥밀란 법학도서관의 리셀(Richell Reid) 사서가 처음으로 제안했다. 그녀는 치료견이 불안 증세를 덜어주고, 혈압을 낮추며, 스트레스 호르몬인 코티솔 레벨을 조절해주고, 심박동수를 진정시키는 등의 긍정적인 효과를 가져다준다는 연구결과를 찾아내었다.

3) 캘리포니아 산타크루즈 대학 (University of California Santa Cruz)

캘리포니아산타크루즈대학은 "도서관의 치료도우미견 – 개와 함께 잠시 휴식을(Pause for Paws! – Therapy Dogs in the Library)"이라는 서비스를 학생들에게 제공한다. 이 대학의 학생들은 학기말 시험 전 도서관에서 전문 치료도우미견으로 훈련된 개들을 만날 수 있다. 그렇다고 학교 측에서 캠퍼스 내에 모든 개들을 허용하는 것은 아니다.

치료도우미견은 청각장애인이나 시각장애인들의 활동을 도와주는 보조견과는 또 다르다. 도서관에서 학생들을 만나는 이 전문 치료도우미견들은 학교 측의 사전 허락을 받아야 한다. 우선 건강해야 하고, 전문 치료도우미견으로 등록되어 있어야 한다. 〈Therapy Dogs Inc〉, 〈Therapy Dogs International〉, 〈Furry Friends〉의 세 곳의 전문 기관에 소속되어 있다. 치료도우미견들은 병원이나 요양원, 도서관 등 치료도우미견들이 필요한 곳이라면 어디든 찾아간다.

[출처] http://www.cnn.com/2013/12/19/health/students-therapy-dogs/

MEMO

CHAPTER 09

동물매개치료의 차별성과 효과 기전

Mechanism of Animal Assisted Therapy Effects

Ⅰ. 동물매개치료의 차별성

Ⅱ. 동물매개치료의 효과 기전

동물매개치료의 가장 큰 특징은 생명이 있고 따뜻한 체온이 있으며 사람과 같은 감정을 갖고 있는 치료도우미동물과의 생활이나 상호작용에 의하여 이루어진다는 것이다.

동물매개치료의 최종 목적은 치료도우미동물을 활용하여 사람 대상자(client)의 심리치료 또는 재활치료 효과를 얻는 것이다.

동물매개치료는 다른 심리치료나 재활치료와 달리 살아 움직이는 생명체인 동물을 활용하여 대상자의 치유 효과를 이끌어 내는 특징을 가지고 있다. 동물매개치료는 다른 보완대체의학적 방법들 보다 대상자들이 능동적이며 즐겁게 참여하고 효과 또한 빠르고 지속적인 것으로 잘 알려져 있다. 동물은 살아있고, 감정을 표현하며, 사람 대상자들과 빠른 상호반응을 하기 때문이다.

I. 동물매개치료의 차별성

학습목표

1. 동물매개치료의 특징을 이해할 수 있다.
2. 동물매개치료의 차별성에 대해 알 수 있다.

1 동물매개치료의 특징

1) 동물매개치료의 특징

동물매개치료는 살아있는 동물을 활용하여 사람 대상자의 치유 효과를 얻는 보완대체의학적 요법이라 할 수 있다. 동물매개치료에 활용되는 동물을 치료도우미동물(therapy animal)이라고 부른다. 동물매개치료의 특징은 〈그림 9-1〉로 정리될 수 있다.

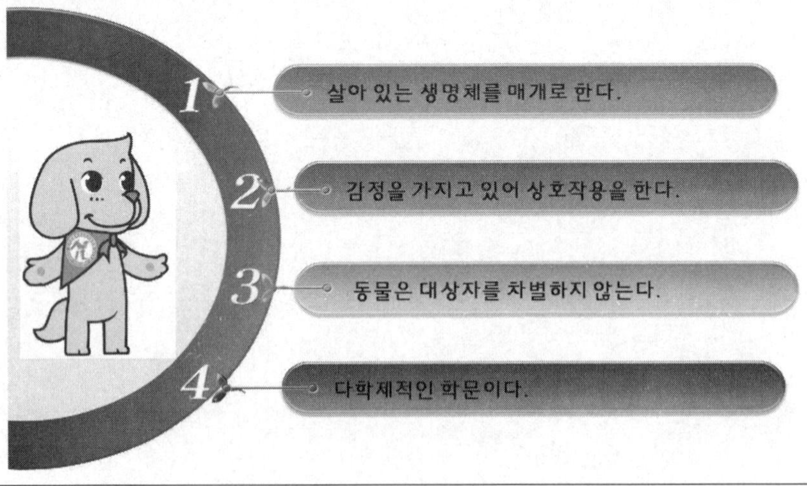

그림 9-1. 동물매개치료의 특징

동물매개치료의 가장 큰 특징은 생명이 있고 따뜻한 체온이 있으며 사람과 같은 감정을 갖고 있는 치료도우미동물과의 생활이나 상호작용에 의하여 이루어진다는 것이다. 따라서 동물매개치료에서 활용되는 치료도우미동물은 동물매개치료의 성공적인 목표 달성을 위해 가장 중요한 역할을 수행하는 부분이라 할 수 있다. 치료도우미동물은 엄격한 기준에 따라 선발과 훈련, 수의학적 관리 및 동물복지 평가 등이 적용되어야 동물매개치료에서 활동할 수 있다.

동물매개치료의 최종 목적은 치료도우미동물을 활용하여 사람 대상자(client)의 심리치료 또는 재활치료 효과를 얻는 것이다. 동물매개치료는 다른 심리치료나 재활치료와 달리 살아 움직이는 생명체인 동물을 활용하여 대상자의 치유 효과를 이끌어 내는 특징을 가지고 있다. 동물매개치료는 다른 보완대체의학적 방법들 보다 대상자들이 능동적이며 즐겁게 참여하고 효과 또한 빠르고 지속적인 것으로 잘 알려져 있다. 동물은 살아있고, 감정을 표현하며, 사람 대상자들과 빠른 상호반응을 하기 때문이다.

동물매개치료의 중재 역할로 **치료도우미동물**이 활용되는 점은 이와 같이 **동물매개치료의 특징이며 큰 장점으로 작용하지만,** 반드시 지켜져야 될 전제 조건은 **동물복지가 보장되어야 한다는 것이다.**

현대사회의 사람들은 무한경쟁사회에서 너무 바쁘게 살아가고 수많은 정보의 홍수 속에서 자신을 되돌아볼 여유조차 갖지 못하고 살아가다보니 심신 스트레스와 우울증, 공항장애, 정신장애 등과 같은 정신장애와 IT (Information Technology) 산업의 발달은 사람들로 하여금 일상생활 중에서 사람들과 교감하고 만나는 시간보다는 가상공간인 컴퓨터와 생활하는 시간을 많게 함으로서 타인에 대한 배려심과 이해력, 갈등해소능력의 부족과 자기중심적이고 이기적이며 사회성이 결여되어 대인기피증과 같은 심리사회적인 문제를 갖게 되었다.

이런 시대의 상을 대변하듯 심리적, 정신적, 정서적인 마음의 병을 치료하는 심리상담과 치료, 원예치료, 음악치료, 미술치료 등 많은 치료의 기법들이 활성화 되고 있는 실정이다.

이런 상황 속에서 다른 치료기법과 차별화 될 수 있는 동물매개치료만의 특징을 살펴보기로 한다.

(1) 살아있는 생명체를 매개로 한다.

동물매개치료는 다른 심리치료와 달리 살아 움직이는 생명체인 동물을 활용하여 대상자를 치료하는 특수한 심리치료의 한 방법이다. 동물에게는 우리 사람과 똑같이 생명이 있고 또한 따뜻한 체온이 있다. 그러므로 도움을 필요로 하는 대상자와 생명이 있는 동물, 그리고 이들의 관계를 도와주고 치료적인 개입을 하는 치료사의 관계가 형성되는 것이다. 성공적인 치료환경을 위해서는 대상자와 치료자의 관계형성이 중요하지만 매개동물은 대상자와의 친밀감뿐만 아니라 치료자와 대상자의 관계형성에도 중요한 역할을 한다.

그러므로 동물매개심리상담사는 대상자와 치료도우미동물이 원만한 관계를 유지하고 발전시켜 나갈 수 있도록 조정자의 역할을 해야 하며 그러기 위해서는 대상자인 인간 심리와 가지고 노는 놀이기구나 장난감이 아닌 생명체인 치료도우미동물의 행동이나 심리에 대한 깊은 이해와 응용기술이 필요하다.

(2) 감정을 갖고 있어 상호역동적인 작용을 한다.

동물매개치료는 생명이 있고 따뜻한 체온이 있고 사람과 같은 감정을 갖고 있기 때문에 동물과의 생활이나 상호작용에 의하여 이루어진다. 동물은 대상자가 잘 보살피고 애정을 갖는 만큼 잘 따르고 재롱도 부리며 사람들과의 감정교류가 가능하기 때문에 대상자의 행동이나 반응에 따라 매개동물의 반응도 다르게 나타나며 대상자와 언어적, 비언어적, 신체적 교류가 상호간에 이루어 질 수 있다. 그러므로 동물매개치료는 대상자의 신체적, 정신적, 심리적 효과가 매우 크고 빠르게 나타날 수 있다. 또한 동물매개치료는 살아있는 동물을 매개로 하기 때문에 대상자의 친구로서, 생활의 동반자적인 역할을 할 수 있다. 치료도우미동물과의 상호작용과 보살핌, 접촉을 통해 동료의식과 생명존중, 공동체의식을 갖게 되어 타인에 대한 이해와 사회화를 촉진할 수 있다.

(3) 동물은 대상자를 차별하지 않는다.

동물은 사람들에 대해 성별이나, 생활수준, 외모나 장애 등에 관계없이 비판적이지 않고, 무조건적으로 수용하고, 옛날이나 지금이나 항상 타고난 모습 그대로 순수함을 유지하고 있다. 대상자들은 이런 동물과의 관계를 통하여 상실되어가는 인간 본연의 모습을 되찾을 수 있다. 동물은 사람들과 같이 상대방을 다른 사람과 비교하거나 비판하지 않고 차별하지 않는다. 어떤 사람이나 자신을 대하는 정도에 따라 공평하게 있는 그대로 받아들인다. 그러므로 대인관계에 어려움이 있거나 마음의 문을 열지 못하는 사회정서적인 문제가 있는 장애인, 소외계층의 사람, 범법자 등의 사회 심리적 재활과 회복에 효과적이다.

동물은 대상자가 어떤 행동과 관심을 보이느냐에 따라 동물의 행동이나 반응도 달라지기 때문에 대상자들은 이런 동물의 행동과 반응에 적응해가면서 바람직한 대인관계의 방법과 사회성, 그리고 조건 없는 사랑과 친화성을 배우게 된다.

(4) 다학제적인 전문분야이다.

동물매개치료는 심리치료의 한분야로서 치료도우미동물을 매개로하여 동물매개심리상담사가 의도적이고 계획적인 활동을 통하여 대상자를 심리적, 인지적, 정서적, 사회적, 교육

적, 신체적인 발달과 적응력을 향상시킴으로서 육체적인 재활과 정신적인 회복을 추구하는 전문적인 분야이다. 동물매개치료는 대상자, 치료도우미동물, 동물매개심리상담사의 구성 요소를 갖게 된다. 이 중에서도 치료의 주체는 동물매개심리상담사사라고 할 수 있다. 그러므로 동물매개심리상담사는 대상자의 심리재활을 위한 심리학, 상담학, 정신병리, 복지학, 재활의학, 인간행동과 사회환경 등의 심리치료에 관한 전반적인 지식뿐만 아니라. 치료도우미동물의 생리와 심리, 행동, 관리, 훈련, 위생과 활용하고자하는 동물의 특성 등에 대한 전문적인 지식과 응용기술이 있어야하고, 치료사의 개인적인 자질은 물론 동물매개심리상담사로서의 윤리적, 전문가적 책임을 가진 동물매개심리상담사에 의해서 이루어지는 다학제적인 전문 분야인 것이다.

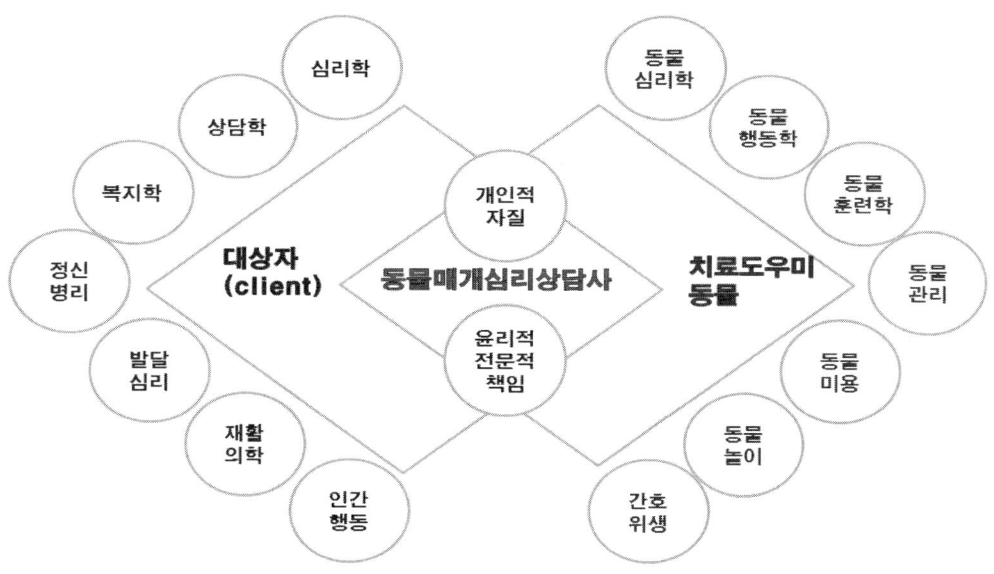

그림 9-2. 동물매개치료의 다학제적 전문성

2 동물매개치료의 차별성

1) 동물매개치료의 차별성

동물매개치료는 다른 보완대체의학적 방법들 보다 효과가 우수하고 능동적이며, 자발적으로 유발된다. 이러한 동물매개치료의 우수성은 '1) 살아있는 생명체를 매개로 함, 2) 감정을 갖고 있어 상호역동적인 작용을 함, 3) 동물은 대상자를 차별하지 않음, 4) 다학제적인 전문분야'라는 동물매개치료의 4대 특징으로부터 얻을 수 있는 효과이다.

동물매개치료의 가장 큰 특징은 생명이 있고 따뜻한 체온이 있으며 사람과 같은 감정을 갖고 있는 치료도우미동물과의 생활이나 상호작용에 의하여 이루어진다는 것이다.

동물매개치료의 최종 목적은 치료도우미동물을 활용하여 사람 대상자(client)의 심리치료 또는 재활치료 효과를 얻는 것이다.

동물매개치료는 다른 심리치료나 재활치료와 달리 살아 움직이는 생명체인 동물을 활용하여 대상자의 치유 효과를 이끌어 내는 특징을 가지고 있다. 동물매개치료는 다른 보완대체의학적 방법들 보다 대상자들이 능동적이며 즐겁게 참여하고 효과 또한 빠르고 지속적인 것으로 잘 알려져 있다. 동물은 살아있고, 감정을 표현하며, 사람 대상자들과 빠른 상호반응을 하기 때문이다.

동물매개치료의 중재 역할로 **치료도우미동물**이 활용되는 점은 이와 같이 **동물매개치료의 특징이며 큰 장점**으로 작용하게 된다.

현대 사회에서 심리적, 정신적, 정서적인 마음의 병을 치료하는 심리상담과 치료, 음악치료, 미술치료, 산림치유, 원예치료, 놀이치료 등 많은 치료의 기법들이 활성화 되고 있는 실정이다.

다른 보완대체의학적 치료기법과 차별화 될 수 있는 동물매개치료만의 특징인 따뜻한 체온을 가지고 부드러운 털을 가지며 감정을 가지고 사랑을 표현하는 동물이 중재 도구로 활용된다는 점이 동물매개치료의 우수한 효과를 이끌어내는 기전이 되는 것으로 판단할 수 있다.

표 9-1. 동물매개치료의 차별성

1. 즐겁고 능동적으로 대상자들이 참여하며 효과가 빠르고 지속적이다.
2. 동물은 동적으로 살아 움직이며, 긍정적 감정에 적극적으로 표현하는 살아있는 동물이 매개하기 때문에 상호반응이 빨라 내담자의 정서적 심리적 개선 효과가 높다.
3. 동물은 자연의 일부라 동물과의 놀이 활동은 자연친화적 행동으로 자연스런 치유활동을 유도할 수 있다.
4. 동물은 따뜻한 체온과 부드러운 털을 가지고 있어 만지고 쓰다듬기에 좋아 접촉의 자극에 따른 인지기능 발달이나 정서적 안정감을 유도할 수 있다. 접촉의 이점으로 접촉 자극에 의해 내담자는 정서안정감이 증가하고, 인지능력이 향상될 수 있다.
5. 동물은 복종과 사랑을 주는 상호반응을 주기 때문에 사회적 동반감을 촉진할 수 있습니다. 내담자의 불안을 감소기키며, 스트레스 감소와 자존감 향상에 기여한다.
6. 동물은 사료주기, 빗질해주기, 목욕해주기, 산책하기 등의 간단한 과제를 내담자가 수행하기에 적합하여 대상동물의 돌봄 행동을 수행할 수 있고, 이를 통한 성취감과 자아존중감 향상에 기여할 수 있다.
7. 동물은 즐거운 놀이활동에 상호교감의 반응을 적극적으로 보여주기 때문에, 대상자들이 다른 사람들을 대하는 방법을 개선하여 사회성 향상, 대인관계 기술 향상 및 대처능력 향상에 기여할 수 있다.
8. 동물과의 접촉 활동을 통하여 상호교감이 자연스레 증가하고, 사회통합감과 대인기술 향상, 대처능력이 향상되며, 인지능력이 개선되고 감성이 개선되며 삶의 질 개선 효과를 얻을 수 있는 것으로 보고되고 있다.
9. 동물매개치료는 미술치료, 음악치료, 놀이치료, 식물 치유 등의 다른 보완대체의학적 방법과의 비교 실험에서 가장 우수한 효과를 보여주는 것으로 확인되고 있다.

2) 동물매개치료의 효과 비교 연구

(1) 공과 강아지 인형과 비교 연구

아동에서 AAT의 효과에 대한 연구는 성인에서 AAT에 비교하여 적은 편이다. 사회성 형성 장애(pervasive development disorder)를 가진 아동들에게 공, 봉제 강아지 인형, 살아있는 강아지 접촉 그룹의 3개 그룹으로 나누어 수행한 연구결과 살아있는 강아지와 프로그램을 수행 받은 아동들이 더욱 집중하고 활동성 증가와 사회 환경에 대한 인지도 향상이 있었다(Martin & Farnum, 2002).

(2) 음악치료와 비교 연구

Takano Hospital 사례연구로서 Takano 등(2008)은 54명의 치질(hemorrhoids) 수술 후 환자들을 대상으로 한 AAT 적용실험에서 AAT는 치질환자의 수술후 통증을 효과적으로 감소시켜주는 것을 확인하고 보고하였다. 본 연구는 일본의 Takano Hospital에서 수행되었고 치질환자 수술을 받은 54명을 동물매개치료와 음악치료 그룹으로 나누어 비교실험이 수행되었다. 동물매개치료와 음악치료는 매 회 30분의 적용을 하였고 적용전과 적용후 15분, 30분, 60분에 각각 통증의 정도를 측정하는 self-checking visual analog scale (VAS) chart를 이용하여 평가를 하였다. 또한 스트레스를 받을 때 증가되는 성분으로 침(saliva) 속에 α-amylase 분석도 실시되었다. 평가결과 음악치료와 동물매개치료 둘 다 통증관리에 효과적으로 결과가 나왔지만, 수치 비교를 한 결과 음악치료 보다 동물매개치료를 받은 그룹의 대상 참여자들의 통증 정도가 유의하게 낮게 나오는 것을 알 수 있었다. 이러한 결과는 음악치료는 정적으로 대상 참여자들을 진정시키고 마음을 안정시키는 기전으로 통증관리 효과를 얻는 반면, 동물매개치료는 대상 참여자들의 마음을 즐겁게하고 활동적으로 함으로서 통증을 보다 적극적으로 관리하기 때문에 나타나는 결과로 추정되어진다(Takano 등, 2008). Takano 등(2008)의 연구는 AAT의 수술후 통증 관리 효과를 증명한 점과 비교연구를 통하여 음악치료 보다 동물매개치료가 통증관리에 보다 효과적임을 증명한 의미있는 결과라 할 수 있다.

(3) 친한 친구와 상호작용에 의한 비교 연구

1991년에 Allen에 의해 대조군, 친한 친구가 있는 그룹, 애완동물 소유 그룹으로 나누어 수행된 다른 연구에서 애완동물을 기르는 대상자 그룹은 혈압저하, 맥박수 안정화, 피부자극 감각 향상 효과가 다른 그룹보다 높은 것으로 확인되었다. 이 연구 결과에서 애완동물을 기르는 대상자들이 친한 친구들과 만나는 그룹의 대상자들 보다 스트레스 수준이 월등히 낮다는 것도 밝혀졌다. 이러한 이유는 친한 친구라 할지라도 대상자들은 친구들을 만나는 과정에서 수시로 친구들이 자신을 평가하고 있다는 것을 무의식중에 걱정하고 긴장하지만, 그들의 애완동물 앞에서는 그러한 걱정과 스트레스를 받을 필요가 없다는 점 때문에 나타나는 현상으로 해석될 수 있다(Wadeley).

John 등(2014)에 따르면 스트레스를 받는 환경에서 친한 친구와 활동 그룹 보다 개와 만남 활동을 한 그룹이 스트레스가 더 감소된 것으로 보고하였다. 이러한 효과는 동물이 주는 스트레스 경감 효과와 심리적 안정감 때문으로 판단된다〈**그림 9-3**〉.

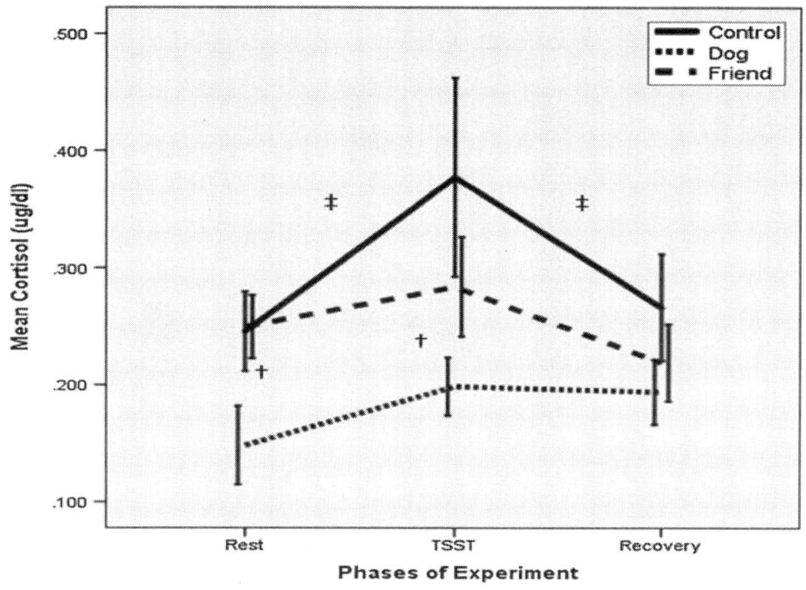

- 48명을 대상으로 침의 코티졸 호르몬과 심작박동수 수치 변화 검사.
- 3개 그룹- 스트레스 적용 후 1) 무처치 컨트롤, 2) 개와 놀이, 3) 친구와 만남
- 개와 만남 그룹이 코티졸 호르몬 및 심장 박동수 제일 낮음 - 스트레스 감소에 효과적.
  - 효과 기전은 개와의 친교 활동 - 상호반응 → 낯선 환경의 스트레스 경감 → 심리적 안정 효과 → 코티졸 호르몬 및 심장 박동수 감소로 추정

출처 : J Behav Med (2014) 37:860 - 867

그림 9-3. 개와 만남 활동에 의한 스트레스 코티졸 감소 효과

Morgan (2008)에 따르면 친한 사람과 상호반응 보다 개와 상호반응이 보다 유의하게 불안 점수가 감소된다고 보고하였다. 이러한 효과는 개와 상호반응이 이완반응 유도하고 긴장을 완화시켜 불안감을 감소하는 것으로 추정된다〈**그림 9-4**〉.

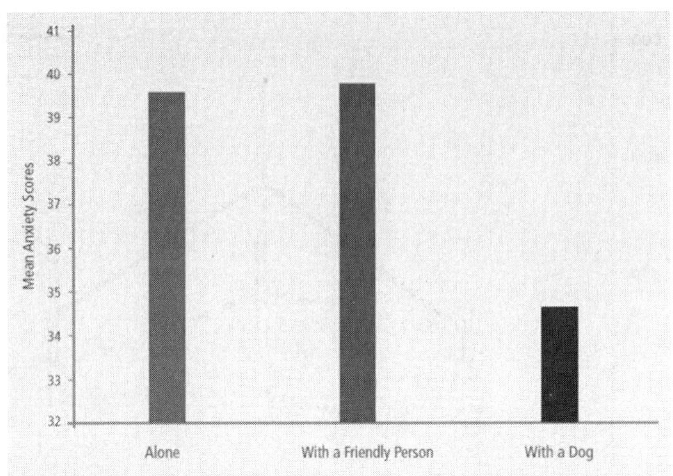

- Morgan (2008)은 126명을 대상으로 홀로 있는 컨트롤 그룹, 친한 사람과 상호반응 그룹, 개와 상호반응 그의 3개 그룹으로 나누어 실험.
- 개와 상호반응한 그룹은 Trait Anxiety Inventory (Spielberger et al., 1983)를 이용하여 측정한 결과, 유의하게 불안 점수가 감소.
- 효과 기전은 개와 상호반응이 이완반응을 유도하고 긴장을 완화시켜 불안감을 감소하는 것으로 추정

출처 : Annie and Viktor Reinhardt Animal Welfare Institute

그림 9-4. 개와 만남 활동에 의한 불안감 감소 효과

Allen 등 (2002)에 따르면 스트레스를 받는 환경에서 배우자나 친한 사람이 옆에 있는 상황이 오히려 스트레스를 증가시키고, 개가 옆에 있는 상황이 유의하게 스트레스를 줄여주며, 빼셈 문제를 가장 많이 맞힌 것으로 보고하였다. 이러한 효과는 애완동물이 스트레스를 완충해주는 것으로 설명할 수 있다〈**그림 9-5**〉.

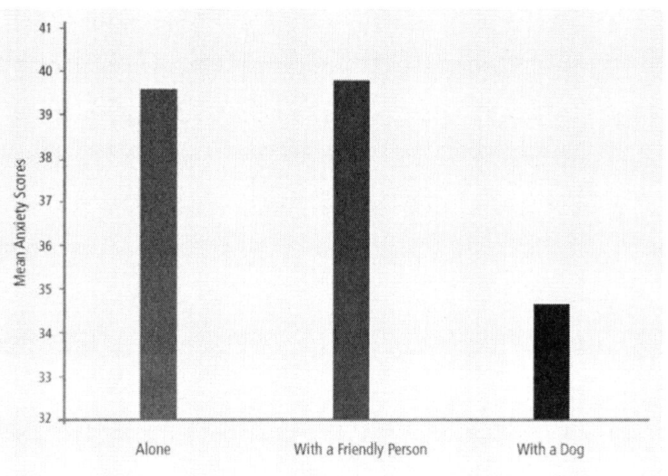

- Allen et al. (2002)은 애완동물에 의한 스트레스 완충 효과 (stress-buffering effect) 연구
- 60명
- 4개 그룹: 1) 혼자, 2) 애완동물 함께 , 3) 배우자 함께 , 4) 친구와 함께
- 5분간 연속 산수 뺄셈 활동수행을 통한 스트레스 적용
- 뺄셈 정답 오답율 측정
- 뺄셈 정답 오답율은 2)번 그룹 애완동물과 함께 하는 대상자들이 현저히 낮았다.
- 효과 기전은 애완동물이 스트레스를 완충해주는 역할을 하여 스트레스가 감소하고 결과적으로 산수 뺄셈에 집중하여 오답율이 낮아지는 것으로 추정된다.

출처 : Annie and Viktor Reinhardt Animal Welfare Institute

그림 9-5. 애완동물의 스트레스 완충 효과

(4) 배터리 작동 개와 고양이 장난감 비교 연구

살아있는 개와 고양이, 배터리 작동 개와 고양이 장난감을 이용하여 6-36개월 아이들을 대상으로 연구가 수행된 결과, 살아있는 개와 고양이가 장난감 개와 고양이 보다 더 적극적인 상호반응을 유도하였다. 다른 연구들에서도 또한, 살아있는 애완동물들과의 상호작용이 어린이 대상자들의 정신 발달을 촉진한다는 것이 확인되었다(Becker, 2002).

(5) 독서 효과와 비교 연구

Baun 등(1984)은 애완동물의 소유에 따르는 사람들의 생리학적 영향을 알아보고자 24명의 남성과 여성의 혈압, 심박 수 및 호흡률에 대한 연구를 수행하였다. 연구 목적은 2가지였다. 첫째로 애완견의 소유가 대상자들의 혈압을 감소시키는지를 알아보는 것이었다. 둘째로 대상자들을 잡지를 읽게 한 그룹, 자신의 애완동물을 쓰다듬게 한 그룹과 낯선 개를 쓰다듬게 한 그룹의 3개 그룹으로 나누어 각 그룹별로 대상자들의 생리학적 지표들로 혈압, 심박수 및 호흡률에 그룹별 차이가 있는지를 알아보고자 하였다.

이 연구의 대상자들은 5명의 남자들과 19명의 여성들로 나이는 24세부터 74세로 평균 46.7±12.5세이었다. 대상자들은 고혈압 병력이 없었고, 혈압과 심박수 및 호흡률에 영향을 주는 약을 복용하고 있지 않았다. 또한 수축기 혈압은 14 이하이었고 확장기 혈압은 90이하의 범위에 있었다. 대상자들은 개에 대한 알레르기가 없었고 모두 어느 정도 유대감이 확립된 개를 기르고 있었다. 참여 대상자들은 최소 6개월 이상 그들의 개와 함께 살고 있었고, 중등도 이상의 개에 대한 애정을 가지고 있었다. 참여 대상자들은 그들의 개의 행동 특성과 세션동안 낯선 사람들과 활동이 가능할지에 대한 설문을 미리 작성하였다. 설문조사에서 그들의 개가 활동에 적합하지 않다고 한 개들은 연구에서 제외하였다(Baun 등, 1984).

각 대상자들은 1회 9분으로 3회의 세션의 활동을 하였다. 혈압은 참여 대상자들이 주로 쓰지 않는 팔에서 3분 간격으로 측정되어졌다. 심박 수와 호흡률은 활동 세션 동안 계속해서 측정되어졌다. 모든 평가는 디지털 도구를 이용하여 측정되었다.

독서 그룹의 참여자들은 세션 동안, 조용히 앉아서 주로 쓰는 손으로 일상적인 잡지(가정 또는 음식 관련)를 잡고 읽게 하였다. 이 때 팔은 심장 아래로 유지되도록 하였다. 낯선 개와의 만남 그룹의 참여자들은 자신의 개가 아닌 선발된 다른 평가자의 개를 도입하여 부드럽게 쓰다듬도록 하였다. 이 때 참여자들의 혈압이나 맥박, 심박수 및 호흡률에 영향을 주지 않도록 팔 동작은 크지 않게 하도록 하였고 개에 이야기도 하지 않도록 하였다. 자신의 개를 쓰다듬는 그룹의 참여자들은 세션 동안에 자신의 개를 부드럽게 쓰다듬게 하였다.

Baun 등(1984)의 연구결과, 3개 그룹의 수축기 및 확장기 혈압에 그룹간 유의한 차이가 있었다. 가장 큰 혈압의 저하를 보인 그룹은 자신의 개와 세션을 가진 그룹의 대상자들이었다. 심박 수와 호흡률에서는 개를 도입한 2개 그룹이 잡지를 제공한 그룹 보다 통계적으로 유의하게 저하된 것이 관찰되었다. 심박 수와 호흡률에서 개를 도입한 2개 그룹 간에 차이는 통계적으로 유의성이 없었다.

이러한 연구결과를 통하여 반려감과 유대감이 형성된 개를 귀여워해주는 활동은 대상자의 수축기 및 확장기 혈압을 감소시킬 수 있다는 것을 확인하였다.

(6) 식물 치유와 비교 연구

Robb 등(1980)은 퇴역군인 의료센터의 장기 요양소에서 입원 중인 대상자들의 사회행동에 미치는 외부자극에 대한 연구를 수행하였다.

3가지 외부 자극이 대상자들에 주어졌는데, 와인병과 식물 및 케이지에 있는 강아지였다. 90분의 세션 동안 대상자들의 사회 행동들은 5가지 항목으로 매 10분마다 평가되어졌다.

5가지의 항목은 대화, 미소, 쳐다보기, 눈 깜박거림 및 자극에 대한 반응이었다. 세션동안 외부자극은 시작-와인 병-식물-강아지-종료로 나누어 수행되었다. 연구결과 활동의 종료 시 강아지 도입이 대상자들의 사회행동에서 가장 큰 변화를 유도한 것으로 확인되었다(Steed & Smith, 2002). 이러한 연구결과로 부터 애완동물은 사람의 사회행동에 긍정적인 변화를 유도할 수 있는데, 이러한 효과는 강아지가 사람들에 무조건적인 수용과 사랑을 주고 많은 다른 감각기계를 자극하기 때문에, 대상자들의 사회행동의 큰 변화를 유발하는 것으로 추정할 수 있다.

Mugford와 M'comisky(1975)는 장기 요양소에서 30명의 노인 입원 환자들을 대상으로 잉꼬 새의 도입 효과에 대한 연구를 수행하였다. 대상자들은 대조군과 식물 도입군 및 잉꼬 새 도입군의 세 개 그룹으로 나뉘어 5개월 동안 세션을 적용 받았다. 모든 대상자들에 대한 사전 및 사후 검사가 30 항목의 조사표로 작성되었다. 조사표는 대상자들 자신과 다른 사람들, 그리고 주변 환경에 대한 내용으로 구성되었다. 연구결과, 잉꼬 새 도입군의 대상자들은 다른 군 보다 다른 사람들에 대한 태도와 자신의 정신 건강 관련 인식도에서 높은 점수를 받았다. 이러한 연구결과로부터 잉꼬 새와 같은 관상조의 도입으로 대상자들의 대화를 증가시킬 수 있고, 사회생활 향상 및 책임감 고취와 같은 효과를 얻을 수 있는 것으로 확인되었다(Panzor-Koplow, 2000).

(7) 놀이치료와 비교 연구

Kamnnski 등(2002)은 70명의 입원한 어린이들을 대상으로 애완동물의 매개치료 효과를 연구하였다. 대상자들은 놀이치료 그룹(n=40)과 애완동물 매개치료 그룹(n=30)으로 두 그룹으로 나누어 연구가 수행되었다. 평가 항목은 세션 전과 후에 대상자들의 자기표현 상태, 애정 표현, 터치의 양, 심박 수, 혈압, 침의 cortisol(스트레스와 관련되며 부신피질호르몬 증가시키는 호르몬), 심박 수 및 혈압이었다. 대상자들의 감정 평가는 Reynolds Child Depression Scale로부터 7가지 항목을 이용하여 평가되어졌다. 대상 어린이들의 부모 또는 부모가 없는 경우 간호사가 다른 4가지 항목을 추가로 작성하여 감정에 대한 평가가 수행되었다. 세션 동안 대상자들은 시작 후 2분, 10분 및 20분에 각각 비디오 녹화되었다. 비디오 녹화된 내용들을 가지고 대상자들의 애정표현, 터치의 양, 활동시간과 같은 다양한 형태의 지표가 분석되었다. 연구결과, 대상 어린이들의 감정 상태의 개선이 확인되었다. 이러한 변화는 놀이치료와 애완동물 매개치료 간에 차이는 관찰되지 않았다. 비디오녹화 자료의 분석 결과, 애완동물 매개치료 그룹의 대상 어린이들이 애정표현과 터치의 양에서 놀이치료 그룹의 어린이들 보다 각각 46%와 57% 더 유의하게 증가된 것을 확인하였다. 심박 수는 애완동물 매개치료 그룹의 어린이들이 사전 및 사후 검사 둘 다에서 놀이치료 그룹 보다 유의한 증가가 관찰되었다. 침의 cortisol 농도는 세션 전에는 놀이치료와 동물매개 치료 그룹 둘 다 유사한 수준을 보였으나, 세션 종료 후, cortisol 수준의 감소가 두 그룹 모두 확인되었다.

(8) 모형 개와 비교 연구

정신지체 장애를 가진 대상자들에 동물매개치료의 효과를 알아보기 위한 많은 연구들이 수행되었다. Limon 등(1997)은 7-12세의 다운증후군을 가진 심한 학습장애를 가진 8명의 아동을 대상으로 연구를 수행하였다. 세션 동안 모든 대상 아동들은 2개의 상황을 제공 받았다. 첫 번째 상황은 개를 닮은 모형과 활동하는 것이고, 두 번째 상황은 진짜 개로 활동하는 상황이었다. 중재에 이용된 개는 검정색 래브라도 랫드리버였고, 모형 개 또한 같은 크기의 같은 색깔의 직물로 만들어 대상 아동들에 제공하였다. 세션 동안 치료사는 대상 아동들이 중재로 제공된 모형 개와 진짜 개와 각각 활동하도록 독려하였다. 세션동안 대상 아동들의 행동에 대하여 보기, 성인에 대한 반응, 시작으로 3가지 범주로 평가되었다. 연구결과, 대상아동들은 모형 개보다는 살아있는 진짜 개들을 보다 더 자주 쳐다보고 유의하게 상호작용이 활발하였다. 또한 진짜 개와 활동하는 상황이 대상 아동들을 치료사와 더 많은 대화를 하게 유도하였다(Limond 등, 1997).

(9) 공 및 모형 개와 비교 연구

Martin과 Farnum(2002)은 퇴행성발달장애(pervasive development disorder)를 가진 아동들에 개를 도입하여 얻는 효과에 대한 연구를 수행하였다. 대상 아동들은 3-13세의 아동들로 2.5-6.5세부터 발달장애가 시작되었다. 10명의 대상 아동들은 개와 상호작용 및 공(ball)과 모형 개에 대한 상호작용이 각각 비교 연구되었다.

대상자들은 총 45 세션의 15주프로그램에 참여하였고, 주당 3회, 세션당 15분의 활동이 적용되었다. 대상자들은 주 1회 3가지 다른 매개체가 적용되도록 돌아가며 개-공-모형 개와 같이 세션마다 대상 매개체를 바꾸어 프로그램이 적용되었다. 평가자들은 대상 아동들의 상호작용을 행동과 언어 상호작용의 관점에서 평가하였다. 연구결과, 대상 아동들은 살아있는 개와 활동할 때 더 많은 손뼉을 치고, 손뼉 치는 시간도 늘어났으며, 더 오래 보고 웃었다. 이러한 연구결과로 살아있는 개와 활동하는 것이 퇴행성발달장애 아동들의 매개치료에 가장 효과가 좋은 것으로 판단되었다.

(10) 예술치료, 공예작업 및 놀이 활동과 비교연구

Bernstein 등(2000)은 33명의 노인요양시설에서 입원 노인들을 대상으로 사회행동에 대한 동물의 중재, 예술, 공예작업 및 빙고게임의 도입 효과를 비교 연구하였다. 활동기간은 10주로 세션은 매 주 1회 실시 하였다. 동물의 중재에는 어린 고양이와 강아지 및 성숙한 고양이와 개를 활동 세션에 도입하였다. 연구결과, 다른 중재들보다도 동물을 중재한 세션에 참여한 대상자들이 대화 시간의 증가 효과를 확인할 수 있었다.

(11) Harlow의 연구

Harlow 연구에서 사용된 '철사'어미와 '헝겊'어미의 실험에서 새끼 원숭이는 철사어미가 먹을 것을 줄 때조차도 헝겊어미에게 애착되었다.

이러한 현상은 사람에서도 동일하게 일어나며, 동물매개치료는 부드러운 털을 가지고 따듯한 체온을 가지고 있으며 감정을 가지고 반응을 하는 역할을 한다는 점에서 Harlow 연구에서 '헝겊'어미 보다 더 큰 애정과 사랑을 유도할 수 있다.

동물매개치료의 이러한 특징이 다른 대체요법들 보다 효과가 빠르고 강하게 유도되는 기전으로 설명할 수 있다.

II. 동물매개치료의 효과 기전

학습목표

1. 반려동물의 효과를 이해할 수 있다.
2. 동물매개치료의 효과 기전에 대해 알 수 있다.
3. 동물매개치료 기법과 동물 중재의 역할을 이해할 수 있다.

1 반려동물이 사람에게 줄 수 있는 7대 효과

올브리치(Olbrich, 1995)에 의하면 **반려동물이 사람에게 줄 수 있는 7대 효과는 도구적 효과, 건강효과, 스트레스 감소와 대처기술 효과, 인지효과, 그리고 정서적 효과와 자아존중감과 자기 효능감의 향상 효과 및 카타르시스(catharsis) 효과와 같이 7가지 영역으로 구분하였다.** 이 일곱 가지 측면에서 여러 관련 연구들이 보고하고 있는 반려동물의 유용성은 다음과 같다.

1) 도구적 영향

동물매개치료의 효과 중에서 정서적, 심리사회적인 효과 뿐 아니라 신체적, 물리적인 효과를 말할 수 있는데 이 분야가 바로 신체적인 장애인들의 일상생활상의 불편을 덜어주고 도움을 주는 장애인도우미견이다. 장애인도우미견에는 활용용도에 따라 시각, 지체, 청각, 노인 도우미견을 들 수 있는데, 시각장애인도우미견은 시각장애인과 함께 길을 가면서 보행 중에 장애물을 피하고 위험을 미리 알려주며, 건널목이나 빈 의자, 출입문 등으로 주인을 안내하며, 주인이 원하는 장소까지 안전하게 길을 안내하며, 지체장애인도우미견은 지체장애인의 휠체어를 끌어주고, 리모컨, 신문 등 원하는 물건 가져다주기, 문 열고 닫기, 전깃불 끄고 켜기, 옷이나 양말 벗기기 등 다양한 서비스를 제공하고, 청각장애인도우미견은 청각장애인과 함께 생활하면서 일상의 여러 가지 소리 중에서 주인인 청각장애인이 필요로 하는 소리인 초인종, 팩스, 아기울음, 물주전자, 자명종, 화재경보 소리 등 7-8가지의 소리를 개가 듣고 소리의 근원지와 주인의 사이를 왕복하거나 주인에게 올라타는 등 개의 신체의 일

부를 주인에게 접촉함으로서 소리가 났음을 알리고 주인이 어디냐는 신호를 했을 때 주인을 소리의 근원지까지 안내하는 역할을 한다. 노인 도우미견은 신체적으로 불편한 노인들의 시중을 들어주고 산책을 하는 등 반려동물로서의 역할을 한다. 이렇게 장애인도우미견은 신체적, 정신적으로 불편한 장애인이나 노인 등에게 도구적인 도움을 제공하여 일상생활상의 불편을 해소하며, 독립적일 수 있도록 하여 자존감을 갖을 수 있도록 하며 소외되고 외로운 장애인의 친구와 인생의 동반자의 역할을 하고 장애인과 비장애인간의 가교적인 역할을 한다.

2) 건강효과

시겔(Siegel, 1990)은 반려동물을 소유한 노인 집단이 반려동물을 소유하지 않은 노인 집단에 비해 약 16% 정도 의사를 덜 방문하는 사실을 발견하고 이러한 차이를 사회적 심리적 과정과 관련된 결과라고 설명하였다. 또 여러 연구에서 반려동물이 심근경색 또는 협심증 환자의 사망을 줄이는데 긍정적인 영향을 미치고 있음을 밝히고 있다. 이러한 현상은 환자들이 반려동물과 함께 어우러져 놀면서 즐겁고 리듬이 있는 활동이 증가하고 근육과 심장체계가 단련될 수 있기 때문인 것으로 설명된다.

올브리치(Olbrich, 1995)는 운동량이 부족한 사람들에게 반려동물은 놀이 및 산책을 함께 할 수 있게 하고 규칙적인 생활을 소홀하기 쉬운 독신이나 노인들에게도 보다 규칙적인 생활을 할 수 있도록 도움을 주어 건강증진에 긍정적인 효과를 가져다준다고 설명하고 있다.

(1) 소근육과 대근육의 운동과 발달

반려동물과의 산책, 미용관리, 쓰다듬기, 놀기 등의 활동을 통하여 아동이나 노약자의 소근육을 발달시킬 수 있고, 동물과 함께 달리기, 어질리티, 프리스비, 썰매타기 등을 통해 대근육이 발달된다. 또한 재활승마는 뇌성마비, 뇌기능 손상, 척추손상, 근이영양증(muscular dystrophy), 자세결함, 마비에 의한 불균형 등의 신체 장애인들의 허리나 다리 등의 대근육의 발달을 촉진시키는 효과가 있다.

(2) 근육계 및 평형감각의 재활

재활승마는 말의 자극을 그대로 받기 때문에 몸체의 반동형성, 근육의 이완과 긴장, 평형감각의 자극 등으로 근육과 평형감각 기관의 치료와 자세를 교정하고 좌우의 균형을 유지하는 각 부분의 협동성을 개선하는 데 효과적이다.

(3) 규칙적인 운동습관 형성

운동량이 부족한 사람들에게 반려동물과 산책 및 운동, 놀이 등을 일정한 시간에 하게 됨으로서 규칙적인 생활에 소홀하기 쉬운 독신자나 노인들에게 좀 더 규칙적인 생활을 할 수 있도록 하는 데 도움을 줄 수 있다.

3) 스트레스 감소 및 대처기술

반려동물은 배우자 상실, 만성질환 및 만성장애 발생 및 악화시기, 은퇴 후의 전환기 등과 같은 인생의 주요사건에 대처하는데 에 도움을 준다. 이는 사람들이 여러 가지 어려운 상황에 있을 때도 자신과 익숙하고 우호적인 반려동물과 상호작용을 하면서 여전히 항상성 및 안정감을 얻을 수 있기 때문으로 해석된다.

올브리치(Olbrich, 1995)는 반려동물로부터 항상성과 안정감을 유지할 수 있을 때, 사람들의 행동의 효과성이 가장 좋을 수 있는 각성단계에 용이하게 들어갈 수 있어 스트레스 유발을 최소화 시킬 수 있다고 하였다. 스트레스 용인에 대한 인식은 자극을 위협 또는 도전으로 활발하게 받아들이는 과정이다.

친근하고 우호적인 반려동물이 사람들에게 스트레스에 대한 인식과 긴장을 완화 시켜 준다는 사실이 여러 연구에서 밝혀졌다.

반려동물은 사람들의 스트레스 해소를 위한 적절한 배출구 역할을 한다. 반려동물은 위협적이지 않고 비판적이지 않으며 무조건적으로 수용하기 때문에 반려동물과의 상호작용에서는 사람들이 방어적이지 않고 솔직하게 자신의 생각과 감정을 표현할 수가 있다. 반려동물을 보살피면서 얻을 수 있는 안전감, 자기가치 또는 자기 효능감 등은 사람들에게 좋은 동기적, 정서적, 그리고 인지적 효과를 가져다주어 스트레스를 효과적으로 대처할 수 있는 좋은 자원이 된다.

4) 인지효과

반려동물은 사람들을 인지적으로 활발하게 한다. 올브리치(Olbrich, 1995)는 병원에 있는 대부분의 환자들이 애완동물에 반응을 보였으며 병원환경에 대한 환자들의 전반적인 반응이 향상되었음을 발견하였다고 한다. 사람들은 자신이 보살피고 먹이를 주어야하는 반려동물을 가질 때 인지적으로 더 활발해져 특히 노인들에게 인지적 능력감을 자극시켜주는데 반려동물은 매우 유익하다.

사람들은 반려동물을 돌보는 일과 관련하여 지식과 정보를 얻고 교환하면서 다른 사람들과 이야기도 하고 관련 자료를 찾기도 하면서 사람들과 사회적 접촉이 증가된다. 이런 활동을 통하여 지적호기심과 관찰력이 생기게 되며, ADHD 및 품행장애 아동의 부적응 행동예방과 치료에 효과적이다.

(1) 자아존중감과 자기효능감의 향상

생명이 있고 체온이 있고 감정이 있는 동물을 보살피는 행위는 사람들에게 양육성을 높여주고, 자신이 누군가에게 필요한 소중하고 책임감 있는 존재임을 확인하게 하여 부모로부터 사랑을 받아보지 못한 아동이나 부모의 학대, 친구들로부터의 따돌림 등을 경험한 아동들의 자아존중감 및 자기효능감을 향상시키는데 매우 긍정적인 영향을 준다.

(2) 지적 호기심과 관찰력 배양

동물들을 관리하고 일상생활 속에서 자주 접하게 되면서 새로운 지식과 기술을 습득하게 되고 동물의 활동에 대한 지적 호기심과 관찰력이 생기게 된다. 이를 통해 아동의 ADHD(주의력결핍 과잉행동장애), 품행장애등 다양한 장애유형과 부적응행동의 예방과 치료에 도움을 줄 수 있다.

(3) 언어발달에 효과적

동물매개치료 활동 중에 동물과의 많은 대화를 통해 어휘구사 능력이 향상되고 동물과의 의사소통을 통해 사람들과의 사회성 향상과 대인관계가 좋아질 수 있다.

언어발달이 지체되는 아동이나 우울증, 대인관계에 어려움을 겪는 사람들에게 효과적이다.

(4) 기억력의 향상

동물의 이름 부르기, 신체부위 말하기 등과 규칙적이고 반복적인 일상관리(먹이주기, 손질하기, 목욕시키기 등)을 통해 기억력이 향상됨으로 노인성 치매에 효과적이다. 이렇게 반려동물은 **인지적 촉매(cognitive catalyst)의 역할**을 한다고 할 수 있다.

5) 사회 및 정서적 효과

사람은 사회적인 존재이기 때문에 누군가에게 말하고 싶어 하고 자신들의 관심을 표현하고 싶어 하는 욕구를 가지고 있다. 중요한 사건에 대처하기 위하여 해결방법을 구하고 계획할 때 누군가를 찾게 된다. 그런데 사람들이 다른 사람들과 상호작용을 할 때 치르는 인지적, 정서적 대가는 종종 사람들을 피곤하게 하고 긴장 시킨다. 사람들과의 상호작용에 어려움을 겪을 때 사람들은 종종 방어적이거나 철회적이게 된다.

반려동물은 사회, 정서적 관계에서 사람들처럼 요구적이지 않다.

반려동물은 비판적이지 않고 조건 없이 수용하기 때문에 반려동물과의 상호작용에서 사람들의 자기개방은 용이하고 감정이입도 쉽게 이루어진다. 경쟁적인 현대사회에서 생활하고 있는 자기개방과 자기수용이 어려운 사람들에게 반려동물은 대인관계에서의 의사소통을 연습할 수 있는 중요한 상담역이 될 수 있다. 이러한 반려동물과의 의사소통은 대인관계에서의 의사소통기술 및 사회기술향상에 도움이 될 수 있다.

반려동물과의 대화에서는 부정적인 감정, 생각까지도 안전하게 표현할 수 있어 환기(ventilation) 효과를 얻을 수 있다. 사람들은 반려동물과 자신을 공유하면서 자신의 삶에 대한 혼돈감, 불확실성, 그리고 불안을 감소시킬 수 있다. 이러한 반려동물과의 상호작용을 통한 치유적인 의사소통과정에서 자신이 처한 상황에서 자신이 지녔던 반응을 정당화 할 수 있는 기회를 가지게 된다. 사람들은 반려동물과 상호작용을 하면서 환기와 정당화를 통한 사회적 지지를 얻을 수 있다(Olbrich, 1995)

이상의 반려동물이 사람들에게 주는 다양한 사회적, 정서적 효과를 정리해 보면, 반려동물과의 상호작용을 통하여 사람들은 다른 사람들에 대한 감정이입과 양육성을 발달시키고, 자아존중감과 자기 효능감을 향상시키고 사회접촉을 증가시키며 상호작용을 통한 의사소통과 사회기술 향상을 가져다주며, 환기와 정당화 효과를 주는 사회적 지지를 제공해 주는 것이다.

(1) 사회적 효과

① 다른 사람에 대한 이해심 향상

동물들과 접촉하면서 직선적이며 그 순간의 감정대로 행동하는 동물의 행동을 이해하는 마음은 다른 사람들과의 관계에서도 상대방을 이해하고 포용할 수 있어 원만한 대인관계를 갖는데 도움이 된다.

② 의사소통 기술 및 사회기술 향상

사람들은 사회적 존재이기 때문에 다른 사람들과 어울리고 말하고, 자신의 관심을 표현하고자하는 욕구를 갖고 있다. 동물과의 대화는 비밀이 보장되고, 비판 받지 않기 때문에 부정적인 감정이나 생각도 마음대로 표현할 수 있는 효과를 얻을 수 있고 사람을 기피하지만 동물과는 대화를 할 수 있는 자기개방과 자기수용이 어려운 사람들에게 동물은 대인관계에서 의사소통을 연습할 수 있는 중요한 상담역이 될 수 있다. 이런 동물과의 의사소통은 대인관계에서의 의사소통기술 및 사회기술 향상에 도움이 될 수 있다.

③ **조건 없는 사랑과 친화력 습득**

동물은 사람들에 대해 성별이나, 생활수준, 외모나 장애 등에 관계없이 비판적이지 않고 무조건적으로 수용하기 때문에 이런 동물들의 행동을 통해서 조건 없는 사랑과 친화력을 배우게 해준다.

④ **공동체 의식 향상**

살아있는 동물을 관리하면서 서로 역할 분담을 함으로서 각자 맡은 역할에 충실하고 다른 사람들과 더불어 함께하는 생활을 통해 서로의 권리를 존중하게 되어 마음을 열고 다른 사람들과 더불어 살아가는 방법을 배울 수 있다.

⑤ **긴장완화와 사회적 접촉 확대**

동물과의 상호작용은 긴장감과 불안감을 덜어주고 동물의 소유자나 관심 있는 사람들이 서로 상호작용하면서 고립감 해소와 사회적 접촉을 확대 해 준다. 소외되고 외로운 장애인의 경우도 치료도우미견을 동반했을 때 사회적인 접촉이 증가 했다는 연구 보고가 있다.

이렇게 반려동물과의 상호작용을 통하여 사람들은 다른 사람들에 대한 감정이입과 양육성을 발달시키고, 자아존중감과 자기 효능감을 향상시키고 사회접촉을 증가시키며 상호작용을 통한 의사소통과 사회기술 향상을 가져다주며, 환기와 정당화 효과를 주는 사회적 지지를 제공해 주는 것이다.

(2) 정서적인 효과

① **심리적 안정과 즐거움을 준다.**

많은 연구에서 동물과 함께 했을 때 심리적으로 안정되고 심박수와 혈압이 안정되었다는 연구결과가 보고되고 있으며 어떤 경우에는 수족관의 물고기가 노는 것을 보는 것만으로도 마음이 안정될 수 있다는 연구결과도 있다.

또한 동물을 별로 좋아하지 않는 사람이라도 동물의 예쁜 모습이나 재롱을 보면서 즐거워하게 된다. 특히 장기 시설거주자들에게 더욱 효과적이다. 사람들은 동물과의 쓰다듬기 등 신체적인 접촉이나 산보, 또는 다양한 놀이를 통하여 본능적으로 편안하고 즐거운 감정을 갖게 된다.

② **기분개선과 흥미유발**

반려동물은 사람을 잘 따르고 사람들과 함께 노는 것을 좋아하기 때문에 우울하거나 기분이 좋지 않을 때 동물과 함께 하게 되면 분위기를 바꾸어 주게 되어 기분을 좋게 하고 즐거움을 준다.

이는 우울증 해소와 고독감이나 소외감을 경감시키는데 효과적일 수 있다.

이상과 같이 반려동물은 우울증, 심한스트레스등과 배우자 상실, 만성질환 및 은퇴 후의 전환기 등과 같이 인생의 주요 사건에 대처하는데 도움이 된다. 이는 사람들이 여러 가지 어려운 상황에 처해 있더라도 자신과 익숙하고 우호적인 반려동물과 상호작용을 하면서 여전히 항상성 및 안정감을 얻을 수 있기 때문인 것으로 풀이된다. 올브리치(E. Olbrich)는 반려동물에게서 항상성과 안정감을 유지할 수 있을 때 스트레스 유발을 최소화시킬 수 있다고 주장했다(Olbrich, 1995).

6) 자아존중감과 자기효능감 향상

대상자의 손상된 자아개념을 긍정적인 방향으로 증진시켜 주는 것이 심리치료의 중요한 목적의 하나이다. 아동의 손상된 자아를 어루만져주기 위하여 언어를 사용할 수 있지만 한계가 있다. 동물과의 놀이는 아동이 스스로 목표를 설정하고 자신의 방법으로 성취할 수 있으며 이런 성취의 경험은 아동의 손상된 자아를 스스로 치유하고 자신감을 갖게 되며 자신을 존중하는 마음을 갖게 된다. 또한 살아있는 동물과의 놀이는 자기 동기화된 활동이고 성취감을 갖고자하는 내적 욕구를 자연스럽게 충족시켜줄 수 있기 때문에 자기효능감을 키워줄 수 있다.

동물과의 놀이치료에서 대상자의 자아존중감을 증진시키기 위해서 치료자는 대상자의 동물과의 놀이 방법이나 행동에 대하여 함부로 칭찬이나 평가를 하지 않아야 한다. 이런 칭찬은 대상자로 하여금 치료자의 요구나 평가에 맞추어 인정받으려는 태도를 취하게 되기 때문에 오히려 자아 존중감을 떨어뜨리게 된다.

평가는 아동 스스로에게 맡겨두는 것이 최선이며, 놀이 속에서 자연스러운 자기평가의 과정을 통해서 자아존중감을 증진시키도록 돕는 것이 놀이치료의 일반적인 신념이다(Landreth, 1996)

생명이 있고 체온이 있고 감정이 있는 동물을 보살피는 행위는 사람들에게 양육성을 높여주고, 자신이 누군가에게 필요한 소중하고 책임감 있는 존재임을 확인하게 하여 부모로부터 사랑받지 못한 아동이나, 부모의 학대, 친구들로부터의 따돌림 등을 경험한 아동들의 자아존중감 및 자기 효능감을 향상시키는데 매우 긍정적인 영향을 준다.

자존감이 낮은 사람은 그들 자신에게 집중한다. 동물은 이러한 사람들을 그들 자신으로부터 끄집어낸다. 그들 자신이나 그들의 문제에 대해 생각하거나 말하기보다는 동물을 지켜보고 동물에게 이야기하게 된다(Kaatcher, 1992)

7) 카타르시스(catharsis)

카타르시스는 개인이 표출하고 싶은 생각이나 비밀과 관련된 감정을 해소하는 과정을 의미하며, 어떤 심리치료적 접근에서도 소중히 여기는 핵심적인 치료요소이다.

아동들은 동물과의 놀이를 통하여 자연스럽게 카타르시스 기능을 수행한다. 현실생활에서 표출할 수 없었던 불만, 분노, 슬픔 등 여러 가지 감정을 동물과의 놀이를 통해 아주 자연스럽게 표현하고 해소 시킨다.

치료도우미동물은 위협적이지 않고, 비판적이지 않으며 무조건적으로 수용하기 때문에 동물과의 상호작용은 사람들이 방어적이지 않고 솔직하게 자신의 감정과 생각을 표현할 수 있다. 동물과의 놀이를 통해 아동들은 자신이 경험한 외상적 사건이나 강한 스트레스적 사건들을 무의식적으로 표현하고 이를 정서적으로 극복하기 위한 시도를 하게 된다.

2 동물매개치료 효과

1) 동물매개치료의 프로그램 목표

동물매개치료 프로그램의 목표는 〈**그림 9-3**〉과 같이, 동물매개치료 동안에 치료도우미동물의 중재 활동을 통하여 대상자 환자들은 그들과 활동하는 치료도우미동물과 상호반응하고 감정이입 되어 사회기술 상호작용 향상, 팀빌딩 형성, 지도력 향상, 변화와 변천 효과를 얻을 수 있고, 자신감 향상, 걱정 및 불안 감소, 약물남용 중독 개선, 우울증 개선 효과를 얻을 수도 있다.

동물과 함께하는 활동은 또한 대상자들에 동기부여와 단기 및 장기 기억력 증가, 개념이해, 단어실력 향상과 같은 교육적 효과를 가져 올 수도 있다. 또한 동물을 통하여 대상자들은 타인을 배려하는 마음의 증가, 단체 협동심의 향상, 걷기 및 산책과 같은 자발적 운동의 증가, 운동 기술 증가 효과를 목표로 잡아 프로그램을 계획하고 수행할 수 있다.

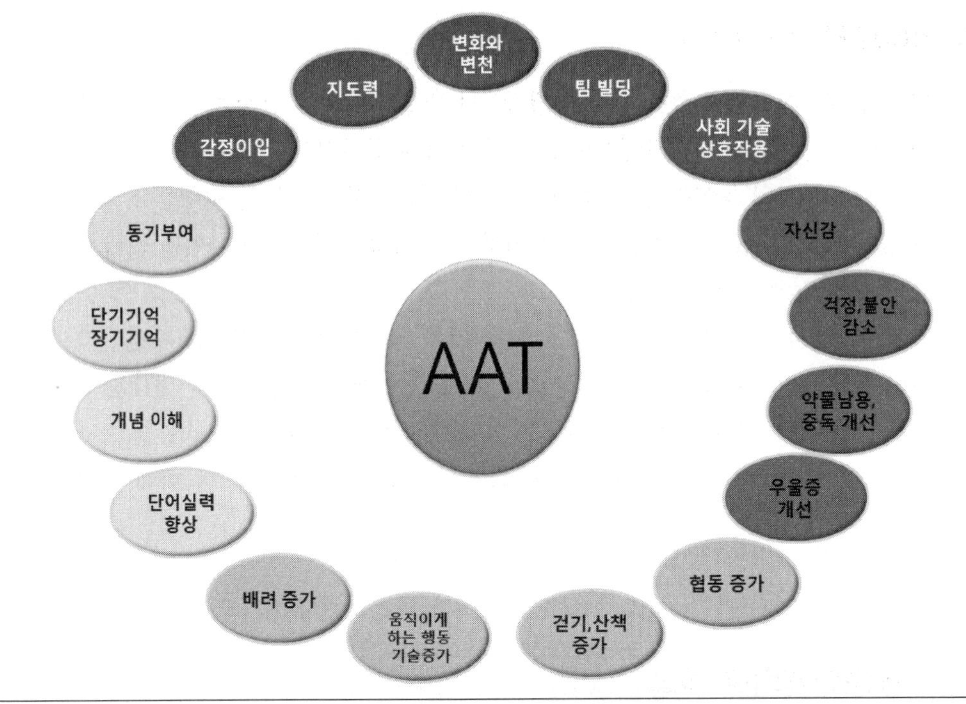

그림 9-3. 동물매개치료 프로그램의 목표

2) 동물매개치료의 4대 효과 영역

동물매개치료는 동물매개심리상담사의 프로그램 운영을 통해 치료도우미동물과 대상자(내담자, client) 사이의 상호반응을 통해 인지적, 정서적, 사회적, 교육적, 신체적 발달과 적응력을 향상시킴으로써 **육체적 재활**과 **정신적 회복 효과**를 얻을 수 있다.

동물매개치료에 의해 유발되는 효과는 크게 **인지적 효과, 정서적 효과, 사회적 효과, 신체적 효과**로 나누어 볼 수 있다.

(1) 인지적 효과

대상자의 지적호기심과 관찰력 향상, 어휘구사능력 향상, 기억력 향상, 집중력 및 판단력 향상, 생명존중감 형성 등

(2) 정서적 효과

심리적 안정, 즐거움 선사, 정신적 흥미 유발, 스트레스 해소, 기분개선과 여가 선용 등의 효과

(3) 사회적 효과

타인에 대한 이해심 향상, 사회적 지지와 사회화 증진, 외부에 대한 관심 증진, 사람과 친화력 습득, 공동체 생활 터득, 긴장완화와 불안감소, 고립감 해소와 사회적 접촉확대

(4) 신체적 효과

근육운동과 발달, 근육계 및 평형감각의 재활, 규칙적인 운동습관 형성

3) 동물매개치료의 의료적 이점

동물매개치료는 환자의 병증을 개선할 수 있는 의료적 이점을 가지고 있다. 연구 보고들에 의하면 애완동물을 소유하는 것에 의해 또는 동물과의 상호작용을 통하여 환자들은 아래와 같은 건강상의 여러 이점을 받을 수 있다(Miller, 2000).

표 9-2. 동물매개치료의 의료적 이점

- 혈압감소
- 콜레스테롤 수치 감소
- 생존율 향상
- 고독감의 개선
- 의사소통의 향상
- 신뢰의 증진
- 주의력 분산으로 통증에 대한 약물처방의 필요성 감소
- 인지기능의 향상
- 신체적 상태의 향상
- 환자와 가족들에게 스트레스와 근심을 감소
- 조건 없는 사랑을 치료동물이 보여줌으로써 화상과 같은 신체 변화 환자에게 사회성 향상
- 환자에게 빠른 회복에 대한 동기 부여
- 수술 등에 대한 두려움 회복
- 간질 환자의 임박한 발작에 경보를 제공

3 동물매개치료 작용원리로서 효과 기전

1) 동물매개치료 작용 원리는?

치료도우미동물과 상호작용을 통하여 대상자의 치료 목표가 달성되는 작용 원리는 〈표 9-3〉과 같다.

표 9-3. 동물매개치료의 작용 원리로서 효과 기전

1. 동물이 주는 동반감과 심리적 안정 효과는 대상자의 긴장을 완화시키고 스트레스를 감소시키며, 혈관의 이완을 유도하여 혈압 감소, 심박수 감소와 같은 의료적 이점을 유도하고 심리적 이점 또한 얻을 수 있다.
2. 동물은 자연의 일부라 사람과의 유대감이 강하고, 만지고 쓰다듬기에 좋아 접촉 자극의 이점을 가지고 있으며, 사회적 동반감 촉진, 대상 돌봄 촉진, 사람들을 대하는 방법의 개선, 사회성 향상 및 자존감 향상을 가져올 수 있다.
3. 동물과의 상호작용을 통하여 상호교감이 증가되며, 이러한 활동은 사회통합감 향상, 대인 기술의 향상, 대처능력의 향상, 인지능력 개선, 감정적 이점, 삶의 질 개선의 효과를 얻을 수 있다.
4. 동물과의 즐거운 놀이 활동은 대상자에게 불안감소, 자기강화 증가, 통증의 경감, 정신문제 감소, 집중력 증가, 감정조절 능력 향상 등의 효과를 가져 올 수 있다.
5. 동물과의 상호작용을 통해 수명 연장과 혈압의 감소, 혈중 지질의 감소 및 스트레스 감소, 행복 호르몬 엔도르핀의 증가, 스트레스 관련 지표 코티졸 호르몬의 감소 효과를 얻을 수 있다.
6. 동물과의 유대는 대상자의 운동촉진 향상, 돌봄 제공을 통해 유용감의 증가, 사회활동과 대인관계 향상, 소회감 향상을 가져오며, 노인의 치매 예방과 인지능력 향상, 자살률 감소, 정신질환 개선, 신체기능 향상, 우울증 개선에 기여한다.
7. 동물매개치료의 의료적 이점으로 입원 환자의 혈압 감소, 콜레스테롤 감소, 생존율의 증가, 고독감 개선, 약물처방의 감소, 신체 상태의 개선 효과를 얻을 수 있다.

동물과의 교감은 대상자의 스트레스를 감소시키고 이완반응을 유도하는데, 이러한 일련의 반응으로 의료적 이점과 심리적 안정감을 얻을 수 있다. 동물은 사람 대상자와의 상호교감을 통하여 대상자의 긴장완화와 스트레스 감소, 대화의 증가, 신체 활동의 증가를 유발한다. 또한 대상자는 프로그램 동안에 자신이 사랑과 존중을 받는 존재라는 사실을 자각하게 되며, 신뢰 형성의 경험과 치료도우미동물의 돌봄 활동을 통해 자신이 중요한 존재이며 쓸모 있는 사람이라는 자신감을 가지게 되고, 자존감 향상과 행복감 향상으로 이어져 정신건강이 향상되는 효과를 얻을 수 있다.

동물매개치료는 다양한 기전에 의해 효과를 유발할 수 있는데, 그 중 인지이론, 애착이론, 자연친화설, 학습이론으로 기전을 설명할 수 있다〈**표 9-4**〉.

표 9-3. 동물매개치료의 효과 기전

이 론	효과
인지이론	동물매개치료 동안에 대상자는 산책하기 등의 간단한 작업을 통하여 성취감을 느끼며, 자기효능감을 높일 수 있다.
애착이론	본성으로 어머니와 강한 애착을 갖는 유아기에 머물러 있는 문제 대상자들에게 동물과의 유대 형성 경험을 통하여 건전한 애착의 경험을 갖게 하고, 주변 대상자들에게 자연스러운 애정 분산 효과를 얻을 수 있으며, 발달된 사회적 유대로 확장할 수 있다.
자연친화설	사람은 자연의 일부이고 동물 또한 자연의 일부라, 양자 간에는 자연스러운 친화에 의한 유대감을 가지고 있다. 대상자들은 동물과의 접촉을 통하여 강한 유대감을 얻을 수 있으며, 이러한 유대감이 대상자의 심리적, 정신적 안정감을 유도한다.
학습이론	대상자는 동물을 돌보는 활동을 통하여 대처능력이 향상되고, 자존감 향상 및 자기효능감 향상과 자기지지가 높아진다.

동물매개치료가 효과를 일으키는 기전에 대하여 많은 과학적 설명이 이루어지고 있다. 이러한 효과 기전은 중재의 도구로 활용되는 동물에 의해 유도되는 현상이다.

동물매개치료 프로그램에 중재 도구로 동물이 주는 이점으로 도움의 제공, 교육 효과, 존재로부터 얻는 안정감, 감정과 표현 효과, 아동학대의 치유 효과, 성장기 아동의 동료 역할, 동물에 대한 공감 효과, 절제 효과, 수업참여 애완동물의 효과, 정신적 필요성의 충족 효과가 있다.

(1) 도움의 제공

동물매개치료의 가장 분명한 결과는 아마도 한 개인이 다른 개체를 도울 수 있는 기회를 제공하는 것이다. 도움(Giving)은 동물매개치료 프로그램의 진행 동안 일어나는 상황으로 대상자(환자)가 활동 동물에게 목욕이나 먹이 주기 등의 도움을 주는 행위로서 일어난다. 제공자는 수혜 대상인 동물에게 도움을 주는 행위로 기쁨을 느끼게 되고 제공자의 건강을 향상시키는 결과를 가져올 수 있다. 도움을 줄 수 있는 사람은 정신적으로 건강한 사람이며, Alfred Adler는 본인이 고안한 치료방법들 중 하나로서 자신의 환자가 다른 개체에게 도움을 주도록 하는 방법을 사용하여 효과적인 결과를 얻을 수 있었다(Corsini, 1979). 단순히 다른 사람이나 개체에 자신이 도움을 줄 수 있는 행위만으로도 참여한 사람(환자)의 기분을 좋게 해줄 수 있고 본인이 보다 필요한 존재라는 자신감을 가지게 할 수 있다. 도움을 주는 행위는 자신감이 없는 환자에게는 어려운 일이 될 수 있으며, 이러한 때에 사람보다는 동물에게 도움을 주는 행위를 보다 쉽게 할 수 있다. 한 편으로 야생동물이 이러한 분야에서 다양한 방법으로 이용될 수 있다. 야생동물이 부모를 잃거나 상해를 입은 상태로 발견되어질 때, 야생동물보호 전문가에게 그들을 데려가는 행위로 그들을 도울 수 있다. 야생동물보호 전문가들의 치료과정 및 재활 과정을 보고 참여하면서 본인이 값진 일을 수행하고 있다는 자신감을 얻을 수 있게 된다.

(2) 교육(instruction) 효과

지식이 없는 것에 대한 두려움과 불안함을 가질 때, 교육이 치료의 효과가 있을 수 있다. 동물에 대하여 참여자에게 교육하는 것이 지식의 진보에 대한 자신감을 불러일으킬 수 있다. 참여자(환자)는 두려움을 더 이상 느끼지 않게 되고 생명에 대한 존중감과 감정이입 현상인 **공감(empathy)**을 갖게 된다.

(3) 존재(the presence of animal)로부터 얻는 안정감

단순히 함께 할 수 있는 동물의 존재로부터 새로운 감정과 새로운 활력을 얻을 수 있게 된다. 동물의 존재로부터 참여자는 마음의 여유를 받을 수 있다 (Ulrich, 1991). 예쁜 강아지와 귀여운 고양이, 신기한 동물들을 보는 것으로도 참여자를 감격시키고 마음의 안정을 불러일으킬 수 있다.

(4) 감정과 표현(feeling and expression) 효과

모든 사람은 그들의 가장 좋아하는 것들에 대하여 이야기를 하기를 원한다. 동물매개치료는 참여자들이 활동 동물들에 대한 좋은 기억과 이야기 거리를 만들어 준다. 기존의 심리치료 방법들은 환자들에게 그들의 감정, 경험 및 문제들에 대하여 이야기해보도록 하는 것에 초점이 맞춰져있었다. 그러나 환자들은 사람에게 이야기를 하는 것에 대하여 비밀 보장 등에 대한 걱정과 불안감이 엄습하고 말문을 열지 않는 경우가 많아 치료에 어려움을 겪는 일이 많다 (Ruckert, 1987). 동물매개치료는 환자들이 동물에게 자신의 비밀스런 이야기들을 할 수 있는 기회를 제공한다. 활동 동물들은 환자들의 이야기들을 들어주고 비밀을 유지할 수 있는 믿음을 주며, 이러한 상호 작용을 통하여 환자들의 치료효과를 얻을 수 있다 (Ruckert, 1987).

(5) 아동 학대(youth abuse)의 치유 효과

학대를 받는 환경의 아이들은 동물에 대한 가학 행위를 흔히 하는 것을 발견하게 된다.

아마도 그들이 받는 학대에 대한 분노(anger)를 동물을 대상으로 풀게 되는 것으로 추정해 볼 수 있다. 공격적이고 감옥에 갇혀있는 범죄자들의 70% 이상이 아동 시절에 동물에 가학 행위를 한 경험을 가지고 있는 것으로 보고되고 있다(Advocate, 1987; Sussman, 1985). 그들은 학대행위에 대한 반사작용으로서 다른 모델을 볼 기회가 없었기 때문에 동물학대로서 반응하고, 이러한 행위들은 사람에게도 해당되어 범죄로 이어지는 것으로 추정되어진다. 동물매개치료의 참여를 통하여 학대 아동들은 동물에 대한 가학 행위가 아닌 보다 바람직한 모델을 발견하게 되며, 이러한 반응은 동물학대가 아닌 동물과 호흡을 맞추는 행위로 결과되고 이러한 프로그램을 통하여 그들의 분노를 가학과 범죄가 아닌 이해와 협동으로 결과될 수 있다. 때때로 교육의 결여가 가학 행위로 이어지게 된다. 교육이 결여된 아이들은 다른 사람들을 교육할 수 없게 된다. Aaron Katcher (1992)에 따르면 교육받는 사람의 뇌파가 교육을 하는 사람의 뇌파와 동일하다고 한다. 따라서 교육하는 것은 교육을 받는 것이다. 작고 힘없는 동물을 가르치는 것은 반대로 동물뿐만 아니라 참여자가 교육을 받는 경험을 가지게 되는 것이다. 이러한 원리에 의하여 동물매개치료의 활동은 참여자에게 교육의 기회를 제공한다.

(6) 성장기 아동의 동료(developmental children's peers)

Erik Erikson에 따르면 성장 단계에서 살아있는 생명체와의 상호반응은 매우 중요한 부분이라고 한다(Maier, 1965). 성장기 동안 자기 정체성(identity)을 형성하는 단계에서 생명체와의 상호 교감을 통하여 다른 사람과의 관계에 대한 개념을 형성하는데 큰 영향을 받게 된다. 동물과의 상호반응은 아이들의 성장 단계에 중요한 핵심 요소가 될 수 있다(Maier, 1965). Paiget의 인지론(theory of cognition)에 따르면 아이들은 동물을 동료(peers)로서 인식한다. 아이들은 동물에게 옷을 입히고 이야기를 하는 등으로 자신의 동료에 대한 애정을 표현한다. 아이들이 동물에게 존중감(respect)을 가지고 친절하게 대하고 배려하는 방법들을 가르쳐 주면, 아이들은 다른 사람들에게 존중감과 친절을 가지고 대하는 법을 배우게 된다(Maier, 1965). 이러한 원리에 의하여 동물매개치료 활동은 참여자에게 타인에 대한 배려와 존중 및 친절에 대한 교육의 효과를 얻을 수 있다.

(7) 동물에 대한 공감(empathy with animals)

연구결과에 따르면 가족의 구성원으로 동물을 받아들이는 가정에 살고 있는 어린이들은 동물을 키우지 않는 집의 어린이들 보다 감정이입이 잘되고 사회성이 높다(Bryant, 1986; Levine, 1986; Malcarne, 1986). 어린이들은 동물을 동료(peers)로서 받아들이고 감정이입 상태인 **공감(empathy)**을 갖게 되어 동물들을 가르치려 한다. 이러한 과정에서 어린이들은 낯선 사람과의 초기 접촉 시 서로 대화하고 친해지는 사회성을 비교적 접근이 쉬운 동물과의 관계형성을 통하여 향상시킬 수 있고 나아가 다른 사람들과의 원만한 관계형성에도 도움을 받을 수 있다. 어린이들은 동물들과 함께 보는 것을 함께 느끼고, 함께 놀며 사회성을 키우게 된다. 동물들은 단순한 행동을 하기 때문에 어린이들은 사람으로부터 감정을 느끼는 것보다 쉽게 동물들로부터 감정을 느낄 수 있다. 감정이입은 동물들과의 경험으로부터 사람과의 경험으로 나이가 들어감에 따라 옮겨질 수 있고 자연스러운 사회성의 향상으로 결과되어진다. 이러한 감정이입에 대한 연구는 길들여진 반려동물을 비롯한 애완동물에 국한되어 있지만, 야생동물도 감정이입의 발달과 감정의 전이 기회를 제공할 것으로 추정된다.

(8) 절제와 동물(control and animals)

절제는 내부적 절제, 자기절제 또는 외부적 절제로 언급될 수 있는 모호한 개념이다. 현저한 절제문제는 정신병적 환자들의 공통점이라 할 수 있다. 반면에 피해자들은 그들이 절제력을 가지지 않는 것을 알고 있는 사람들이다. 강한 자아존중감(self-esteem)을 가지고 있는 사람들은 자기절제력(self-control)을 가지고 있다. 동물매개치료는 절제치료(control therapy)를 위한 현실적인 기초를 제공한다. 동물과 함께 활동하며 참여자는 동물의 자기절제를 존중해야만 한다. 부모를 잃은 동물이 생존할 수 있도록 돕거나 동물에게 먹이를 주는 행위를 하는 참여 과정동안에 동물매개치료 프로그램 참여자가 절제를 보여줄 기회들을 갖게 된다.

(9) 수업참여 개와 고양이(classroom dog or cat) 효과

어린이들과 어울리기를 좋아하는 사교적인 애완동물의 수업 참여가 교실에서 수업의 성취도를 높일 수 있는 것으로 보고되고 있다. 어린이들과 수업에 참여하는 애완동물과의 상호반응이 동물에 대한 감정이입을 늘리고 사랑을 가지고 애완동물을 돌보도록 하며, 이러한 행위로부터 특정 개인들은 치료효과를 보이기도 한다. 상담교사만이 진행하는 교실에서는 어린이들은 상담교사에게 자신의 문제들을 솔직하게 털어 놓지 않는 경우가 많아 진행에 어려움이 있지만, 수업참여 고양이 또는 개(classroom cat or cat)가 있는 교실의 경우에 어린이들은 고양이 또는 개의 애교를 보고 즐거워하며 자연스럽게 대화를 이어나간다.

(10) 정신적 필요성의 충족(Fulfillment of psychological needs)

여러 가지 이론들에서 사람이 살아가는데 필요한 기본적인 필요성 (basic needs)에 대한 언급이 된다. 잘 살기 위해서는 이러한 기본적인 필요성들이 충족되어지는 것이 전제 조건이다. 본인이 사랑받고, 존중받고, 받아들여지고 있고, 신뢰받고, 누군가에게 중요한 존재이고, 쓸모 있는 사람이고, 필요로 되고 있다는 감정을 느끼게 되는 것은 정신적으로 건강한 사람에게 충족되어져야하는 필요성이다. 개와 고양이를 돌보는 행위는 외로운 존재에게 기본적인 필요성을 충족하는 삶을 살게 해줄 수 있다. 참여자들은 본인들이 다른 생명체에게 중요한 일들을 해주고 있는 것을 느끼게 되고 이러한 과정 동안에 앞서 언급한 감정들을 가지게 된다.

(11) 이완 반응(relaxation response)

이완 반응은 1914년 Cannon(Friedmann, 1983)에 의하여 기술된 스트레스 반응 'fight or flight syndrome'에 반대되는 개념이다. Cannon은 고양이로부터 부신(adrenal gland)을 적출하는 실험을 수행하여 epinephrine과 norepinephrine을 발견하였다. Cannon은 이들 catecholamine들을 다른 고양이에 주사하여 그들의 작용이 교감 반응(sympathetic response)과 혈압, 심박수 및 호흡수 상승임을 발견하였다. Hess와 Brugger(Brickel, 1979)는 고양이 시상하부(hypothalamus)에 전기자극을 주어 Cannon이 catecholamine들에 의해 유도한 교감반응과 유사한 반응들이 유도되는 것을 발견하였다. 시상하부의 전기자극으로 동공확대, 혈압상승, 호흡수 상승 및 운동흥분성 증가가 유도되었다(Brickel, 1979).

이 실험과 반대로 Hess는 시상하부 전엽을 전기자극하여 골격근의 쇠약(adynamia), 혈압강하, 호흡수 감소, 동공축소로 대표되는 저각성 상태(hypoarousal state)로 이완반응이 유발되는 것을 알아내었다(Barker와 Dawson, 1998).

이완반응은 감소된 교감신경계 활성과 증가된 부교감신경 활성으로 특징되어진다. Hess는 이완반응을 스트레스 반응으로부터 보호하는 작용으로 언급하였다(Barker와 Dawson, 1998).

이완반응을 이끄는 보고된 기술로는 명상(transcendental meditation), 심상(imagery), 최면(hypnosis), 자율훈련법(autogenic training), 진행성 근육 이완(progressive muscle relaxation)이 있다. 모든 기술들이 반복적인 정신 집중과수동적 태도로 구성되어있다(Wilson, 1991). 여러 연구보고들에 의하면AAT는 혈압강하, 심박수 감소, 호흡수 감소와 같은 이완반응의 신체적 반응들을 이끌어 낸다(Fila, 1991; Mugford와 M'Comsky, 1975). 다른 연구들은 반려견(companion dog)을 귀여워하는 것이 건강한 사람에서 혈압강화와 고혈압을 가진 사람에서 혈압강화와 사지 피부 온도를 감소시키는 것을 보고하고 있다(Sebkova, 1977; Sobo, 2006)

(12) 신체적 이점(Physiologic benefits)

AAT의 신체적 이점을 뒷받침하는 대부분의 연구들은 AAT가 환자들에게 혈압과 심박수 감소 및 이완반응(relaxation)을 증가하는 것을 보고하고 있다. 1992년에 호주의 멜버른에 있는 무료진료소에서 심혈관질환 검사 프로그램에 참여한 5,741명의 환자들을 대상으로 애완동물의 사육 여부를 조사하였다. 결과는 애완동물을 키우는 사람들이 트리글리세라이드 수준과 혈압이 키우지 않는 사람보다 유의하게 낮았다(Anderson, 1992). 2001년 30명의 남자와 30명의 여자를 대상으로 애완견 소유와 고혈압의 상관관계에 대한 연구가 수행되었다. 참여 대상자들의 평균 혈압은 145/92mmHg이었다. 연구를 위한 대상자들을 두 그룹으로 나누었다. 한 그룹은 유기견 보호소로부터 개를 분양 받아 키우도록 하였고 다른 그룹은 고혈압에 대한 약물 처방을 받도록 하였다. 정신적인 스트레스 테스트가 가해진 후 대상자들의 혈압, 심박수를 연구를 시작하는 날과 3개월 후에 각각 검사하였다. 연구 시작하는 시점에서 스트레스 테스트를 가한 후 혈압 수준이 두 그룹 모두에서 유의하게 상승하였다. 3개월 후 두 그룹 간에 놀라운 차이가 나타났다. 약물처방을 받는 그룹의 대상자들은 활동기간에 혈압의 유의한 변화가 없었으나 개를 키우는 그룹은 일상 혈압의 유의한 감소가 나타났다(Allen, 2002).

AAT를 위한 과학적 기초를 확립하기 위한 시도로 1999년 18명의 사람과 18두의 개를 이용한 연구에서 동맥압과 신경화학물질을 참여한 사람과 동물에서 측정하였다. 이 연구에서 사람과 개의 상호반응은 스트레스를 감소하는 활성을 가지고 있음이 증명되었다. 이 연구는 옥시토신, 프로락틴 및 엔도르핀 수준을 측정하여 스트레스 감소 효과를 직접적으로 증명하였다. 그러나 이 연구는 표본 수가 적다는 제한점을 가지고 있다.

동물을 이용한 재활프로그램의 사례 보고들은 AAT의 다른 이점들을 보여주고 있다. 예를 들어 뇌졸증을 가진 환자가 개를 키우면서 개의 브러시 질을 하면서 팔목의 힘과 근력이 증가 되었다(Collins, 1996).

(13) 감정적 이점(Emotional benefits)

대부분의 사람들은 동물들과 상호반응 하면서 즐거움을 받는다. 일부 연구 보고들에 의하면 이러한 동물들과 상호반응이 정신병적인 이점을 가지고 있다고 한다. Barak 등은 정신분열증(schizophrenia)을 가진 노인과 환자를 대상으로 1년간의 AAT 연구를 수행하였다. 참여자들은 12개월 동안 1주일에 4시간을 개와 고양이와 만남을 가졌다. 다른 그룹은 최근 뉴스를 읽거나 토론하는 10명으로 구성되었다(Barak, 2001). 결과적으로 AAT 그룹의 참여자들은 사회 활동의 증가, 1일 활동의 증가 및 충동 억제력 증가 등을 뉴스 그룹의 참여자들보다 유의하게 보였다.

Conner와 Miller는 AAT의 여러 정신과적인 이점에 대하여 보고된 문헌 검토 연구를 수행하였다. 그 결과 AAT는 스트레스 수준의 감소, 자기 가치에 대한 감정의 증가, 신체의 변화에 대한 적응력 증가를 가져온다고 한다(Connor와 Miller, 2001). Barker와 Dawson은 치료 레크리에이션 활동을 받은 그룹에 비교하여 AAT를 받은 그룹의 참여자들은 근심(anxiety) 척도에서 2배로 감소되었다(Barker와 Dawson, 1998).

교도소들 중에 죄수의 행동 변화 프로그램으로서 또한 모범 행동에 대한 보상으로서 동물 상호반응을 이용하였다. 죄수들이 동물들을 훈련하는 프로그램을 만들었고 이 프로그램은 참여한 죄수들이 자기를 존중하는 마음을 증진시켰다(Hasenauer, 1998).

(14) 접촉의 이점(Benefits of touch)

AAT의 접촉에 의한 이점에 대한 연구보고는 매우 적은 편이다. Stanley는 텍사스에 있는 Trinity Mother Frances Health System에서 이와 관련된 연구를 수행하였다. 10명의 환자에서 AAT를 수행하기 전과 수행 후의 환자의 감정을 평가하였다. 환자들은 매일 5분 정도를 개를 쓰다듬고 안아주는 것에 의해 개와 상호반응을 하였다. 결과적으로 참여 환자들은 분노, 적대감, 긴장, 근심의 감소를 가져왔다.

(15) 통증의 감소 효과

동물매개치료의 적용이 통증을 겪는 환자들의 관심을 돌릴 수 있고 기분을 좋아지게 하며, 환자에게 편안함을 느끼게 하고, 결과적으로 통증의 경감에 의한 진통제 약물처치 필요성을 감소시킬 수 있다.

AAT에 의한 통증경감 효과는 수술 후 통증 환자 및 암환자 등과 같은 통증에 고통을 겪고 있는 환자들에게 진통효과로 유일하게 처방할 수 있는 화학 약물로부터 새로운 대안을 제시해줄 수 있으며, 결과적으로 약물처방을 줄여줌으로서 부작용 경감과 삶의 질(quality of life) 향상이라는 강한 긍적적 효과를 가져 올 수 있다. AAT의 통증관리 효과는 어린이에서 더욱 뚜렷하게 보여지는데 이는 일반적으로 어린이가 동물에 강한 호기심과 친화력을 가지고 있으며 유대감이나 반려감, 감정이입이 어른 보다 더 강하다는 점에서 유래하는 결과로 판단되어진다(Cole and Gawlinksi, 2000; Sobo *et al.*, 2006; Wilks, 1999). 즉, 어린이들은 동물들과의 강한 유대감과 반려감 때문에 AAT 치료도우미견과 함께 하는 시간 동안에 더 즐거워하고, 더 집중하면서 자신의 통증을 쉽게 잊을 수 있는 것으로 추정할 수 있다.

(16) 애정애착을 보이는 아동에서 효과 기전

엄마의 사랑에 대한 지나친 애정애착 증상을 보이는 내담자 아동은 치료도우미견과의 즐거운 활동 과정 동안에 스킨십이 증가 상호교감이 증가하여, 스트레스 감소와 긴장완화 및 사회적 동반감 향상과 사회성 확장의 효과를 얻을 수 있다.

동물매개치료는 대상자에게 치료도우미동물과의 건전한 애착 경험을 제공하고, 이러한 경험은 어머니에 대한 강한 애정애착 증상을 완화하고 주변 대상들에 애정을 분산시켜 다른 대상자들에 대한 사랑과 관심을 증가시키고, 발달된 사회적 유대를 확장시켜 내담자의 주요 증상을 개선할 수 있다.

2) 치료 공헌자로서 동물의 역할

동물매개중재 관련 문헌들에 의하면, 동물이 치료를 촉진하는 타고난 특성을 가지고 있다는 생각이 널리 퍼져 있다.

이런 관점에서는 동물이 중재도구로 있는 환경에서 상호반응이 촉진되고 다양한 이점을 유도할 수 있지만, 동물이 중재도구로 없는 환경에서는 불가능하거나, 효과를 얻기 어렵다고 정리될 수 있다.

동물이 치료 활동의 중재 도구로 함께 하는 것으로 불안과 각성의 감소, 사회적 중개, 애착의 경험을 통하여 대상자의 치료 목표를 달성하는 데 도움을 준다.

(1) 불안과 각성의 감소

동물과 함께하는 상호반응이나 동물의 존재가 사람에 안정된 효과들을 유도한다는 내용이 동물매개치료 관련 문헌에서 자주 인용되고 있다. 이런 현상에 대한 대중적인 설명 중 하나는 E. O. Wilson의 **자연친화설(biophilia hypothesis)**이다. 이 이론에 의하면 '**인간은 유전적으로 다른 살아있는 유기체들에 속하며, 자연적으로 서로 좋아하는 경향을 가지고 있다**'는 것이다(Kahn, 1997). Wilson은 '**생명과 살아 있는 현상들에 집중하려는 타고난 경향**'을 추가로 이야기 하고 있다(Gullone, 2000. 재인용).

자연친화설의 근거는 '**진화적 관점에서 인간들은 그들의 태도와 지식, 환경 단서들에 따라 생존의 기회가 증가된다**'는 것이다.

임상적으로 말하면, 대상자를 동시에 참여하고 안정시키는데 이 보다 더 좋은 공헌들을 상상하는 것은 어렵다(Melson 2001. 인용).

동물의 존재가 안정 효과와 각성의 감소 효과를 유도한다는 많은 문헌들이 있다(Bardil과 Hutchinson, 1997; Brickel, 1982; Friedmann 등, 1983; Mallon, 1994a, b; Mason과 Hagan, 1999; Reichert, 1998; Reimer, 1999).

(2) 사회적 중개

동물이 사람의 **사회적 상호반응의 매개체 또는 촉매**로서 역할을 할 수 있다는 것과 대상자와 동물매개심리상담사 사이의 라포 형성을 촉진한다는 관찰 내용이 동물매개치료 관련 문헌에서 자주 인용되고 있다.

임상가와 이론가들은 동물의 존재가 자연스런 주제를 제공하여 대화와 활동을 촉진한다고 추정하고 있다(Fine, 2000; Levinson, 1969).

(3) 애착 이론, 이행 대상, 사회적 요구

동물매개중재 문헌들에는 사람과 동물들 사이에 만들어진 **사랑의 유대감**에 관한 일화와 같은 이야기들이 많이 있다(Bardill과 Hutchinson, 1997; Harbolt와 Ward, 2001; Kale, 1992; Mallon, 1994b). 이러한 애착이 대상자의 치료 목표를 달성하는데 도움을 준다는 추정을 해볼 수 있다.

3) 인지와 행동 변화의 도구로서 동물의 역할

(1) 인지와 사회적 인지 이론

인지와 사회적 인지 이론은 사람의 인지들과 행동들 및 환경 사이에 연속적인 상호 관계가 있다는 믿음 위에 세워진다.

치료의 목표는 대상자의 자기 인식을 긍정적으로 변화시키는 것이다. 예를 들어 자기 존중, 자기 기대, 내재된 조절 등을 통해 그들의 행동을 변화시킬 수 있다. 학습과 변화가 관찰, 흉내, 지도, 함께 모이는 것을 통해서 일어난다(Allen, 2000; Lajoie, 2003).

대상자들이 관찰을 통하여 적절한 행동들을 배울 수 있다는 내용이 동물매개 중재 문헌들에서 많이 있다(Fine, 200; Rice 등, 1973; Taylor, 2001; Vidrine 등, 2002). Bandura 등(1961)에 의해 처음으로 이러한 개념은 **'modelling'**이라는 용어로 언급되었다.

동물매개중재의 다른 이점으로 동물은 사람들이 적절한 사회적 상호반응하는 것을 돕는다는 것이다.(Brooks, 2001; Nebbe, 1991).

동물들은 즐거운 자극에 반응하여 솔직하고 직선적이고, 즉각적인 반응에 의해 대상자의 사회적 행동에 feed-back을 제공하는데 도움을 준다.

(2) 역할 이론

역할 이론은 사회적 환경이 발달 과정을 형성하는 것을 강조하고 있으며, 사회적 인지 이론과 유사하다. 이러한 이론적 틀에서, 역할은 사회적으로 동의된 기능과 규범을 가진 일련의 행동들로 정의되어진다. (Biddle; Newman과 Newman, 1995.에서 인용). 이 이론에 따르면, **'새로운 역할을 맡은 사람은 그 역할이 기대하는 사람으로 변하게 된다'**는 것이다(Newman과 Newman, 1995).

4 동물매개치료 기법과 동물 중재의 역할

1) 치료도우미동물의 중재 기술과 중재의 예

동물을 중재의 도구로 활용하는 동물매개치료는 중재 기술로 다양한 기법들을 프로그램 활동에 활용하고 있다.

〈표 9-5〉은 치료의 측면으로서 동물매개중재에 관한 고찰로 치료도우미동물을 중재 도구로 활용하는 5가지 기술과 각각의 기술에 대한 대표 개념을 정리한 것이다.

〈표 9-6〉는 심리치료적 동물매개중재의 예를 미국 대학 교수인 Chandler에 의해 요약된 것이다. 심리치료 이론에 따라 동물매개치료를 분류하여 동물매개중재 기법과 효과를 분석하였다.

표 9-5. 치료의 측면으로서 동물매개중재에 관한 고찰 (O'Callaghan, 2008)

5가지 대표 기술		보고자에 의한 각 기술의 대표적 개념
1	동물매개심리상담사가 치료도우미동물과 함께 의뢰자의 관련된 내용들에 대하여 들어주고 이야기함.	치료 관계에 라포 형성
2	동물매개심리상담사가 의뢰자가 치료도우미동물을 귀여워 해주고 쓰다듬어 주는 활동을 통해 치료도우미동물과 상호반응을 하도록 함.	치료 관계에 라포 형성
3	치료도우미동물들의 가족 관계(품종, 혈통 등)를 의뢰자와 공유함.	치료 관계에 라포 형성
4	치료도우미동물들과 관련된 스토리를 의뢰자와 공유함.	치료 관계에 라포 형성
5	동물 이야기와 동물 주제의 은유물들을 동물매개심리상담사에 의해 의뢰자와 공유함.	통찰력 촉진

표 9-6. 심리치료적 동물매개중재의 예(Chandler 등에 의해 요약됨)

심리치료적이론	동물매개중재	동물매개중재 개념	케이스 설정
사람 - 중심적	동물매개심리상담사가 치료도우미동물과 의뢰자의 상호반응 동안 의뢰자가 치료도우미동물을 귀여워해주고 쓰다듬어 주는 활동을 하면서 의뢰자의 감정을 반영한다.	의뢰자의 안전감과 신뢰를 향상	상담사와 치료도우미견과 함께 중재활동을 한 후에, 여자 아이가 가지고 있던 방어벽을 낮추고 소년원의 교도관과 하는 초기 면담에 더 협조적이 되었다.
인지-행동학적	동물매개심리상담사는 의뢰자가 개와 함께 하는 훈련 기술 수행 활동을 할 수 있도록 촉진한다.	의뢰자의 불합리한 믿음들에 도전하고 좌절에 대한 인내력 향상 및 자기신뢰를 증가시킴	소년원에 한 남자 아이가 개를 훈련하여 기술 행동을 보이는 것을 여러 번 시도하면서 실패하여 쉽게 포기하고 자신이 할 수 없다고 좌절 상태에 있다. 자기와의 싸움 과정을 겪으면서 동물매개심리상담사의 도움을 받아 다시 훈련 활동을 시작하고 여러 번 시도 끝에 치료도우미견이 성공적으로 훈련된 기술을 보여준다.
행동학적	동물매개심리상담사는 의뢰자가 개와 함께 하는 복종훈련 활동을 촉진한다.	충격 조절, 행동 학습, 행동 조정, 일반화(개로부터 의뢰자 본인으로)에 관하여 의뢰자를 위한 경험 학습을 수행함.	소년원에 남자 아이 그룹이 유기견으로 아직 입양되지 않은 개들의 복종훈련 하는 법을 배운다. 이 과정에서 복종훈련을 통하여 새롭게 만들어진 개들이 안락사 대신에 좋은 가정으로 입양되는 과정을 알게 한다.
심리분석적	동물매개심리상담사는 의뢰자와 치료도우미견이 정해진 과제를 함께 수행하면서 상호반응을 통하여 의뢰자의 통찰력을 촉진한다.	의뢰자의 무의식적 불안감을 의식화하여 의뢰자가 풀 수 있도록 하여 무의식적 불안감을 해소시킴.	학교 상담교사에 의해 학업과 사회성 부적응으로 분류한 10살 남자 아이가 승마치료를 시작하고 같이 치료 프로그램을 받는 다른 또래 아이들에게 다르게 말이 자신에 대하여 불안해하고 예민한 것을 경험한다. 동물매개심리상담사는 의뢰자로부터 말이 의뢰자를 좋아하지 않아 그런 행동을 한다고 생각하는 것을 듣는다. 동물매개심리상담사는 의뢰자에게 다음 주에 활동을 하도록 해서 의뢰자가 말과 함께 하는 활동을 촉진해주도록 한다. 다음 주, 의뢰자는 말이 자신을 싫어하는 이유가 의뢰자가 자신을 좋아하지 않아서라고 주장한다. 이 과정을 통하여 의뢰자는 사람 통찰력에 관한 새로운 경험과 동물매개심리상담사 및 치료 그룹의 다른 사람들로부터 지지와 격려를 성취한다. 의뢰자는 이제 예민하지 않고 불안해하지 않는 치료도우미 말에 접근해서 상호반응을 할 수 있다.
게슈탈트(형태)적	동물매개심리상담사는 의뢰자가 치료도우미동물과 함께하는 과제를 달성하도록 촉진한다.	정상적인 삶을 방해하는 제한된 생각 양식, 기능화 되지 않은 의사소통과 상호반응, 자기 좌절의 개인적 생각들을 해결함.	의뢰자가 낮은 장애물을 넘는 활동을 하는 말과 함께 협동하여 활동을 수행한다. 이 활동의 규칙으로 의뢰자가 크게 말을 하지 말고, 말을 만지지 말아야 한다. 동물매개심리상담사가 지시할 때만, 서로 이야기할 수 있다. 과제의 성공 여부는 얼마나 의뢰자 그룹이 함께 존중하면서 진행되었는지와 초기 문제들을 해결하는 의뢰자의 능력에 달려있다.
문제 중심 브리프 치료	동물매개심리상담사는 승마치료를 포함하여 의뢰자의 치료 환경을 바꾼다.	치료환경의 형태들과 활동들을 제공하여 의뢰자의 성격 성장과 발달을 촉진한다.	수개월 동안 위축되고 활동이 저하된 소년원의 한 남자 아이가 승마치료에 참여한다. 참여 아이는 말을 접해본 경험이 이전에 없는 상태이다. 프로그램의 성공의 결과는 의뢰자가 그의 껍질을 깨고 나와서 자기 신뢰를 획득하는 것이다. 동물매개심리상담사와 또래 동료들에 의한 지지와 도움으로 그는 승마 치료 중 또래 그룹 아이들의 리더가 되는 것과 같은 성장을 경험한다.

2) 동물매개중재의 원칙과 치료도우미동물 중재 목표

동물을 중재의 도구로 활용하는 동물매개치료는 우수한 효과를 유도하는 것으로 잘 알려져 있으며, 이론적 근거들이 정리되어 제시되고 있다.

〈표 9-7〉는 Pichot와 Dolan에 의해 문제-중심 기반 치료와 동물매개중재의 원칙을 정리한 것이다.

동물매개치료 과정에서 치료도우미동물의 역할은 사회적 윤활제로서 활동, 감정의 촉매자, 선생님으로서 역할, 동물매개심리상담사와 의뢰자의 중간 연결체 역할을 한다〈표 9-8〉.

개 매개 놀이치료(canine assisted play therapy, CAPT)는 중재동물로 치료도우미견을 활용하는 동물매개치료로 치료의 목표로 애착/관계, 감정이입, 자기-조절, 문제-해결, 자기-효능을 두고 프로그램을 계획하여 수행할 수 있다〈표 9-9〉.

표 9-7. 문제-중심 기반 치료와 동물매개중재의 원칙(Pichot와 Dolan)

1	어떤 것이 작동하면 더 많이 그것을 수행한다.	치료도우미견과 함께 활동할 때, 누가 개를 좋아하고 누가 방문에 재미있어 하는지가 바로 나온다. 문제-중심 기반 치료를 위해 치료도우미견을 활용하는 동물매개심리상담사는 항상 이런 상황들을 인식하여야 한다. 또한, 원하는 상호반응이 가능한 시점에 의뢰자가 활동에 참여하도록 해야 한다.
2	어떤 것이 작동하지 않으면 다른 것을 수행한다.	중재도구로서 치료도우미견을 활용하는 것은 가치 있는 다른 어떤 것을 제공한다. 치료도우미견은 의뢰자와 동물매개심리상담사가 더욱 효과적인 다른 치료 방법을 제공할 수 있다.
3	작은 과정이 큰 변화를 유도한다.	치료도우미견과 전문가가 활동을 관찰할 때, 각각의 작은 활동이 더 해지면, 의뢰자에게 특별히 큰 변화를 가져올 수 있다.
4	해법이 문제와 필수적으로 직접 연결되지는 않는다.	이 접근법은 의뢰자의 문제들에 대한 해법은 자주 의뢰자로부터 문제된 것이 아니라는 것을 믿게 할 수 있다. 치료도우미견이 각 의뢰자에게 다른 방식으로 차이점을 만들 수 있다.
5	해법 개발을 위한 언어 요구들은 문제를 서술하는 데 필요한 것들과 다르다.	말하지 못하는 동물이기 때문에, 의뢰자는 치료도우미동물과 상호반응을 위해서 의사고통의 다른 방법을 사용하려 노력하여야 한다.
6	항상 문제가 일어나지는 않는다. 활용할 수 있는 예외들이 항상 있다.	문제-중심 치료는 의뢰자가 문제가 일어나지 않았던 시점으로 의뢰자의 생각을 변화시키는데 도움을 줄 수 있다. 의뢰자가 분석하지 못하는 문제의 해결을 위해 치료도우미동물이 이 기법을 통해 문제 해결을 촉진한다.

표 9-8. 동물매개치료 과정에서 치료도우미동물의 역할

역할 1	사회적 윤활제로서 활동
역할 2	감정의 촉매자
역할 3	선생님으로서 역할
역할 4	동물매개심리상담사와 의뢰자의 중간 연결체

표 9-9. 개 매개 놀이치료(canine assisted play therapy, CAPT)의 5가지 목표

애착/관계	어린이가 (기초적 신뢰에) 관심을 갖는 건강한 방법을 배운다.: 다른 사람들과 관계를 맺는 법; 건강한 애착 관계가 어떤 것이지; 치료도우미동물과 관계를 형성하는 법을 배우면서 사람들과 관계 형성으로 발달할 수 있다.
감정이입	적절한 관심 주는 법과 다른 사람들의 복지를 존중하는 방식으로 행동하고 고려하는 법을 어린이가 배운다. 어린이가 치료도우미견의 의사소통과 감정을 조율하는 것에 의해 감정이입을 발달시키는데 도움을 받는다.
자기-조절	어린이가 개에게 원하는 훈련을 하는 법을 배우는 과정이나, 개와 함께 놀이 활동을 하면서 어린이가 원하는 것을 개가 하지 않는 것을 경험하면서 인내를 갖기를 배운다.
문제-해결	개와 함께 하는 놀이 활동은 다양한 문제들을 해결하는데 적용될 수도 있다. 불안감소, 분노의 적절한 표현, 좌절에 대한 인내력 발달, 공격적 충동행동의 조절, 분잡성과 충동성의 감소, 동물 학대 예방, 상처에 작용하는 행동들의 극복 (예를 들어 거짓말, 도둑질), 곤강한 애착 증가, 전체적 조정 증가
자기-효능	의뢰인은 안전성과 자기 방어능, 자기능력감(개 훈련 과정을 통하여) 및 자신감을 발달할 수 있다.

Q&A

◉ 자연친화설이란?

• 사람은 자연의 일부이고 동물 또한 자연의 일부라, 양자 간에는 자연스러운 친화에 의한 유대감이 증대된다는 이론이다.

◉ 행복할 때 증가되는 호르몬은?

• 세르토닌, 도파민, 엔도르핀이 대표적인 행복 호르몬이다. 세로토닌은 자율신경과 호르몬균형을 조절해주는 신경전달 물질로 심신을 안정시켜주는 역할을 하는 호르몬이다. 도파민은 신경전달 물질로 쾌락과 행복감에 관련된 감정을 느끼게 해주는 호르몬이다.

◉ 스트레스를 받을 때 증가되는 호르몬은?

• 에피네프린 , 노르에피네프린, 코티졸이 대표적인 스트레스 받을 때 증가되는 호르몬이다. 코티졸은 부신(adrenal glands)에서 분비되며 스트레스에 맞서 뇌를 비롯한 장기가 정상 작동할 수 있도록 돕는 호르몬이다.

Tips 알아둡시다

◉ 카타르시스(catharsis)

• 개인이 표출하고 싶은 생각이나 비밀과 관련된 감정을 해소하는 과정을 의미하며, 어떤 심리치료적 접근에서도 소중히 여기는 핵심적인 치료요소이다.

◉ 자기효능감

• 자기 효능감(自己效能感, self-efficacy)은 어떤 상황에서 적절한 행동을 할 수 있다는 기대와 신념이다. 캐나다의 심리학자 앨버트 밴듀라(Albert Bandura)가 제시한 개념이다.

◉ 자아존중감

• 자아존중감(自我尊重感, self-esteem)이란 자신이 사랑받을 만한 가치가 있는 소중한 존재이고 어떤 성과를 이루어낼 만한 유능한 사람이라고 믿는 마음이다. 자아존중감이 있는 사람은 정체성을 제대로 확립할 수 있고, 정체성이 제대로 확립된 사람은 자아존중감을 가질 수 있다

단원학습정리

1. 동물매개치료는 다른 보완대체의학적 방법들 보다 효과가 우수하고 능동적이며, 자발적으로 유발된다.

2. 동물매개치료는 미술치료, 음악치료, 놀이치료, 식물 치유 등의 다른 보완대체의학적 방법과의 비교 실험에서 가장 우수한 효과를 보여주는 것으로 확인되고 있다.

3. 반려동물이 사람에게 줄 수 있는 7대 효과는 도구적 효과, 건강효과, 스트레스 감소와 대처기술 효과, 인지효과, 그리고 정서적 효과와 자아존중감과 자기 효능감의 향상 효과 및 카타르시스(catharsis) 효과이다.

4. 동물이 주는 동반감과 심리적 안정 효과는 대상자의 긴장을 완화시키고 스트레스를 감소시키며, 혈관의 이완을 유도하여 혈압 감소, 심박수 감소와 같은 의료적 이점을 유도하고 심리적 이점 또한 얻을 수 있다.

5. 동물과의 상호작용을 통해 수명 연장과 혈압의 감소, 혈중 지질의 감소 및 스트레스 감소, 행복 호르몬 엔도르핀의 증가, 스트레스 관련 지표 코티졸 호르몬의 감소 효과를 얻을 수 있다.

6. 동물과의 교감은 대상자의 스트레스를 감소시키고 이완반응을 유도하는데, 이러한 일련의 반응으로 의료적 이점과 심리적 안정감을 얻을 수 있다.

7. 동물매개치료에서 치료도우미동물은 대상자와 동물매개심리상담사 사이의 사회적 상호반응의 매개체 또는 촉매로서 역할을 하며 라포 형성을 촉진한다.

쉬어가기

동물화가 된 발달장애 신수성씨 이야기

발달장애 청년 신수성씨는 지난 2008년부터 해마다 100일 넘게 경기 용인의 에버랜드 동물원을 찾는다. 동물과 교감하며 사회성을 기르고 전공인 그림도 그리며 장애를 치유하기 위해서다.

에버랜드 연간회원인 그는 다양한 동물을 관찰하고 그림을 그리며 사육사들에게 궁금한 점을 묻고 배웠다. 동물을 대화의 상대이자 가족 같은 존재로 여기는 별난 청년에게 사육사들은 먼저 다가와 동물을 직접 만지게 하거나 설명해줬다. 청강문화산업대에서 그림을 전공해 날카로운 관찰력을 가진데다 워낙 자주 동물원을 찾다 보니 신씨는 동물의 건강상태까지 줄줄이 꿰 사육사에게 몸이 아픈 동물을 알려줘 치료하게 한 적도 있다.

신씨는 자칫 소외와 무관심으로 상처받을 수 있는 일반 사회와 다른 분위기에서 동물 · 사육사들과 교감 · 교류하며 자신감 · 소통능력을 키워갔다. 말 · 애견 · 돌고래 등 다양한 동물과 교감하며 사회성을 기르는 동물매개치료를 받은 셈이다.

신씨는 5년의 동물원 '출근' 끝에 지난 7월 전시회를 열어 동물화가(animalier)로 데뷔했다. 앵무새 · 펠리칸 · 사막여우 · 기린 등 직접 본 각양 각색의 동물들을 그린 작품들은 그의 맑고 순수한 시선과 생동감으로 호평을 받았다.

에버랜드는 동물원에 신씨의 그림을 전시하는 방안도 추진하기로 했다. 권수완 동물원장은 "신군이 앞으로도 동물과 접촉을 늘리고 사육사들과 교류도 활발하게 해 정서와 감성이 풍부해지는 데 도움이 됐으면 한다"며 "그림에 대한 소질을 늘려 동물전문화가로 발돋움할 수 있도록 뒷받침하겠다"고 말했다.

한편 신씨의 어머니는 에버랜드에 여러 통의 감사 편지를 보냈다. 전시회 뒤 보낸 편지에서 어머니는 "제 아들에게 동물은 친구처럼, 때로는 보살펴야 하는 동생과 같은 존재로 다가왔을 것입니다.일반 사회에서는 제 아들이 눈에 띄지도 않고 어떨 때는 무시당할 경우도, 귀찮은 존재로 보이기도 하는데 사육사님들 한 분 한 분이 정말로 따뜻하게 대해주셨습니다. 그야말로 동물원은 아들에게 사회성을 접하게 해준 곳입니다" 라며 고마움을 전했다.

동물원 동물이 주는 동물매개치료는 수동적 동물매개치료로 관람을 통해 야생동물을 보며 심리적 안정감을 찾고 지식의 습득을 가져올 수 있다. 어린 야생동물 돌보기 체험 등의 프로그램을 접목 시 능동적 동물매개치료도 가능하다.

[출처] 서울경제. 2012. 10. 4

CHAPTER 10

동물매개치료의 적용 분야

Fields of Animal Assisted Therapy

Ⅰ. 심리상담 영역

Ⅱ. 병원 입원 환자의 치료와 간호

Ⅲ. 특수 동물의 활용

Ⅳ. 동물매개교육

Ⅴ. 통합 치료

상담 영역에서의 동물매개치료는 이미 정신분석학 분야에서 저명한 프로이드(지그문트 프로이트)가 그의 애견 차우차우 종인 '조피'와 함께 심리상담을 실시하면서 상담에서 보조치료사로서 개의 역할은 잘 알려져 있다. 조피는 치료 세션을 진행할 때, 가만히 앉아 있는 것만으로 상담치료에 도움을 주는 것을 프로이트 박사가 알게 되었다. 조피가 치료실 안의 긴장 분위기를 감소시키고 환자들은 쉽게 마음을 열고 상담을 하는 것이었다.

Ⅰ. 심리상담 영역

학습목표

1. 상담 영역에서 동물매개치료 역할을 이해할 수 있다.
2. 동물매개치료-상담의 고려 사항들을 이해할 수 있다.

1 상담 영역에서 동물매개치료 역할

1) 상담 영역에서의 동물매개치료 활용과 이점

'동물매개치료-상담(animal assisted therapy in counselling, AAT-C)'은 상담 과정에 치료의 중재도구로서 치료도우미동물들을 도입하여 상담의 효과를 높이는 것을 말한다. 이는 동물매개중재(animal assisted intervention, AAI)의 한 부분인 동물매개치료(animal assisted therapy, AAT)의 한 형태라 할 수 있다.

(1) 프로이드 박사와 애견 '조피'

상담 영역에서의 동물매개치료는 이미 정신분석학 분야에서 저명한 프로이드(지그문트 프로이트)가 〈그림 10-1〉과 같이 그의 애견 차우차우 종인 '조피'와 함께 심리상담을 실시하면서 상담에서 보조치료사로서 개의 역할은 잘 알려져 있다.

조피는 치료 세션을 진행할 때, 가만히 앉아 있는 것만으로 상담치료에 도움을 주는 것을 프로이트 박사가 알게 되었다. 조피가 치료실 안의 긴장 분위기를 감소시키고 환자들은 쉽게 마음을 열고 상담을 하는 것이었다. 특히 환자가 어린이나 청소년인 경우에 더 효과가 좋았다. 환자에게 조피는 섣불리 판단하지 않고 집중하며 조용히 관찰해주는 존재였다. 조피는 또한 환자들의 정신 상태를 알아채는 능력을 가지고 있었다. 환자가 불안을 가지고 있는 정도에 따라서 조피는 환자로부터 거리를 두고 앉았다. 환자가 우울하면 조금 더 가까이 다가앉아 환자들이 조피를 쓰다듬거나 귀여워해주는 활동을 할 수 있게 하였다. 조피는 또한 시간을 잘 체크하여 50분마다 하품을 하고 문 쪽으로 걸어갔다. 이와 같이 프로이드 박사는 상담 영역에서 치료도우미동물의 활용이 치료 효과를 높이는 것을 확인하고 상담의 한 분야로 동물매개치료를 병합하여 즐겨 수행하였다.

그림 10-1. 프로이드 박사와 애견 '조피'

(2) 상담 영역에서 동물매개치료의 이점

동물매개중재(animal assisted intervention, AAI)는 상담 영역의 연구 문헌들에서 상대적으로 연구가 부족한 분야이지만 일부 저자들(Reichert, 1998; Wesley, Minatrea, & Watson, 2009)은 동물매개치료가 **치료동맹(therapeutic alliance)**을 유도한다는 긍정적 요소를 가지고 있다고 보고하고 있다.

Fine(2006)은 **'심리치료에 동물매개치료 구성요소를 병합하는 것이 상담사가 빠르게 치료동맹(therapeutic alliance)을 유도할 수 있다'**고 제안하였다. Chandler(2005)는 **'치료도우미견이 내담자 client와 상담사 사이에 신뢰 관계인 라포(rapport) 형성을 돕는다'**고 하였다.

Wesley 등(2009)은 회기 과정 동안에 치료도우미동물이 없는 내담자 그룹과 치료도우미동물이 있는 내담자 그룹을 비교한 연구 결과 **치료도우미동물은 내담자에게 치료동맹**

(therapeutic alliance)의 질(quality)에 대한 인지도를 높여주는 것을 확인하였다. 치료동맹(therapeutic alliance)의 질(quality)을 고려하는 것은 상담 처리의 성공에 가장 강한 예측 요소이다(Barber).

Harvath와 Symonds(1991)에 따르면 '좋은 도움을 주는 관계' 또는 '치료동맹(therapeutic alliance)'이라는 것은 상호연관, 존중, 라포 형성, 신뢰, 호의, 수용 및 협동에 의해 특징되어진다. **치료 과정에 치료도우미동물을 활용하는 것은 치료 과정에 활성을 주는 신뢰, 호의, 수용 형성에 도움을 준다**(Reichert, 1998).

Reichert(1998)에 의하면 치료도우미동물의 따뜻하고 대상자를 판단하여 차별하지 않는 특성이 내담자가 더 편한 신뢰를 갖도록 돕고 상담 과정 동안에 자신의 비밀을 쉽게 털어놓도록 도와준다.

추가로 Reichert(1998)는 **치료도우미동물이 자주 내담자를 위한 '중간대상' 또는 '이행대상(transitional object)'으로 작동**한다는 것을 관찰하였다. 내담자는 자신의 감정을 상담사에게 직접 이야기하는 대신에 동물을 통하여 보다 쉽게 전달할 수 있다. 이런 방법으로 **치료도우미동물은 내담자와 치료사 사이에 벌어져 있는 관계를 연결해 주는 다리(bridge) 역할**을 할 수 있다.

George(1988)는 상담 치료 과정에 치료도우미동물이 도입되는 경우에 **내담자가 치료도우미동물과 신체 접촉을 통하여 자신을 표현하는 것을 보다 쉽게 하는 법을 터득**하게 되면서 **치료 과정에 언어의 필요가 줄어드는 것**을 관찰하였다. 이러한 상호반응은 **내담자와 상담사가 고통스럽거나 또는 감정적인 주제들에 관하여 의사소통하기 위한 가까이 접근하는 길을 제공**할 수 있다.

Chandler(2005)에 따르면, 동물매개치료 기법들이 다양한 치료기법과 다른 프로그램과 병합될 수 있다. 또한 동물매개치료 기법들은 또한 다양한 중재 활동들에서 치료 관계의 긍정성 형성에 크게 도움이 될 수 있다고 하였다. **동물매개치료는 상담영역에서 다른 치료적 접근들에 통합치료로서 유용성이 높고 치료동맹에 긍정적 영향을 유발하여 치료를 위한 다양한 접근을 제공 가능하게 하여 내담자의 치유에 크게 도움을 준다.**

2) 동물매개치료-상담(AAT-C)의 정의

'동물매개치료-상담(animal assisted therapy in counselling, AAT-C)'은 상담 과정에 치료 매체로서 치료도우미동물들의 협동으로 정의되어진다. 따라서 상담사들이 치료 과정의 부분으로서 목표 지향적인 중재활동으로서 인간과 동물의 유대(human-animal bond)를 이용하는 것이 동물매개치료-상담이라 할 수 있다(Chandler, 2005).

상담사들은 다양한 방법들로 상담 회기 동안에 동물매개치료-상담을 통합할 수 있다. 또한 상담사들은 동물매개치료-상담(AAT-C)을 다양한 일상의 상담 활동 세팅들에 적용할 수 있다(Chandler, 2005).

동물매개치료-상담(AAT-C)은 인간과 동물의 상호반응의 일상 적용과 관련된 전문 기술들을 소유한 동물매개심리상담사, 의료진 또는 상담 전문가에 의해 과정이 도입되어 감독될 수 있다(Delta Society, 2010).

다른 치료 세팅들(예를 들어 치료도우미견 팀이 병원이나 학교 또는 노인 돌봄 센터 등을 방문하는 세팅)에서 비록 훈련과 평가 기준이 자주 치료도우미견과 활동 보조사 팀에 비슷하게 적용되지만, 동물매개치료-상담(AAT-C)은 내담자의 치료 과정의 부분으로서 정신건강 전문가의 도움을 받아 집중적인 중재 활동을 포함한다.

2 동물매개치료-상담의 고려 사항들

1) 치료도우미동물의 훈련과 평가

Chandler(2005)는 상담사가 자신의 애완동물을 치료도우미동물로 활용하는 것이 이상적인지에 대하여 검토하여 정리하였다. 상담사의 애완동물과 내담자가 유대감과 친숙함을 가지게 하기 위해서는 내담자가 그 동물의 행동과 다양한 상황에 대한 반응들에 대하여 이해하고 예측 가능해야 하기 때문이다.

Chandler(2005)가 개인의 애완동물과 치료도우미동물 사이에 구분을 하는 것을 언급한 것은 매우 중요한 부분이다. 이 부분은 매우 중요한데, **개인의 애완동물이 항상 치료 세팅에 작동하는 것은 아니라는 점을 알려주는 것이다.** 어떤 동물을 한 개인이나 가족의 애완동물로 만드는 특성들과 품질들은 하나의 상담 세팅에서 필수적이지만 그것만으로 충분하지는 않다.

Chandler(2005)는 **상담 세팅에 작동하는데 적합하도록 치료도우미동물과 활동 보조사인 펫파트너 둘 다에게 특별한 훈련과 평가를 수행하는 활동은 필수적**이라고 단언하였다.

동물매개치료-상담(AAT-C) 세팅에서 활동하기 위하여 동물을 훈련해야하는 항목에는 **적절한 사회화와 만지는 것에 둔감해지고, 기초 복종**이 되도록 하는 것이 요구된다(Chandler, 2005).

치료도우미동물과 활동 보조자인 펫파트너에 의해 이러한 기술들이 습득되면 내담자와 치료도우미동물, 펫파트너에게 안전하고 건강한 상호반응 경험을 보장한다.

훈련의 장소와 질(quality)의 적합성을 위한 기준을 따르기 위해서는 능력 있는 치료도우미동물과 동물매개심리상담사가 표준화된 평가 과정을 가진 공인된 치료도우미동물 단체에 의해서 평가되어지고 등록되어져야 하는 것이 필수적이다.

Chandler(2005)에 의해 구상된 것들로 다음과 같은 기관들의 평가 기준들이 포함된다.

- American Kennel Club (AKC)의 Canine Good Citizen (CGC) test
- Therapy Dogs International's (TDI) test – the Tuskegee PUPS behavior test
- Delta Society (현재 Pet Partners) – Pet Partner's Evaluation

Chandler(2005)는 가장 엄격한 평가로 Delta Society – Pet Partner's Evaluation을 꼽고 있다. Delta Society – Pet Partner's Evaluation은 핸들러 교육과 더불어 핸들러와 애완동물 사이의 활동 관계 평가 둘 다를 포함하기 때문에 특성이 있다.

Delta Society(현재 Pet Partners)는 개 이외의 고양이, 농장동물, 소동물, 새 등과 같은 다양한 동물들을 위한 평가와 인증들을 제공하고 있다.

Delta Society와 TDI 둘 다 정규 멤버십을 새로 등록하기 위해서 동물–핸들러 팀을 등록하기를 요구한다. 요구 조건으로는 팀의 훈련 정도를 정기적인 재평가뿐만 아니라 적절한 수의학적인 돌봄을 유지하는 것이 요구된다. 이러한 점은 동물–핸들러 팀이 등록되어야 될 뿐만 아니라, 동물의 돌봄과 훈련 정도가 일정하게 유지되어야 하는 것이 필요한 것을 말하고 있다.

한국에서는 한국동물매개심리치료학회가 치료도우미동물과 펫파트너 인증을 하고 있다. 한국동물매개심리치료학회에서는 치료도우미동물의 사회성, 수의학적 관리, 적합성을 평가하여 치료도우미동물 인증을 하고 있으며, 동물 보호자와 후보 동물 간의 유대 관계와 복종 정도를 평가하여 보호자 핸들러에게 펫파트너 자격 인증을 하고 있다.

2) 다문화 관련

동물과 사람 간의 관계들은 사람이 살고 있는 사회에 형성된 문화와 관련하여 전형적인 유의성을 갖고 있다(Fine, 2006). 추가로 치료동맹의 질(quality)은 내담자의 배경에도 불구하고 상담 과정에 내담자 경험에 중요한 요소이다.

동물매개치료–상담(AAT–C)이 다양한 범위의 배경을 가진 내담자를 위해 궁극적인 요소를 제공할지라도 상담사는 인간과 동물의 상호반응을 고려할 때 개별적으로 상담사는 동물매개치료–상담(AAT–C) 기법들은 적용하는 것으로 결정하기 전에 동물과 상호반응에 관한 **내담자의 개인적인 견해와 문화적 차이에 대하여 이해해고 내담자의 문화적 가치관들을 고려하여야만 한다.**

3) 윤리적 고려 사항들

내담자와 임상 활동을 할 때 표준 윤리 적용과 관련된 모든 문제들이 동물매개치료-상담(AAT-C) 기법들에 반영되어 적용되어야 한다. 일부 문제들은 특히 이 주제에 적합한지가 고려될 필요가 있다. 그러한 문제들은 상담사 능력과 위해(risk) 위험을 포함하고 있다. 상담사 능력의 문제는 내담자와 동물을 위한 안전한 치료 세션을 제공하는데 필수적인 중요한 고려 사항이다.

공인 치료도우미동물 단체인 한국동물매개심리치료학회에 등록을 하는 것이 필요하며 적절한 펫파트너 훈련과 교육을 위한 최소의 기준을 문서화 하고 정규화 하는 한 방법이다.

동물복지 및 동물보호는 동물매개치료-상담(AAT-C)에 포함되어져야할 추가적인 윤리적 고려 사항들 중의 하나이다. **상담 세팅에 동물매개치료-상담(AAT-C)을 활용하기를 원하는 상담사는 치료도우미동물의 피로, 동물의 스트레스 표시에 대한 반응 뿐 아니라 치료도우미동물의 복지를 고려하여야 한다.**

치료도우미동물 단체인 한국동물매개심리치료학회에서는 동물복지 가이드라인을 제시하고 있다. 이러한 가이드라인에 따라 치료도우미동물에 어느 정도의 편안함을 제공하도록 규정들이 또한 마련되어져야 한다.

내담자에게 위해를 가할 수 있는 위험 요소는 상담에 동물매개치료-상담(AAT-C) 기법을 병합할 때 특히 검토되어져야 한다. 엄격한 훈련과 평가를 거치더라도 동물과 함께 활동하는 것은 우발적으로 동물이 발톱으로 긁거나 이전에 몰랐던 알레르기가 일어나는 것과 같은 위험들이 발생할 수 있다. 상담사가 동물매개치료-상담(AAT-C)을 치료 세션에 병합하기 전에 각 내담자와 검토하고 그러한 위험들을 추가적인 알림을 동의서와 같은 문서에 분명히 명시되어야만 한다.

동의서에 있는 알림 내용들은 예상치 못하는 위해를 포함하여 인간과 동물의 상호반응 동안에 일어날 수 있는 잠재적 위험에 관련된 부분들을 포함하여야 한다. 그리고 상담 과정에 동물은 포함하기 위하여 주의점들과 요구 사항들이 명시되어져야 한다.

적절한 훈련과 교육을 수행할 때, 동물매개치료-상담(AAT-C)은 긍정적인 치료동맹의 발달을 촉진하다(Fine, 2006).

그러나 치료도우미견이 성공적으로 표준 평가를 통과하더라도 상담 과정에 치료도우미견을 도입하는 것은 모든 내담자에 항상 적합한 것은 아니다.

동물매개치료-상담(AAT-C)에 적합하지 않은 상황의 예들로는 동물에 극심한 공포를 가지고 있는 내담자, 동물 알레르기를 가지고 있는 내담자 등을 들 수 있다(Chandler, 2005).

동물매개치료-상담(AAT-C) 기법들의 병합이 광범위한 임상 세팅들에서 내담자들에게 이로운 강점을 가지고 있지만 상담사들의 상담 세션에 치료도우미동물을 도입할지는 내담자 각자 기반으로 결정해야 한다.

4) 임상 적용

앞서 설명한 것처럼 임상 상담 현장에서 치료도우미동물을 활용하기 위해서는 특정의 교육, 훈련이나 전문 지식을 갖춘 능력 있는 동물매개심리상담사와 치료도우미동물이 요구된다.

상담 세팅에서 활동을 준비할 때, 동물매개심리상담사와 치료도우미동물 팀은 상담 장소에 치료도우미동물 도입을 계획하면서 다양한 임상에 고려 사항들을 따라야 한다.

특별한 임상 고려 사항들은 각 장소와 동물매개치료 팀에 따라 다양하게 달라질 수 있지만 동물매개치료를 도입하는데 고려해야할 공통적인 주요 고려 사항들이 있다.

이러한 고려 사항들의 일부는 다음과 같다.
① 동물복지 및 동물보호 고려 사항들
② 위험 관리 고려 사항들
③ 치료도우미동물과 활동 공간을 공유하는 다른 사람들에 대한 고려들

(1) 동물복지 및 동물보호 고려 사항 측면

상담사들은 치료도우미동물 단체인 한국동물매개심리치료학회에서 제시하는 동물 보호 가이드라인에 따라 안락한 사육 공간을 마련하여야 한다. 탈진이나 지치는 것을 막을 수 있는 동물복지적인 안락한 환경이 상담 현장에 상대적으로 용이하게 만들어질 수 있다. 예를 들면 Chandler(2005)는 간단히 가질 수 있는 스크린, 큰 배변 상자, 애완동물용 쿠션이 있는 조용한 코너, 물 그릇 등이 치료도우미견의 휴식을 취할 수 있도록 마련되어져야 한다고 말한다.

상담사는 상담 세션과 다음 세션 중간에 필요에 따라서 치료도우미견이 목욕 시간을 갖고 휴식을 취할 수 있는 정도의 충분한 휴식을 마련해야 한다.

(2) 위험 관리 고려 사항 측면

상담사는 상세한 알림 내용들을 고지하고 사전 고지한 위험 요소를 면책 받을 수 있는 동의서를 받을 뿐만 아니라 가능하다면 법률 팀의 상담을 받도록 한다.

동물매개치료의 이점에 더불어 내담자들은 동물과 함께하는 상호반응의 활동 중 야기될 수 있는 위험들에 대하여 미리 고지되어 주의 사항들을 알고 있어야 한다.

동물로부터 사람에 감염될 수 있는 인수공통감염병의 위험을 감소시키기 위해서는 상담사들은 매일 치료도우미동물의 이빨을 닦아 주고, 매 주 목욕시키고 발톱을 다듬어 주는 등

의 위생적 관리가 요구되어진다(Delta Society; 현재 Pet Partners, 2010).

더욱이 **동물매개치료-상담(AAT-C)을 수행하려는 상담사들은 위험 관리와 위생적인 적용을 위해서 지역 수의사 단체들과 훈련 단체들과 협력 체계를 갖추어야 한다.**

(3) 치료도우미동물과 활동 공간을 공유하는 다른 사람들에 대한 고려들

치료도우미동물과 함께 공간을 공유하는 시간들에 대한 고려 사항들이 있다.

치료도우미동물을 항상 돌봐줘야 되기 때문에 목욕 시간이나 상담 중에 동물을 거부하는 내담자의 경우 등을 대비하여 안전하게 가두어둘 이동장을 마련하는 것이 좋다. 동물매개심리상담사가 잠깐 자리를 비우는 상황에서도 이동장 준비와 같은 방법으로 다른 스텝들에 맡겨야 될 치료도우미동물의 돌봄과 감시 책임을 덜어줄 수 있다. 또한 동물매개심리상담사가 회기 활동 중에 인간과 동물의 상호반응 모두를 직접 감독할 수 있게 해준다.

추가적으로 동물매개심리상담사는 활동 중간에 치료도우미동물을 도입하는 것에 대하여 스텝들의 염려에 대한 이해를 구하고 논리적인 설명을 해줄 수 있어야 하며 활동 과정의 흐름을 긴장하고 민감하게 파악해야 한다.

동물매개치료를 도입하는 것을 결정한 단체나 세팅에서 스텝들의 염려가 있더라도 Delta Society(현재 Pet Partners, 2010)의 보고에 따르면 동물이 있는 것에 대한 염려를 가지고 있는 스텝들이나 방문객들이 상호 반응할 때 **평가되고 증빙된 성품을 가지고 잘 미용되고 잘 훈련된 동물**과 함께하게 되는 경우에 동물에 대한 걱정을 쉽게 극복하게 된다.

Delta Society(현재 Pet Partners, 2009)에서 보고한 바로는 **단체 상담 세팅에 치료도우미견의 존재가 내담자나 환자뿐만 아니라 스텝들과 방문객들 또한 건강에 좋은 효과를 유도할 수 있다.**

적절한 교육과 훈련을 가지고 임상 적용을 하면 **동물매개치료-상담(AAT-C)은 긍정적인 방법으로 다양한 내담자들에게 치료 효과를 유도할 수 있는 힘을 가지고 있다.**

내담자와 함께하는 상담 세션에 동물매개치료를 병합하려고 결정할 때, 동물매개치료-상담(AAT-C) 관련 개념들을 이해하는 것이 중요하다.

공인된 치료도우미동물 단체인 한국동물매개심리치료학회에 의해 평가를 통하여 적절한 훈련, 감동된 경험이 인간과 동물 훈련과 교육의 질을 위한 지준을 확립하는데 필수적이다. 그런 준비와 평가는 안전하고 긍정적인 치료 효과 경험을 확보하기 위해 중요한 단계이다.

동물매개치료-상담(AAT-C)을 병합하기로 결정하는 것은 상담사가 각 내담자를 개별 분석한 자료에 근거하여 판단되어져야 한다. 상담사들은 상담에 동물들을 활용하여 진행하기 위하여 고려 사항들은 점검하고 내담자들에게도 미리 주의 사항들을 공지하여 알려주어야 한다.

II. 병원 입원 환자의 치료와 간호

학습목표

1. 병원 입원 환자에 대한 동물매개치료를 이해할 수 있다.
2. 동물활용치료의 역사적 고찰에 대해 알 수 있다.
3. 동물활용치료의 이점을 이해할 수 있다.

1 병원 입원 환자에 대한 동물매개치료

동물활용치료(animal-facilitated therapy, AFT)은 간호 영역에서 이루어지는 동물매개중재(animal assisted intervention, AAI)를 부르는 명칭으로 환자의 치료와 간호를 위하여 동물을 활용하여 동물매개치료(animal assisted therapy, AAT)와 동물매개활동(animal assisted activity, AAT)을 수행하는 것을 말한다.

간호 영역에서 애완동물을 활용한 치료의 이용은 동물활용치료(animal-facilitated therapy, AFT)로 알려져 있다. 동물활용치료(animal-facilitated therapy)는 동물매개활동과 동물매개치료를 모두 포함하는 용어이다. 동물활용치료(animal-facilitated therapy)는 1800년대부터 존재하였다. Florence Nightingale은 동물을 활용한 치료인 동물매개치료에 대하여 실질적인 발견을 하였다. 나이팅게일은 동물들이 환자들의 좋은 동반자 역할을 한다고 추천하였다.

과거의 발견들과 나이팅게일의 주장 이후로 최근에는 간호의 전문 영역으로 치료적 중재활동에 동물을 이용하는 프로그램들이 적용되고 있다. 예를 들어 이러한 프로그램에는 개를 활용하여 환자의 감정, 정신 및 신체 건강을 돕는데 활용한다.

치료도우미견의 이점들에는 외로움, 스트레스, 혈압 및 심박수 감소 효과 등과 같은 환자의 치료에 도움이 되는 효과들이 있다.

동물매개치료는 환자를 통합적으로 치료하는 것을 돕기 위하여 적용되며 주로 활용되는

동물은 개를 주로 활용한다. 개들은 환자들을 매혹시키고 삶을 충만하게 하며 놀라운 효과를 유도한다.

간호 방식과 의료 건강관리 분야에서 동물활용치료 AFT에 대한 연구 결과들이 지속적으로 보고되고 있다.

1) 간호 영역에서 유의성

병원 병동에 치료도우미견이 오게 되면 대다수의 환자와 스텝들이 흥미로 웃음과 일련의 효과가 유발된다.

Souter와 Miller에 의하면 동물매개치료는 우울에 긍정적 효과를 유도하는 것으로 연구 논문들을 분석하여 보고하였다.

치료도우미견에 대한 비판적인 시각으로는 동물이 사람에 질병을 옮길 수 있고 개가 물거나 할퀴는 위험에 대하여 염려한다.

병동의 간호 영역에서 동물을 환자의 치료 목적으로 활용하는 것을 보완대체의학 치료로 분류한다. 보완의학은 전체 시스템의 영역에 기반하고 있다. 그러한 믿음을 사람들은 신체 그 자체 이상으로 정신, 감정 및 의지와 같은 많은 구성 요소들로 구성된다는 것이다.

이러한 요소들은 서로 상호작용하고 생명의 임의 부분이다. 많은 보완대체의학 치료는 동양 의학에서 유래되고 서양 문화와 병합되어 왔다. 동물매개치료는 불편이나 아픔을 가진 환자들을 돕는 간호 영역에서 사용되는 새로운 보완의학대체의학 치료 중 하나이다.

2) 동물활용치료(animal-facilitated therapy)란 무엇인가?

동물활용치료(animal-facilitated therapy)는 감정의 지원을 제공할 목적으로 동물을 활용하는 활동을 포함하고 있다. 개, 고양이, 기니피그, 토끼, 말 등이 환자를 위해 활용될 수 있는 동물들의 종류이다. 이 중에 가장 많이 활용되는 동물은 개다.

치료도우미견은 엄격히 훈련되고 평가하여 특정 명령에 따르고 좋은 행동들을 가지도록 한다. 치료도우미견들은 '앉아, 기다려, 엎드려, 이리와' 명령어를 알아야 한다. 충분한 훈련이 되면 자격을 갖춘 도우미동물 평가사에 의해 평가를 받아 통과된 개만이 치료도우미견으로 활용될 수 있다. 치료도우미견은 인증 받기 위하여 일련의 명령어들과 과제들로 구성된 평가를 통과하여야 한다.

치료도우미견은 정신, 생각, 행동 양식을 개선하기 위하여 치료 프로그램으로서 의료 팀에 의해 활용될 수 있다. 치료도우미견은 환자의 사회적, 정신적, 행동 양식을 개선을 돕는다.

치료도우미견이 등록되기 위해서는 **적절한 예방 접종과 수의학적 처치**가 필히 이루어져야만 한다. 문서적인 준비가 모두 마무리되면 치료도우미견이 임상 현장에 도입될 수 있다. 몇 가지 규칙과 가이드라인을 동물매개심리상담사는 준수하여야 한다. 예를 들면, **활동 나가기 전에 24시 안에 치료도우미견의 목욕을 시키고 이를 닦이고 발톱을 깎고 귀청소를 해준다.** 이러한 규칙은 치료도우미견이 활동을 하기에 적절한 위생 상태를 만들어 준다. 다른 여러 규칙들 또한 준수되어야 한다.

3) 병원 환자에 대한 동물매개활동과 동물매개치료

동물매개활동과 동물매개치료는 목표와 완성도에 따라 구분될 수 있다. Delta Society(현재 Pet Partners)에서는 동물매개활동은 '애완동물이 사람들을 방문하여 만남과 소개 활동을 하는 것'으로 정의한다. 치료 프로그램이 특정 환자나 의학적 상태에 초점을 맞추고 있는 것과 다르게 동물매개활동은 많은 사람들과 반복하여 활동이 이루어질 수 있다.

반면에 **동물매개치료는 '의료 또는 목적에 맞는 전문가의 관점에서 계획된 치료 목적 지향적인 중재 프로그램을 수행하는 것'**으로 정의될 수 있다. 동물매개치료는 환자의 신체, 사회, 감정, 인지 기능 등의 개선을 목적으로 계획되어진다. 따라서 동물매개치료가 중재 프로그램으로 수행되면 환자의 치료 효과가 모니터링 되고 진행 과정이 체크되어 문서화되어야 한다.

동물매개활동과 동물매개치료 둘 다 환자의 건강에 이로운 긍정적 효과를 유발할 수 있다.

4) 동물활용 치료의 이론적 기반

동물활용치료(animal-facilitated therapy)는 환자의 정신, 신체 및 마음을 위한 치료적 중재를 유도한다. 동물이 사람과 상호 반응할 때, 사람의 마음은 그 순간에 점유된다. 환자는 기억을 회상하거나 미래를 꿈꿔볼 수 있다. 환자는 자신의 고통, 슬픔, 아픔, 질병을 잊고 마음, 신체, 정신을 현재 활동하는 동물과 함께 즐거운 상호 작용의 순간에 있도록 도와준다. 동물과의 접촉은 신체 이완을 돕고 엔도르핀 분비를 증가시킨다. 사람의 정신은 자신의 마음과 신체를 평온한 상태로 확립하도록 상호작용할 수 있다. 동물활용치료 AFT는 환자를 위한 치료 환경을 만들고, 통합적이고 인본적인 관점을 포함한다.

환자가 자신의 애완 고양이들을 돌보기 위하여 집에 있고 싶어 해서 불안하고 화를 낸다면 그 환자에게 그 상태를 치유할 약은 존재하지 않는다. 대체 방법으로 반려동물이 병실에 방문하여 환자의 마음이 편해지도록 동물매개치료를 받도록 의료진이 허락하는 것이다. 동물활용치료 AFT는 의료진들이 그들의 환자들을 이롭게 할 수 있는 여러 방법들 중의 하나이다.

간호는 환자, 환경, 건강 및 간호 4개 개념으로 나누어 볼 수 있다. 이러한 간호의 4 개념은 마음, 신체 및 정신과 상호 연결하는 능력이 간호의 통합적 방법이고, 동물활용치료 AFT는 통합적 간호를 제공한다.

2 동물활용치료의 역사적 고찰

1) 환자의 치료와 간호에 동물의 활용 역사

첫 동물을 활용한 치료적 이용에 대한 기록은 9세기 벨기에에서 장애인들을 위해 동물을 활용한 치료가 기록되어 있다. 환자들에게 농장동물을 돌보는 과제들을 제공하였다.

1700년대에 영국에 York Retreat 병원이 동물을 이용한 치료 기록이 있다. 당시 이러한 적용은 전형적인 정신병원 시설에서는 이루어지지 않았다. 1700년대 동안 많은 병원 병동들이 정신질환 환자들이 입원하여 죽을 때까지 입원시키곤 하였다. York Retreat 병원은 William Tuke에 의해 설립되었고 정신질환 환자들을 돌보는 시설이었다. William Tuke는 환자들을 위한 많은 실험적인 중재들을 도입하여 적용하였다. York Retreat 병원은 환자들이 자신들의 옷을 입고 읽고 쓸 수 있도록 허용하였다. 환자들은 토끼나 새들과 같은 동물들과 함께 마당에서 놀거나 산책을 할 수 있었다. 이러한 활동이 환자들에게 좋은 효과들을 유도하였는데 환자들은 즐거워하고 다른 사람들과 대화가 늘어나며 사회성이 증가되고 좋은 생각들을 많이 하게 되는 경향이 있었다.

나중에, 독일에서 간질 환자를 돌보기 위하여 양, 말, 원숭이들과 같은 농장동물을 활용하였다. 이러한 중재 활동은 기존의 병원들과 같이 갇혀있는 교도소 형태의 환경이 아닌 더 즐거운 환경을 만들 수 있었다. 여성 환자들은 동물들과 즐겁게 기뻐하고 남성 환자들은 개와 고양이에게 그들의 슬픔을 쏟아내는 경향이 있는 것으로 보고되고 있다. 동물들이 환자들에게 강한 긍정적 이점들을 주기위하여 이용되어진 것으로 보고되고 있다.

간호 분야에 동물활용치료 AFT의 첫 사용은 Florence Nightingale이라 할 수 있다. 그녀의 저술에 따르면 환자의 간호와 회복에 동물 활용의 이점을 권장하고 있다. 그녀는 환자, 특히 장기입원 환자에게 작은 애완동물이 우수한 동반감을 제공한다고 하였다. 사실상 그녀는 '아테나'라는 이름의 애완용 올빼미를 가지고 있었다. 그녀는 '케이지 안의 애완용 새가 수년 동안 같은 병실에 갇혀져 있는 환자들에게 종종 유일한 즐거움을 제공할 수 있다'고 하였다.

이후에 미국에서 뉴욕에 있는 'Army Air Corps Convalescent' 병원에서 동물매개치료가 실시되었다. 정신질환 환자들과 회복하는 부상 군인들에 활용되었다. 상해를 입거나 지쳐있는 병사들이 소, 말, 돼지, 닭과 같은 농장동물들과 활동을 하면서 회복이 추진될 수 있다.

1970년에 미국에서 동물매개치료가 얼마나 많은 의료 시설에서 실시되는지 조사된 적이 있다. 조사 기관의 48%가 동물매개치료 단독 또는 다른 치료법과 병합하여 수행되고 있다고 하였다.

2) 보조치료사로서 개

1960년대에 동물매개치료 분야에 큰 활력이 생겼다. 레빈슨 박사가 동물활용치료 AFT와 어린이에 대한 연구를 시작하였다. 레빈슨 박사는 정신과 의사였고 어린이 내담자와 치료를 하기 위해 한 마리의 개를 활용하였다.

레빈슨 박사는 한 정서장애 및 언어장애를 가진 아동과 보호자 어머니와의 치료 예약 일에 동물매개치료의 가능성을 발견하였다. 레빈슨 박사가 예약 시간보다 일찍 병원에 도착해서 있을 때, 레빈슨 박사가 병원에 데려온 '징글'이라는 그의 애견이 있었다. 정서장애 및 언어장애를 가진 아동은 '징글'과 함께 놀이를 하면서 이전의 치료과정이나 보호자에게 보여주지 않았던 강한 상호작용을 보여주었다. 레빈슨 박사는 그의 애견 '징글'이 환자들과 의사소통을 원활하게 연결하는 다리 역할을 하는 것을 발견하고 동물을 활용한 치료 전략의 이점을 적용하였다.

동물 활용 치료 적용 결과, 레빈슨 박사는 그의 애완견과 어린이 환자 사이에 상호작용을 주장하는 'The dog as a co-therapist'라는 책을 출간하였다. 이후 더 많은 연구결과들이 정신과 영역에서 다양하게 보고되고 있다.

3) 에덴 요양병원(Eden Alternative) 사례

1990년대에 William Thomas 박사에 의해 동물활용치료 AFT연구가 시작되었다. 그는 에덴 요양병원(Eden Alternative)을 설립하였다. William Thomas 박사는 당시 간호요양소에는 3가지 문제점들로 고독감, 무기력, 지루함이 있는 것을 발견하였다. 당시 가정요양소는 환자들의 집과 같은 분위기 보다는 병원시설과 같았다. 에덴 요양병원(Eden Alternative)의 목적은 딱딱한 간호요양 시설들을 안락하고 휴식을 즐길 수 있는 사람의 주거 공간들과 같은 편안한 공간들로 변화시키는 것이다. William Thomas 박사는 환자들과 상호작용할 수 있도록 동물, 식물, 어린이들을 시설에 도입하였다. 이러한 상호작용으로 환자와 가족, 의료 스텝들과의 관계성들이 증가된다.

동물매개치료의 틀로서 에덴 요양병원(Eden Alternative)에서 연구된 결과들에서 간호요양소의 환자들의 감정을 향상시키는 것으로 확인되었다.

오늘 날, 미국에서 에덴 요양병원(Eden Alternative)과 같은 형태의 간호요양소는 뉴욕, 오하이오, 노스캐롤라이나, 미주리와 같은 미국 전역과 호주, 뉴질랜드와 같은 나라에서도 Extended Came Facilities (ECFs)에서 적용되고 있으며 많은 긍정적 효과들이 보고되고 있다.

3 동물활용치료의 이점

1) 인간과 동반감의 유대감(Human-companion bond, HAB)

최근에는 미국의 60% 가정이 애완동물을 소유하고 있다. 미국에서 애완동물로 7천2백만 애견과 8천2백만 고양이가 존재한다. 애완동물 소유자들의 대다수는 그들의 애완동물을 가족으로 생각한다. 서양에서 애견들은 많은 다른 역할들을 가진다. 애견들은 애완동물이며, 동반자이며, 치료적 중재 역할을 하며 보조자이고 도움을 주는 존재들이다. 애완동물의 역할 뿐 아니라, 유대가 상호 존재하고 매우 상호작용이 활발한 과정이다.

유대감은 결속력, 감정, 애정, 신뢰에 의해 특징되어진다.

미국 수의사회에 따르면, 인간과 동물의 유대(HAB)는 사람과 동물 사이에 상호 이롭고 역동적인 관계를 형성하고 둘 다에게 건강 증대에 기여한다. 우리는 애완동물에게 이름을 부르고, 반응하고, 가족으로 생각하고 옷을 입히는 등의 HAB를 가진다. 이러한 유대감은 사람들의 혈압감소, 심박수 감소, 고독감 감소, 콜레스테롤 감소 등의 건강에 이로운 효과를 유도한다. **동물들은 환자들과 치료적 라포 형성을 이끌고 사회성 향상을 유도한다.**

사람들은 동물이 실제 사람인 것처럼 동물들과 이야기를 한다. 많은 경우에 환자들은 불안이 감소되고 이완반응을 돕는다.

2) 동물활용치료의 이점

동물활용치료 AFT는 혈압감소, 불안감소, 스트레스 감소 질병의 극복 효과를 가져온다.

치과 병원에서 수조를 활용한 관상어 활용 치료 연구에서 환자의 불안 감소 효과가 보고되고 있다.

동물을 만지는 접촉활동은 인지기능 향상, 신뢰 증대, 스트레스와 불안감소를 유도한다.

동물활용치료 AFT는 심혈관 질환 및 정신질환 환자들에게 활용될 수 있다.

Friedman과 Thomas 연구에서 심근경색 환자들에게 애완동물의 영향이 연구되었다. 424명 환자를 대상으로 연구한 결과 애완동물의 소유가 심근경색을 1년 후 생존율이 높아지는 것을 발견하였다.

노인병동 환자들에게 케이지에 있는 관상용 새를 이용하여 재활 치료를 위한 상호작용을 수행한 결과, 집중 기간이 증가하는 것을 알 수 있었다. 또한 케이지의 새와 상호작용한 환자들이 보다 긍정적이고 호기심이 많으며 새를 돌보려는 욕구가 높았다. 새들은 대화의 소재들을 제공하고, 환자들이 원하는 것들을 생각해보게 하고 삶의 목표를 제공한다.

동물매개치료의 이점은 동반감을 제공하는 것에 의해 고독감과 불안감의 감소를 불러일으킨다.

소아과 병원에서 환자들의 통증점수가 치료도우미견의 방문으로 감소되었다.

동물매개치료는 환자들에게 혈압, 태도, 사회성, 영양 관점에서 모두 긍정적인 효과를 가져왔다.

동물활용치료 AFT가 의료 영역에서 주는 추가적인 이점으로는 약품 처방을 줄여줄 수 있다는 점이다.

동물활용치료 AFT는 의료적 치료의 대체의학적 치료법으로 활용될 수 있다.

병원 환자에게 동물활용치료 AFT를 병합하는 것은 환자의 치료 환경을 향상시키고 환자에게 통합적 치료 및 간호를 제공한다. 의료진들은 그들의 환자들에게 도움을 주기 위하여 동물활용치료 AFT를 도입할 수 있다.

(1) 감정 및 정신적 장애인을 위한 중재

환자들이 우울, 슬픔, 고독, 스트레스, 은둔 등을 가진 환자들은 동물활용치료 AFT가 도움을 줄 수 있다. 한 마리의 치료도우미견 또는 치료도우미동물을 데리고 단순히 방문하는 것으로 동반감을 제공하고 환자들에게 자극을 줄 수 있다. 치료도우미동물의 존재만으로 고독감과 슬픔의 감소를 도울 수 있다. 치료도우미견 팀은 환자에게 오락의 목적으로 훈련된 치료도우미견의 기술을 보여줄 수 있다.

목표는 환자들이 치료도우미견을 보고 훈련된 기술에 웃고 즐거워하도록 하는 것이다. 우울한 환자들은 은둔하려는 경향이 강한데, 치료도우미동물은 그런 환자가 자신의 중요한 존재라는 것을 느끼게 해준다. 치료도우미동물은 귀여워해주는 활동을 환자와 치료도우미동물 사이에 대화를 유도한다.

여러 이유로 환자들은 간호사나 의료 스텝들에게 보다 쉽게 치료도우미동물에 대화를 시작하는 경향이 있다. **동물매개치료는 환자의 감정적 건강 향상을 유도한다.**

(2) 신체 장애인을 위한 중재

만성질병이나 외과 수술 결과, 많은 환자들이 신체장애를 가질 수 있다. 근골격계, 호흡기, 신경학적, 심장 질환과 여러 형태의 수술들이 환자의 신체 운동에 장애를 유발할 수 있다.

환자가 통증이 너무 커서 움직이기 힘들고 병실 밖으로 나갈 수 없고, 빗질을 하거나 칫솔질, 샤워를 하기 어렵다면, 동물매개치료가 도움을 줄 수 있다.

동물매개치료가 통증을 경감시키고 스트레스를 줄여주기 때문에 치료도우미동물을 환자가 귀여워해주는 활동으로 일상의 환자들의 재활을 도와줄 수 있다.

치료도우미동물을 환자가 귀여워해주는 활동은 환자의 통증을 감소시키고 통증의 부작용들을 경감시켜준다. 어깨, 팔, 손, 발, 다리 수술로부터 회복되는 환자들을 치료도우미동물을 환자가 귀여워해주는 활동과 산책 활동으로 건강회복에 도움을 받는다. 치료도우미견과 산책하는 활동은 환자의 조정성, 유연성, 호흡 능력, 근 긴장 유지 등의 향상을 돕는다.

심한 심장 질환이나 폐 질환을 가진 환자들을 개와 짧은 거리의 산책을 하면서 호흡 능력이 향상될 수 있다. 치료도우미견을 귀여워해주는 활동은 감정적으로 환자들 도와줄 뿐만 아니라, 염증 감소, 관절 경직성 완화, 신체운동과 손과 팔의 움직임을 돕는다. 또한 의사소통이 치료도우미견과 활동을 통하여 증가될 수 있다. 최근에는 뇌졸중 환자들이 치료도우미견에게 '앉아', 또는 '일어서'와 같은 기본 명령어를 주는 것으로 그들의 언어와 의사소통 능력을 향상시킬 수 있다.

(3) 교육적 중재

환자들 교육하는 것은 병원에서 퇴원하면 환자들이 자신의 건강을 향상하고 스스로를 돌보게 하기 위하여 필수적이다. 집에서 애완동물을 키우는 퇴원 환자가 능동적 삶, 적절한 영양, 정신적 건강 향상에 도움이 되는지를 연구를 통하여 평가하였다.

집에서 애완동물을 키우는 환자들에게는 간호사가 퇴원 후 환자가 애완동물과 일상 활동들을 하도록 권장하는 것이 좋다. 이러한 활동은 퇴원한 환자가 어떤 일을 하려는 목표를 주는 것에 의해 동기와 의지를 증가할 수 있다. 간호사가 애완동물이 동반감을 어떻게 주는지와 정신적, 감정적 건강 향상에 어떻게 기여하는지를 환자에게 교육하도록 한다. **애완동물을 잡고 귀여워 등을 두드려주고, 미용이나 동물의 필요성을 충족시켜주는 등의 활동들이 환자의 마음 상태 향상을 도와줄 수 있다.**

간호 분야에서 동물매개치료의 적용 확대에 주요 걸림돌 중 하나가 의료 전문가들이 동물매개치료에 대하여 모르는 것이다.

동물매개치료의 효과들에 대한 과학적 연구결과들이 많이 있고 의료전문가들에 동물매개치료에 관한 교육을 확대하는 것이 동물매개치료 확산에 중요하다할 수 있다.

(4) 여러 병원 환자 치료와 간호 영역에서 동물활용치료

LA에 있는 UCLA 대학교의 의과 대학 병원에 입원한 심장질환 환자들에게 동물활용치료 AFT가 적용되었다.

치료도우미견의 방문, 사람의 방문, 방문이 없는 3개 그룹으로 팀을 나누어 평가되었다. 다른 그룹들과 비교하였을 때 **치료도우미견 방문 그룹의 환자들은 심장기능의 향상과 감정 개선 및 신경호르몬 수준의 변화들이 확인되었다.** 또한 치료도우미견 방문 그룹의 환자들은 '불안 점수'가 낮아졌다. 집중치료실, 재활센터, 말기 간병시설, 정신병원 및 소아 병동이 동물매개치료에 적요되었다.

동물활용치료는 개인이나 단체 모두에 적용될 수 있다. 이러한 활동에서 동물들이 양방향 소통의 주요 역할을 담당한다. 통합치료로서 의사들의 처방으로 치료도우미동물이 환자들을 방문하는 동물활용치료 AFT가 수행될 수 있다.

고독감 감소, 감정 문제, 일상생활의 안정, 스트레스 감소 등의 목적으로 의사의 판단에 따라 동물활용치료가 도입될 수 있다.

(5) 입원 환자

입원한 심장질환 환자들에서 동물매개치료가 심혈관에 미치는 영향, 신경호르몬(노에피네프린, 에피네프린) 수준, 불안 수준이 평가되어졌다.

동물매개치료 적용 전과 적용 후를 비교하였을 때, **치료도우미견 방문 그룹의 심폐 압력의 감소, 신경호르몬(노에피네프린, 에피네프린) 수준의 감소, 불안 수준의 감소 효과가 확인되었다.**

동물매개치료를 받는 소아 병동의 환자들은 행복감, 긍정적 기분, 어린이의 긍정적인 상호작용이 증가되는 것이 보고되고 있다. 애완동물 치료 그룹은 주 1회, 애완동물과 활동시간을 가졌고 매 회기 활동 후 촬영된 비디오테이프를 받았다. 입원 아동이 치료도우미견 방문 후 '통증점수'가 평가되어졌는데, 유의성이 감소되었다(p〈0.06) (24). 보호자들 또한 치료도우미견 방문 후 보다 긍정적인 기분을 느꼈다.

발달장애 아동을 대상으로 한 연구에서 동물매개치료를 적용받은 아동은 활발해지고 행복감 증가, 에너지가 증가, 상호작용이 증가하였다.

(6) 정신질환 대상자

정신질환 환자들에서 동물활용치료 AFT의 적용은 좋은 효과들을 유도하는 것으로 보고되고 있다. **동물매개치료는 목표감을 제공하는 것에 의해, 사회화, 행동, 동기 개선에 의해 환자의 정신 상태를 건강한 쪽으로 향상시킨다.**

동물매개치료는 유대를 증가시키고 무조건적인 수용을 제공하여 우울 환자들에게 도움을 줄 수 있다.

노인들에서 우울은 자주 일어나는 정신 질환이다. 집중치료실(ECFs)에서 환자들의 우울과 기분에 대한 동물활용치료 AFT의 효과에 대한 연구가 수행되었다.

연구결과, 동물활용치료는 이들 환자들의 우울감에서는 유의한 결과를 확인하지 못하였으나 '기분점수'에서 유의한 개선효과가 확인되었다($p<0.01$). 이러한 결과는 장기 입원 환자들에게 동물활용치료는 '기분 개선' 측면에서 긍정적인 효과를 보여준다.

영양은 전형적으로 알츠하이머 질병 환자들에서 감소되어진다. 살아있는 물고기를 수족관을 설치하여 적용하는 동물활용치료의 연구결과 유의한 결과를 얻었다. 집중하지 못하고 왔다 갔다 하던 환자들이 수족관에서 노는 물고기를 관찰하면서 오랜 기간 동안 앉아있는 집중력을 보였다. 이들 환자들은 수족관 동물활용치료 과정 동안이나 이 후에 그들의 영양 섭취가 유의하게 증가되었다($p<0.01$). 87%의 참여자들이 식사 섭취가 증가되었다. 연구종료 후 참석자들의 대부분은 체중이 증가하였다. 알츠하이머 환자들은 의사소통에 어려움을 겪을 수 있다. 알츠하이머 환자들에서 언어적 의사소통에 대한 장남감과 살아있는 동물들을 비교한 여구가 수행되었다.

10분으로 구성된 3번의 세션을 하고 각 세션 과정은 녹화되었다. 2개 그룹으로 나누어 각각 테이블에 둘러 앉도록 하고 테이블에는 1에는 2개의 장난감 고양이들이 테이블 2에는 살아있는 애완 고양이들을 올려 두었다. 참석자들이 상호작용은 녹화되었다. 각 세션 후 평가 결과, 장난감 고양이가 아닌 살아있는 고양이를 적용한 그룹은 분당 전체 단어 수가 늘어나고 말은 하는 횟수와 의미 있는 정보 단위를 이야기하는 횟수가 늘어났다. 다른 흥미 있는 발견은 살아있는 고양이들을 만지는 환자 그룹에서 이러한 긍정적 효과가 증가하였다.

(7) 말기환자 간호(palliative care)

동물활용치료 AFT가 말기 암, AIDS 환자들과 같은 말기 환자 간호 영역에서 도움을 줄 수 있다.

말기 암 환자에서 치료도우미견들을 삶의 마지막 단계에 있는 환자들을 방문하였다. **동물들이 편안하고 사랑을 주기 때문에 죽어가는 환자들에게 동물매개활동이 주로 적용될 수 있다.** Therapy Dog International 단체에 따르면 개들을 보고 털을 쓰다듬어 주는 것이 자주 환자들에게 안정과 기쁨을 불러일으킨다. 신체적 접촉이 환자들에게 즐거운 기억을 되살리게 한다. 치료도우미견은 환자들의 고독감을 감소시키고 어떤 것들을 기다리는 기회를 가져다준다. 치료도우미견과 활동이 말기 환자들이 죽어가는 외로운 시간들에서 자신들이 필요하고 쓸모 있는 존재라는 느낌을 줄 수 있다. 암 환자에 대한 기분, 자기 지각, 응집감에 대한 동물매개활동 효과를 연구였다.

첫 그룹은 치료도우미견 방문을, 두 번째 그룹은 독서를, 세 번째 그룹은 환자가 친한 친구들 방문을 하게하였다.

치료도우미견 방문 그룹이 다른 그룹들과 비교하였을 때, 피로점수(fatigue score)가 감소되었다. AIDS에 걸린 미국인들의 45%가 애완동물을 키우는 것으로 알려져 있다. 면역억제 상태에서의 애완동물 접촉 시 위험성은 그들에게 잘 알려줄 필요가 있지만 긍정적인 관점에서 주변 친구들이나 친척들로부터 외면 받는 AIDS 환자들이 그들의 애완동물로부터 지속적인 신체접촉과 위안을 받을 수 있다.

여러 관점들에서 AIDS 환자들에게 반려동물의 영향에 대하여 많은 연구들이 있다. 많은 연구에서 AIDS 환자들은 그들의 애완동물들이 일생의 동반자들로 받아들이고 있다.

(8) 교정시설

교정기관들은 새, 물고기, 토끼, 기니픽 등과 같은 치료도우미동물들이 긍정적 효과를 받는다. 연구에 따르면 **동물활용치료 AFT는 수감자 태도의 변화와 스텝들과의 의사소통 증가를 보여주었다.**

수감자의 재활 프로그램들 중에는 유기견 보호소에서 선발된 유기견들을 사료주고, 목욕시키기, 미용하고 훈련시키는 등의 돌봄 활동을 수감자들이 수행하도록 할 수 있다.

이러한 활동의 최종 목적은 수감자가 방면되었을 때, 보다 생산적인 시민이 되도록 하는 것이다. 1900년대 초기에 Lima Ohio State 병원에서 375명에의 병원 입원 수감자들에게 대규모 동물매개치료가 수행되었다. 물고기, 새, 저빌이 수감자의 동반자 동물로 활용되었다.

최근에는 미국에서 여러 교정 기관들이 지역이나 주에 소속된 인본 단체들에서 수감자가 개를 훈련할 수 있는 프로그램을 운영하도록 협력하고 있다. 예를 들면 아이다호 주의 'Inmate Dog Alliance Project'는 수감자들이 개를 훈련하고 교육시키는 과정이 운영된다. 과정 후 훈련된 유기견들이 도우미견들로 활용될 수 있다. 이 과정은 유기견들을 돕는 것뿐만 아니라 수감자들에게 책임감, 일관성 및 감정이입의 가치를 배운다.

'Puppies Behind Bars'라는 단체도 수감자들이 개를 훈련하는 프로그램을 운영한다. 이 프로그램을 통하여 수감자는 개에게 무조건적인 사랑을 주고받을 수 있다. 이러한 점 또한 수감자들이 자신들의 과거와 관계 없이 사회화하는 데 기여한다.

(9) 전쟁퇴역 군인

전쟁퇴역 군인은 전쟁의 결과 신체적, 정신적 및 감정적 붕괴를 경험한다. 외상 후 증후군(post-traumatic stress disorder, PTSD)은 전쟁에서 돌아온 사람들에게 흔히 관찰되는 질환이다. **전쟁퇴역 군인은 병원에서 정신적 및 신체적 상해를 개선하기 위하여 동물활용치료 AFT 적용이 많이 이루어진다.**

승마치료가 퇴역군인을 감정적으로 개인적으로 도울 수 있다. 퇴역군인이 말을 타고 그들과 대화를 할 수 있다. 이러한 활동은 참가한 퇴역 군인에게 결단력, 책임감, 자신감을 부여한다. 추가로 앵무새가 PTSD를 가진 퇴역 군인의 치유를 도왔다.

퇴역군인들이 사회와 일상에서 겪는 PTSD의 끔찍한 결과들은 앵무새나 다른 새들과 활동과정에 더 좋은 기능을 발휘하고 자신들의 삶을 다시 만드는 역할을 할 수 있다. 미국의 국무부가 아프가니스탄이나 이라크 전에 참석한 퇴역군인들에게 동물활용치료의 적용을 위한 지원을 하였다.

의료인들은 퇴역군인들의 간호에 동물활용치료를 도입하여 환자 퇴역군인들이 치료도우미견의 이를 닦이고 옷을 입히고 사료를 주는 등의 활동을 진행할 수 있다.

(10) 노인

동물활용치료 AFT는 노인들에게 다양한 이점들을 제공한다. 노인에 대한 연구들은 치료도우미견 방문 프로그램으로 우울감 감소, 기분개선, 사회 상호작용에 대한 연구를 수행하였다. 세션에 참석하지 못할 정도로 거동이 어려운 경우에 방으로 치료도우미견이 방문하는 프로그램을 짤 수 있다. 치료도우미견은 노인들에게 다른 방법으로 채울 수 없는 방법으로 행복하고 생산적인 삶을 살게 한다. 참여 노인 대상자들은 그들이 즐겁게 함께 활동했던 순간을 소중히 기억하고 치료도우미견 방문을 기다린다.

(11) 지역 공동체

노숙자 쉼터, 시민의 집, 재난구호소, 학교 등에서 치료도우미견이 활용될 수 있다.

대상자들의 첫 돌봄 제공자는 가족 구성원들이지만 지역공동체에서 치료도우미견을 통하여 대상자들에 동반감을 제공할 수 있다. **치료도우미견 방문이 대상자들에 동반감을 주고, 돌봄을 제공하고, 휴식과 이완반응 시간을 제공할 수 있다.**

아동학대 피해자들은 치료도우미견과 활동이 편안한 마음이 유도될 수 있다. 그들은 개와 이야기하고 그들이 받고 싶어 하는 무조건적인 사랑을 불러일으킬 수 있다. 치료도우미견들은 피해자들의 학대 경험을 잊고 좋은 기억들을 회상할 수 있도록 한다.

미국에서 발생한 여러 재난들에는 '재난 스트레스 해소 팀'이 활동하고 있다. 이 팀들은 치료도우미견과 핸들러로 구성된다. 오클라호마 시의 폭탄 테러가 발생했을 때, 20개의 치료도우미견 팀들이 활동을 했다. 치료도우미견은 주로 자원봉사자와 희생자들의 감정적 스트레스를 덜어준다.

미국에서는 말기 환자 돌봄 시설에서도 치료도우미견의 방문 프로그램이 슬픔을 경감하기 위해 적용되고 있다. 가족들의 요청으로 치료도우미견 팀이 방문하여 임종을 앞둔 말기 환자와 가족들을 위로할 수 있다.

학교에서도 자주 치료도우미견 방문하여 교육 효과를 줄 수 있다. 교육 세션들은 학생들에게 동물을 어떻게 다루고 돌봐야 하는지를 가르친다. 이러한 프로그램은 어린 학생들이 성장하도록 돕는 효과를 불러일으키다. 일부 도서관에서는 치료도우미견에 책을 읽어주는 프로그램이 운영된다. 이러한 프로그램은 'Tail Wagging Tutors' 또는 'Reading Dog Program'으로 알려져 있다. 이러한 활동은 대상 아동들의 편안한 환경을 만들어주고 책을 읽는 기술을 발달시킬 수 있다. 점진적인 상호반응을 통하여 아이들은 개들에 대해 알게 되고 그 개들이 책을 읽는 동기를 증가시켜 책을 읽는데 열심히 집중하도록 한다.

동물매개치료의 이용은 간호 세팅의 여러 환자군들에서 도움을 줄 수 있다. 동물들은 특히 애완동물을 사람들에 복종하고 그들의 사랑을 제공한다. 그들의 존재는 어떤 사람의 인생에서 아름다움과 건강의 원천이 된다. 사람과 애완동물의 독특하고 특별한 유대감이 환자들에게 이로운 효과를 유발한다. 많은 연구들에서 동물활용치료 AFT는 환자들의 건강 향상에 큰 도움을 주는 것으로 밝혀지고 있다.

의료인들은 동물활용치료가 환자들의 치료를 촉진할 수 있고, 모든 환자에 적용이 되지 못할 수 있으나, 대부분의 환자들에게 강한 이점들을 가진다는 점들을 기억해야만 한다.

놀랍게도 환자들은 사람들과 다른 방식으로 치료도우미동물과 상호작용 활동을 할 수 있다. 의료인들이 치료 방법으로 동물을 활용하는 동물활용치료를 선택하여 적요하는 것은 그들의 환자에 건강 향상의 새로운 기회를 제공하는 것이다.

동물은 말을 하지 못하고 행동과 몸짓만 가고 있지만 동물의 몸짓은 우리에게 매우 많은 것들을 전달한다.

Ⅲ. 특수 동물의 활용

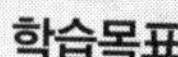

1. 농장동물매개치료를 이해할 수 있다.
2. 돌고래매개치료에 대해 알 수 있다.
3. 승마치료를 이해할 수 있다.
4. 동물원동물매개치료를 이해할 수 있다.

1 농장동물매개치료

1) 농장동물매개치료의 개요

농장은 식물과 동물이 함께 있는 종합적인 자연을 가지고 있어, 자연치유 효과를 사람에게 유도하기에 최적의 조건이라 할 수 있다. 이러한 농장의 특성을 활용한 것이 농장매개치료이다. **농장매개치료**는 'Green Care' 또는 'Family for Health'로도 불리고 있으며, 매개체로 동물만 이용되는 것은 아니고, 식물이나 가든, 산림과 조경을 포함하는 종합적인 개념이다(Hssink & van Dijk, 2006).

농장에서 사육되는 동물을 활용한 동물매개치료는 농장매개치료의 한 부분이라 할 수 있다. 농장을 매개로 하여 대상자의 치료에 적용하는 분야에서 동물뿐 아니라 농장의 조경 식물이나 꽃과 같은 여러 가지 구성 매체들이 대상자의 치료에 긍정적으로 작용하지만, 단연 동물의 접촉과 만남 활동이 대상자들에 큰 효과가 있는 것으로 보고되고 있다. 이러한 이유는 다른 대체 요법들의 비교 연구에서도 알 수 있듯이 움직이지 않고 반응이 즉각적이지 않은 식물이나, 예술 활동 보다 동물은 대상자들에 강요되지 않은 흥미를 유발하고 적극적이며 능동적으로 빠르게 반응이 일어나는 특성이 있어, 동물매개치료가 비교연구에서 다른 대체 요법들보다 가장 효과가 뛰어난 것으로 보고되고 있는 것과 무관하지 않다.

현재 미국을 비롯한 여러 유럽국가에서는 많은 농장들이 의료기관들과 협동하여 대상자(client)들의 증상의 개선이나 치료를 목적으로 농장동물을 이용한 동물매개치료인 **농장동물매개치료(animal-assisted therapy with farm animal, AAT-FA)**의 적용이 확대되고 있다.

미국 뉴욕 Brewster시에는 'Green Chimneys'가 있다. 이 시설은 감정조절 상실, 정신적 상처, 학대, 학교 부적응, 사회관계 형성 어려움을 겪는 아동들을 위한 시설이다. 'Green Chimneys'의 본래 목적은 아동들이 동물들을 기르며 사회관계를 배우도록 하는 것이다. 이 시설에서 아동들은 동물들을 보살피면서 그들 또한 다른 누군가로부터 돌봄을 받고 있다는 것을 배운다.

출처 : Green Chimneys (http://www.greenchimneys.org/)

그림 10-2. 'Green Chimneys' 시설의 농장동물매개치료 프로그램

2) 농장동물 매개치료란 무엇인가?

농장동물을 이용한 동물매개치료(animal-assisted therapy with farm animal, AAT-FA)는 농장매개치료 중 농장에서 사육되는 동물을 이용한 대상자의 치료 활동이다.

농장동물매개치료에서는 대상자들이 농장동물들과 만남 및 활동의 복합적인 과정이 작용하여 대상자들에 여러 가지 긍정적인 효과를 유발하는 것으로 알려져 있다. 농장동물은 대상자에 신체적 접촉의 기회를 제공하고, 다양한 생활 형태를 촉진하고, 사료를 주고 돌보는 것을 포함하는 일상적인 관리를 통하여 대처능력을 향상시킬 수 있다.

농장동물을 이용한 매개치료가 적합한 대상자 그룹으로는 정신분열, 우울증, 성격장애 등과 같은 다양한 형태의 정신적 문제를 가진 환자들을 꼽을 수 있다.

3) 농장동물매개치료 관련 연구들

(1) Berget과 Braastad(1989)이 연구한 정신지체 대상자에 대한 효과

연구목적	정신지체 대상자들에 실시된 AAT-FA 프로그램의 긍정적 효과를 규명하고자 하였다.
연구결과	농장동물들은 대상자들의 책임감과 인내심 향상을 촉진하는 것으로 확인하였다.

(2) Wiesinger(1991)이 연구한 정신장애 대상자에 대한 효과

연구목적	오스트리아 농장공동체의 소규모 가족농장에서 농장동물에 의한 대상자들에 미치는 영향을 평가하고자 하였다.
연구결과	정신장애를 가진 대상자들은 농장동물들과의 긴밀한 만남을 통하여 증상의 개선과 건강에 긍정적 효과를 보여주었다.

(3) Mallon(1994)이 연구한 어린이 대상자에 대한 효과

연구목적	미국의 아동시설의 하나인 'Green Chimneys' 교육농장에서 80명의 어린이를 대상으로 AAT-FA의 효과를 규명하고자 하였다.
연구결과	농장동물들이 어린이들에게 치료사로서의 역할을 수행할 수 있다는 결과들을 확인할 수 있었다. 어린이들은 농장동물들을 만나면서 사회성의 증가와 동물들을 양육하고 돌보면서 책임감의 증가를 보여주었다.

(4) 독일의 167개 농장에서 확인된 사회성 증가 효과(Lenhard 등, 1997).

연구목적	독일의 AAT-FA 프로그램을 운영 중인 167개 농장에서 농장동물매개치료의 긍정적 효과에 대하여 규명하고자 하였다.
연구결과	농장동물들은 대상자들에 긍정적인 활성을 제공하고 사회 작용을 촉진하는 촉매제로서 작용하는 것으로 밝혀졌다.

(5) Lenhard 등(1997)이 연구한 어린이 대상자에 대한 효과

연구목적	미국 뉴욕 Brewster 시에 있는 아동시설인 'Green Chimneys'에서 농장동물 돌보기 활동에 참여한 어린이들의 AAT-FA 효과를 규명하고자 하였다.
연구결과	어린이들은 농장동물들을 만나면서 사회성의 증가와 동물들을 양육하고 돌보면서 책임감의 증가를 보여주었다.

(6) Berget 등(2004)이 연구한 정신 건강에 대한 이점

연구목적	다양한 질병을 가진 총 10명의 환자들을 대상으로 소규모 파일럿 연구를 실시하여 AAT-FA 프로그램의 긍정적 효과를 규명하고자 하였다.
연구결과	농장동물들은 대상자들에게 불안 및 우울감 감소 및 자기 존중감 증가와 같은 긍정적 효과를 유발하는 것을 확인하였다.

(7) Berget 등(2007)이 연구한 만성 정신질환에 대한 이점

연구목적	만성 정신질환을 가진 90명의 대상자들을 무작위로 구성하여 AAT-FA 프로그램의 긍정적 효과를 규명하고자 하였다.
연구결과	60명의 처치군(농장동물 적용) 대상들에서 12주 중재활동의 종료 시 중재 활동 시작 시점과 비교하여 대상자들의 작업 집중 정도와 정확성이 증가되는 것을 확인하였다. 감정장애(affective disorders)를 가진 환자들에서 작업 집중도의 증가는 자기효능감(self-efficacy) 증가 및 불안감 감소와 상관관계가 있다.

(8) Berget 등(2008)이 연구한 정신질환 대상자에 대한 효과

연구목적	AAT-FA 프로그램을 12주 동안, 주 2회, 정신질환 환자들이 농장을 방문하여 농장동물들과 상호작용하는 중재 활동을 수행한 후, AAT-FA 효과를 평가하고자 하였다.
연구결과	AAT-FA는 정신질환 대상자들의 사회성 향상과 정신건강 향상을 촉진하는 것으로 확인되었다.

4) 농장동물매개치료의 효과 기전

농장의 동물을 대상자가 직접 만지거나 안아보면서 상호 교감을 통해 스트레스를 해소하고 살아있는 생명체를 돌보는 활동을 통하여 상호 교감과 정신적 치유 효과를 얻을 수 있다.

농장동물을 이용한 동물매개치료는 농장동물과의 상호작용 활동을 통하여 자폐증을 가진 대상자의 사회성 향상에도 크게 기여한다.

우울증이 있거나, 주의력이 떨어지는 대상자들에게도 농장동물과의 상호작용은 증상개선에 큰 효과가 있다.

아동 대상자들을 위하여 토끼나 닭, 염소와 같은 비교적 안전하며 친근한 동물들을 소규모 시설을 갖추어 사육하며 정기적인 만남의 시간을 갖는 것만으로도 접촉을 통하여 얻는 자연치유 효과를 얻을 수 있다.

농장동물에 사료주기 또는 빗질과 같은 간단한 돌보기 역할을 대상 아동들이 할 수 있도록 프로그램을 만들어 적용하는 것으로 대상자들의 자아자존감 향상, 대인관계 증진 효과를 얻을 수 있다.

자연이 사람에 주는 치유 효과를 말하는 자연치유의 한 분야로 농장동물매개치료가 포함된다. 자연치유로서 농장동물매개치료는 대상자들에 큰 즐거움을 선사하고, 자발적인 참여를 유도할 수 있다.

대상자들은 농장동물을 돌보고 함께 재미있게 놀면서 스트레스의 감소와 사회성의 증가, 협동심의 증가 및 대인관계 향상과 신체 기능의 향상 효과를 얻는다.

여러 번 강조하였듯이 동물매개치료는 가장 빠르고 효과가 좋은 대체의학적인 방법이며, 특히 아동들에게 효과가 뛰어난 것이 규명되고 있다. 아동들은 상호 반응이 좋은 움직이는 동물에 호기심이 높으며, 동물들을 친구 또는 동료로 생각하는 경향이 강하기 때문에, 농장동물을 돌보면서, 자신의 비밀을 털어 놓을 수도 있고, 대화를 하며, 그들과 재미있게 활동하는 시간을 보내면서 신체 기능이 자연스럽게 향상될 수 있다.

표 10-1. 농장동물매개치료의 작용 원리와 효과 기전

1. 상호작용 → 사회성 향상 & 감정 표현 능력 향상
2. 돌봄 도움 제공 → 자아존중감 향상
3. 사육 관련 과제수행 → 신체 운동 및 조정, 성과에 대하여 격려 받음
4. 체험활동 → 문제 정리, 능력과 발표력의 향상
5. 그룹 활동 → 협동심과 사회성 향상.
6. 동물과 자연환경 관심 증가
7. 관찰력과 긍정적 사고력 향상.
8. 실제 관리의 참여 → 자신감 향상
9. 생명 돌봄 → 본성적인 만족감과 자존감 향상.
10. 친숙하지 않은 동물 활동 → 두려움 감소 및 자존감 향상.

5) 농장동물매개치료 적용 비전과 전망

최근 국내의 요양원과 복지시설 및 특수학교 등에서 소규모 농장을 운영하며 대상자들에 치유프로그램을 운영하는 곳이 늘어나고 있다. 특수학교의 경우에 아동들의 교육에 농장 동물을 이용한 동물매개치료가 집중력 향상과 교육성과가 높은 것으로 보고되고 있다.

농장동물매개치료의 과학적 접근과 활성화는 축산업이 우리에게 주는 그 동안의 이점들을 보다 다각화할 수 있는 길을 열어줄 것으로 생각한다. 잘 짜인 농장동물매개치료 프로그램이 운영되는 축산 농장은 단순히 동물자원을 제공하는 축산 농장이 아니라, 사람 대상자의 치유를 돕는 치유농업을 수행하는 의료 기관의 일부로서 분류될 수도 있을 것이다. 또한

동물매개교육의 방법으로 농장동물을 돌보는 프로그램을 활용하여 학생들의 성취감 향상과 자아존중감 향상과 같은 효과를 얻고 교육적 목표를 달성하는 교육기관의 일부로 농장이 분류될 수도 있다.

2 돌고래매개치료(Dolphin-assisted therapy)

1) 돌고래를 활용한 동물매개치료 연구

돌고래는 신체장애나 자폐를 가진 대상자들에 자주 이용되는 동물매개치료의 치료도우미 동물 중의 하나이다.

(1) Autidolfin project

1991년에 벨기에에서 **자폐아동의 학습에 대한 돌고래 매개치료의 효과**에 대한 연구가 수행되었다. 'Autidolfin project'이라 명명된 이 연구는 4년간 수행되었다(Servais, 1999).

연구의 가설은 '돌고래와 상호작용은 자폐아동의 집중력과 학습동기를 향상시켜 결과적으로 학습 능력을 향상시킨다'는 것이었다.

연구과제는 2개의 단계적 실험으로 구성되어 있었다.

첫 실험은 1992년에 시작하여 16개월 동안 수행되었다. 군구성은 돌고래그룹, 교실그룹 및 컴퓨터그룹으로 3개 그룹으로 나뉘어 대상자들을 구성하였다.

두 번째 실험은 1994년에 시작하여 14개월 동안 수행되었다. 군구성은 두 개의 돌고래그룹과 두 개의 교실그룹으로 나뉘어 구성되었다. 연구자들은 대상 아동들이 실험 환경에 낯설어 결과에 영향을 줄 수 있다고 판단하여 적응 기간을 두는 세션이 필요할 것으로 예상하였다. 각 돌고래 그룹에는 이전에 돌고래 조련사와 돌고래와 상호작용 활동을 해본 경험이 있는 각 그룹 당 3명의 아동들로 구성되었다. 교실 그룹은 이전에 돌고래와 상호작용 활동 경험이 없는 각 그룹 당 3명의 아동들로 구성되었다. 각 그룹의 아동들에 동일한 인지학습을 시켰다. 돌고래 그룹은 대상 아동이 돌고래와 활동하는 동안에 학습을 시켰고, 교실 그룹은 교실에서 학습을 시켰다. 초기 실시되었던 연구에서는 세 번째 그룹으로서 컴퓨터를 이용하여 학습하는 그룹의 아동들을 구성하였었다(Servais, 1999).

세션들은 개별적으로 약 15분 동안 수행되었다. 적응 세션 동안 돌고래 그룹과 컴퓨터 그룹의 대상자들은 각각 돌고래 또는 컴퓨터에 점진적으로 익숙해지도록 도입되어졌다. 학습 세션 동안, 놀이와 학습시간이 선택되어 수행되었다.

연구결과, **돌고래 그룹의 대상자들 모두가 교실 그룹 대상 아동들 보다 더 짧은 시간에 학습된 양이 많았다. 사후 검사 결과, 돌고래 그룹의 아동들은 그들이 습득한 새로운 기술을 새로운 문장으로 서술할 수 있었다**(Servais, 1999).

(2) 장애 아동에 대한 효과 연구

Nathanson 등(1994)은 장애를 가진 47명 아동들을 대상으로 돌고래 매개치료 효과에 대한 연구를 수행하였다. 참여 아동들의 나이는 2-13세이었고, 신체장애로 대뇌성 중풍마비, 두뇌 손상, Angelman syndrome, 자폐, 정신지체 및 다운증후군을 포함하고 있었다.

대상 아동들은 연구 시작 전에 6개월 이상 동안 매 주 신체 및 언어 치료를 받았으나 운동이나 언어 활성에 기대치 이하인 아동들을 선별하여 2그룹으로 나누어 연구를 수행하였다. 1군은 독립적인 운동 활성을 위한 그룹이고, 2군은 독립적인 언어 활성을 위한 그룹이었다. 각 참여 대상자들은 2주 동안 매일 약 40분 동안 세션을 받았다. 각 세션 동안, 대상 아동들은 치료사의 요청에 기반을 둔 언어 활성이나 운동 기반 활성을 수행하도록 독려되었다. **대상 아동들이 정확히 반응하였을 때, 대상자들은 보상으로서 돌고래와 물에서 상호작용 활동을 할 수 있는 기회를 제공받았다.**

연구결과, 1군 운동활성 그룹에서 2주 세션이 끝날 때까지 대상자들의 71%는 물건을 만지거나 고리를 막대에 끼우는 것과 같은 독립적인 운동 기술을 달성할 수 있었다. 2군 언어 활성 그룹에서는 대상 아동들이 2주 세션이 끝날 때까지 57%가 독립적으로 그들의 첫 단어나 문장을 말할 수 있었다(Nathanson, 1997).

(3) Dolphin Human Therapy Programme

돌고래를 이용하여 심각한 신체적 및 정신적 장애를 가진 아동들을 치료하는 다른 연구로서 '**Dolphin Human Therapy Programme**'이 있다(Nathanson, 1998).

이 연구에는 치료를 위한 3가지 이론 배경이 있다.

첫째 이론으로 '**주의력결핍 가설**'이다. 이는 장애를 가진 대상자들이 왜 학습과 동기부여에 어려움을 겪는지를 설명할 수 있다. 이 이론에 따르면 정신적으로 장애를 가진 대상자들이 갖는 학습장애는 선천적인 문제라기보다는 생리학적 주의력결핍이 주로 작용한다는 것이다.

두 번째 이론은 '**조작적 조건(operant conditioning)**'이다. 이 이론은 행동과 이유 및 결과들 사이의 인과 관계로 설명되어진다. 이 이론에 따르면 행동들은 이후에 일어나는 사건들의 한 기능으로서 강화되거나 약화된다고 믿어진다(Skinner, 1953; Craighead 등, 1994).

세 번째 이론으로는 **'이분야 팀 모델(interdisciplinary team model)'**이다. 다양한 학문 분야의 전문가들이 대상자 가족과 긴밀히 협력하고 가장 효과적인 치료 방법을 대상 아동들에 제공할 수 있다(Nathason, 1998).

Nathason(1998)은 돌고래 매개치료(dolphin-assisted therapy)의 장기간 적용에 따른 효과에 대하여 연구인 **'Dolphin Human Therapy Programme'**을 수행하였다.

연구는 12개월 이상 동안 1주 간격으로 9번 이상의 치료 세션을 받은 139명의 아동들로 구성되었다. 조사를 위한 설문지가 개발되었고, 대상 아동들의 부모들에게 돌고래 매개치료의 직접적인 결과로서 대상 아동들의 행동 변화와 유지 관련 평가를 하도록 설문 조사하였다.

설문 분석 결과, 돌고래 매개치료의 장기간의 치료 효과 관점에서 부모들은 돌고래 매개치료가 대상 아동들의 가족 활동 참여도 향상(69%), 눈 마주침 유지 능력 향상(60%), 언어치료에 기여(59%). 특수교육 수업에 기여(65%) 및 사회적으로 인사하기 증가(58%) 등의 효과가 있는 것으로 답하였다(Nathason, 1998).

2) 돌고래매개치료의 이점

돌고래를 매개로 하는 치료는 다음과 같은 이점을 가지고 있다.

① 물은 대상자들의 스트레스를 감소시키는 역할을 하고, 운동기술 증가, 운동감각 피드백을 제공할 수 있으며, 감각 운동의 인지형태를 재확립하는 것을 도와주고, 유연성 증가와 통증경감을 유도할 수 있다(Burton & Edwards, 1990; Nathanson, 1998).

② 연구결과에 따르면 돌고래는 사람의 학습효과를 올리는 모델이 될 수 있다(Nathanson, 1989 ; Nathanson 등, 1997).

사람과 유사성을 가진 돌고래는 그들 종에 특별한 사회적 유대를 형성하고 행동하는 동기부여를 선천적으로 가지고 있다. 돌고래는 대상자들이 집중력을 향상할 수 있도록 도와줄 수 있다. 이러한 이유로 돌고래는 장애를 가진 아동들과 치료에 이용되어질 때, 더 강한 학습 상승효과를 유발할 수 있다.

3 승마치료(Hippotherapy)

승마치료는 치료도우미동물로서 말을 활용한 동물매개치료를 말한다. 승마치료는 크게 재활승마와 말매개심리치료로 나누어 볼 수 있다. 재활승마는 대상자의 재활치료에 승마의 효과를 주로 이용하는 것이고, 말매개심리치료는 대상자의 심리치료에 승마를 활용하는 것이다.

1) 승마치료의 개요

사람의 치료에 말의 매개 효과를 이용하는 것을 **승마치료(hippotherapy)**라 한다. 미국 승마치료협회(American Hippotherapy Association, AHA)는 승마치료를 **'신경근육 장애를 가진 장애자들과 다른 신체의 기능적 제한과 불편을 가진 대상자들의 치료의 도구로서 말의 움직임과 운동을 이용하는 것'**으로 정의하고 있다.

최근 한국마사회는 사회공헌사업의 일환으로 승마를 통한 청소년 정서장애 전문 치료센터인 'KRA 승마 힐링 센터'(인천시 구월동)를 최근 개장했다. 승마장을 포함해 2000평 규모에 전문상담사와 재활승마지도사의 전문적인 상담 치료를 비롯해 차별화 되는 승마치료 기능까지 갖춘 이 센터는 앞으로 매년 2000여명 이상의 정서장애 청소년에게 치료 혜택을 제공할 예정이다.

2) 승마치료의 효과 기전

부상당한 병사를 말에 태웠더니 치료 효과가 있다는 내용이 고대 그리스 문헌의 발견으로 미루어 **치료재활승마의 기원은 BC 400년경부터라고 추정**되고 있는데 이후 1670년대 영국의 토마스시드넘 의사는 '몸과 영혼을 위해 매주 많은 시간을 안장 위에서 말과 함께하는 것보다 더 좋은 치료는 없다'라고 글을 남겼다.

한국치료 및 장애인승마협회 회장이며 제주한라대학교 교수인 김갑수 박사는 치료재활승마와 교정승마에서 말의 역할은 장애인이나 환자를 태우고 다니는 운송수단 혹은 도구가 아니라 필요충분조건인 '제2의 치료사'로서의 역할이 강조되어져야 한다고 말한다.

승마는 살아 있는 동물과 함께 운동을 한다는 것이 가장 큰 매력이므로 이러한 장점을 최대한 살려 마음을 닫고 있는 장애인들에게 보다 쉽게 다가갈 수 있는 운동이다.

승마하면 주로 경기 승마, 레저 승마 그리고 경마로 분류하지만 재활, 치료 승마는 주로 장애 아동을 대상으로 하는 대체 의학적 차원에서 승마를 활용한다.

승마치료는 신체적, 정신적 장애를 가진 사람들에게 승마를 통하여 치료적 성과를 도모하고 장애를 극복할 수 있도록 하는 것이다. 승마운동이 신경 장애 및 심리적 발달 장애 환자들의 치료에 탁월한 효과가 있다는 것이 여러 연구자들에 의해 보고되고 있다 (추호근, 2003).

승마치료는 말(horse)의 보행을 통해서 기승한 장애를 가진 이들의 치료적 기능향상을 기대 하는 일종의 치료방법을 말한다 (정진화, 2010).

사람의 치료에 말의 이용에 대한 개념은 말이 걷는 운동 자극이 승마를 한 대상자들의 운동을 자극하고, 운동을 통하여 대상자들의 감각을 자극한다는 것이다.

승마할 때 말의 걸음걸이는 승마한 대상자에게 사람의 골반 운동과 유사한 형태의 운동을 제공할 수 있다. 승마치료는 다양한 정도의 신경근육골격 장애를 가진 아동들과 성인 대상자들에 널리 이용되고 있다.

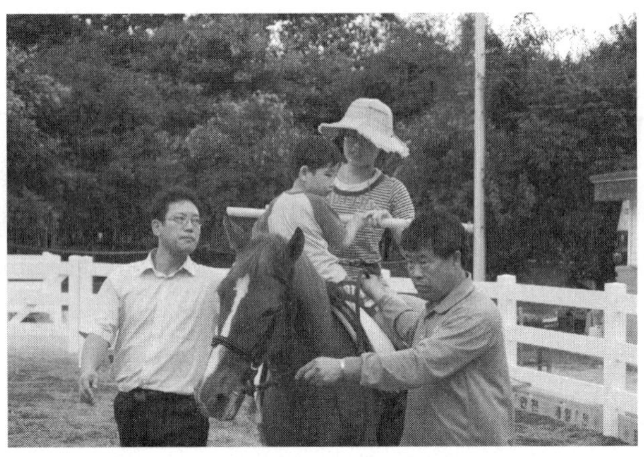

출처 : 한국치료 및 장애인승마협회

그림 10-3. 발달장애 아동의 승마 치료 과정

3) 승마치료의 효과

승마치료를 적용하는 대상자 그룹들에는 다음과 같은 적응증이 있다.

① 비정상 근육긴장

② 평형감각장애

③ 조정장애

④ 의사소통장애

⑤ 자세 비대칭
⑥ 자세조정불량
⑦ 운동성 저하
⑧ 각성, 동기 및 집중력 저하

승마치료에 의해 대상자가 향상이 기대되는 것으로 행동과 인지능력 뿐 아니라, 운동기술, 언어능력이 있다.

승마치료가 선택되는 주된 의료적 상태로는 대뇌성 중풍마비, 대뇌혈관 질병, 발달장애, 다운증후군, 기능적 척추만곡, 학습장애, 언어장애, 다발성 경화증, 감각 종합능력 장애, 외상성 뇌손상 등이 있다.

승마치료의 하나인 말매개심리치료(Equine-assisted psychotherapy)는 대상자들의 전반적인 정신 건강을 향상시키고 치료를 촉진하기 위하여 잘 계획된 승마활동을 이용하는 것이다.

말 매개 심리치료의 목적은 대개 대상자들의 자기강화, 자신감 증대, 사회경쟁력 향상 등에 있다. 승마치료가 되었든 말 매개 심리치료가 되었든 간에 치료 도구로서 말을 이용한 중재 요법의 공통 목표는 장애를 가진 대상자들의 삶의 질(quality of life)을 향상시키는 것이다.

승마치료와 관련된 정신과적 이점들에는 자신감 향상, 용기, 동기부여, 사회융화성 향상이 있는 것으로 알려져 있다(Farias-Tomaszewski, 2001).

승마치료의 대표적인 효과들로 보고되고 있는 항목으로는 아래 내용들이 있다.

① **신체적 능력과 인지력을 향상시키고 감성과 사회성을 발달시키며, 신경생리학적 이점과 운동발달과 조절의 향상을 가져온다.**

- 장애인들의 경직된 신체 반응에 유연성을 발달시켜주어 허리가 곧게 펴지는 자세교정의 탁월하고 경직된 근육조직의 이완 작용과 불수의적 운동이 안정되는 효과가 크고 심폐기능 촉진 등 신체적 장애의 치료적 효과가 있다. 그리고 승마를 통해 말의 경보, 경속보 등의 말의 움직임이 말을 탄 사람의 관절의 움직임 다양한 근육 및 인대의 강화에 도움이 된다.

② **말과의 교감과 치료사와의 의사소통을 통해서 사회성 발달 효과가 있다.**

- 발달장애 아동의 경우 자신보다 얼굴이 크고 몸집이 큰 동물을 어루만지며 접촉하고 소통하는 과정 속에서 타인과의 소통을 발전시키지 못하고 자기 자극만 일삼는

아동들이 자연스럽게 타인에 대한 관계를 흥미롭게 경험하므로 사회성을 일깨우는 데 매우 효과적입니다.

③ **몸의 균형 능력을 향상 시켜준다.**

- 뇌의 비정상적인 발달로 인하여 행동의 이상인 환자에게는 말의 움직임을 통하여, 본인 스스로의 몸의 균형을 회복 할 뿐만 아니라, 심신성 신경 전달 기능에 의하여, 본인스스로의 몸의 균형이 잘못되었다는 것을 스스로 인지하여 건강한 사람의 자세와 통일한 자세를 교정하려는 노력을 기울이게 되는 이중적인 효과를 나타낸다 (2003, 김갑수).

④ **승마치료를 통하여 의식의 발달이 이루어진다.**

- 항상 파트너와의 관계에서 모든 것을 인식하고, 구별하는 가운데 자신의 행동, 균형감 반응 등이 무의식적인 행동에서 의식적인 행동으로 변하게 되며, 이러한 의식화의 과정에서 자신뿐만 아니라 타인을 인지하는 효과가 나타난다.

출처 : 한국치료 및 장애인승마협회

그림 10-4. 발달장애 아동의 승마 치료 과정

4) 승마치료 연구 현황

□ 발달장애 아동 40명에 승마 치료 프로그램을 실시한 결과 다음과 같은 효과를 관찰할 수 있었다(출처 SIT 연구소).

- 몸을 잘 움직이지 않고 몸에 힘이 들어가 굳어 있던 아이들이 부드러워졌다.
- 정서적으로 안정되고 재미있어 하였다.
- 여타 동물들도 접촉을 거부하던 아이들이 말에 대한 적응은 매우 빠르게 나타났다.
- 승마 후 다른 프로그램에 적응하는데 도움이 되었다.
- 자기 조절과 자신감 향상이 두드러지게 나타났다.

□ 재활승마가 지적장애아동의 균형, 보행, 상지기능, 사회 성숙도에 미치는 영향을 연구한 결과 아래와 같은 효과를 얻을 수 있었다 (이인실 2012).

- 45명의 지적장애아동을 대상으로 하여 재활승마군, 승마기구운동군, 대조군을 무작위로 각각 15명씩 나누어 연구에 참여하도록 하였다.
- 사회성 검사는 바인랜드 사회성숙도 (Vineland Social Maturity Scale)를 이용하였으며, 보행은 보행분석 시스템인 AP1105 (Gaitrite E.W.P.U)를 사용하였고, 상지기능 검사는 3차원동작 분석기를, 균형검사는 균형능력 측정 시스템을 사용 하였다.
- 중재방법으로 재활승마군은 미국 재활승마 협회가 발행한 프로그램을 수정 보완하여 1회 40~45분 동안 주 2회 8주간 실시하였으며, 승마기구 운동군은 승마기구를 이용하여 주 2회 회당 30분씩 8주간 실시하였다.
- 지적장애아동에게 세 집단에 대한 치료의 비교에서 승마기구 적용은 대조군에 비해 보행 중 걸음 길이, 보행 길이, 걸음 시간과 사회성숙도에서 긍정적 효과를 나타내었고, 균형, 상지기능에서 오차 범위 내에서의 감소를 보였고, 재활승마 적용은 승마기구 적용에 비해 균형, 보행, 상지기능, 사회성숙도에서 더 긍정적인 효과를 볼 수가 있었다.
- 재활승마는 지적장애아동의 사회성뿐 아니라 보행 및 균형능력, 상지기능에 긍정적인 효과가 나타났다. 다른 장애를 가진 아동들에게 재활승마를 이용한 체계적이고 질환의 특성에 맞는 프로그램이 개발된다면 지적장애를 가진 아동들뿐만 아니라 다른 장애 아동들에게도 더욱 효과적인 치료 방법으로 제시 될 수 있을 것이라 생각된다.

□ **재활승마가 신체장애를 가진 대상자들에 미치는 영향을 연구한 결과 아래와 같은 효과를 얻을 수 있었다** (Farias-Tomaszewski, 2001).

- 연구대상자들은 22명으로 17-61세의 나이로 평균 40세 나이였으며, 15명은 여성이고 7명은 남성이었다.
- 대상자들은 다발성 경화증, 폐쇄성 머리손상과 부수적 장애, 척수신경손상, 대뇌성 중풍마비, 척추만곡 등의 신체장애를 가지고 있었다.
- 평가는 프로그램의 시작 첫날과 종료시 수행되었다. 평가 도구로는 Self-Efficacy Scale, Physical-Efficacy Scale 및 Behavioral Rating Scale을 이용하였다.
- 시작 첫날과 종료시 승마강사와 연구보조자가 이러한 평가도구를 이용하여 대상자들을 평가하였고, 신뢰도는 사전검사에 0.87, 사후검사에 0.65이었다.
- 연구결과, 신체 자기효능 지표의 사전 및 사후 검사 점수는 프로그램 지속 시간과 관련되어 있었다.
- 본 연구를 수행하기 전에 치료승마에 참여한 대상자들은 신체 자기효능과 자신감 점수가 더 높은 것으로 확인되었다 (Farias-Tomaszewski 등, 2001).

4 동물원 동물

- **동물원 동물을 관람하는 것만으로도 혈압이 내려가고 심리적 안정을 찾을 수 있다는 보고가 있다. 동물원 동물은 주로 관람과 같은 수동적 동물매개치료로 활용되지만, 안전성이 높거나 어린 동물의 경우에 대상자가 직접 만지거나 사육을 돕는 프로그램으로 능동적 동물매개치료를 수행할 수도 있다.**
- **국내에서는 발달장애를 앓고 있는 신수성씨가 동물원 동물과 상호작용을 통하여 야생동물 전문화가로 성장한 사례가 소개된 바 있다.**

1) 동물원동물매개치료 개요

살아있는 여러 가지 동물을 모아서 사육하고 번식하면서 교육 및 여가선용을 위해 일반인들에게 관람할 수 있는 동물원은 동물매개치료의 활용 면에서도 매우 좋은 장소이다.

동물원을 이용한 프로그램은 사람과 동물 그리고 자연을 연결시켜주며 동물보호와 자연

친화적인 생활을 유도하고 동물과의 상호작용을 통하여 사회성과 정서적 안정과 즐거움을 갖도록 할 수 있다.

ADHD, 행동 장애, 그리고 자폐증이나 다른 여러 기능 장애 같은 발달 장애를 가진 대상자들과 다른 다양한 대상자들에게 동물원을 이용하는 프로그램을 실시할 수 있다.

동물원은 기존의 동물원을 이용하기도 하고 학교나 시설 내에 소규모 동물원을 만들어 활용할 수도 있다.

동물원에서 대상자들은 동물을 사육하는 것을 돕고, 동물에 대해 배우며, 어린 동물을 만지며 동물과 대화하고 애정을 표현함으로써 동물들과 교류를 나누며, 동물들과 함께 놀고, 그리고 능력이 되는 경우에는 다른 아동들 또는 양로원이나 병원에 있는 노인이나 환자들에게 자신이 본 동물들을 소개하도록 할 수 있다.

2) 동물원동물매치료 프로그램의 효과

① 동물원 동물들을 그냥보고 즐기는 것이 아니고 실제 관리 등에 참여하도록 함으로서 교육의 효과를 높인다.

② 과제 수행을 적절히 조정하고 성과에 대하여 격려를 해 준다.

③ 다른 사람의 도움을 받던 환경에서 다른 생명을 돌봄으로써 본성적인 만족감과 자존감을 느낄 수 있다.

④ 친숙하지 않은 동물과의 접촉으로 생기는 두려움을 감소시키고 자신감을 갖게 해 준다.

⑤ 동물사육의 기술을 습득하여 양육능력을 길러준다.

⑥ 동물을 만지고 상호작용을 통하여 다른 사람들과의 사회성 향상과 감정 표현의 능력을 향상시킨다.

⑦ 여러 동료들과 함께 함으로서 협동심과 사회성을 배운다.

⑧ 본능적으로 행동하는 동물의 행동을 관찰함으로서 관찰력과 긍정적 사고력을 갖도록 한다.

⑨ 체험활동 내용을 기록하고 발표하도록 함으로서 문제를 정리하는 능력과 발표력의 향상을 기대할 수 있다.

⑩ 동물과 자연 환경에 주의를 기울임으로써 문제를 감소시키는 기회를 갖을 수 있다.

⑪ 만지며 말하는 대화법으로 동물에 대한 애정 표현력을 키워준다.

Ⅳ. 동물매개교육

학습목표

1. 동물이 주는 교육적 효과를 이해할 수 있다.
2. 동물매개교육에 대한 연구에 대해 알 수 있다.
3. 동물매개교육 프로그램을 이해할 수 있다.

동물매개교육(Animal Assisted Education; AAE)은 목표한 교육 효과를 얻을 수 있도록 전문가인 중재전문 동물매개심리상담사가 치료도우미동물의 촉매 역할과 동기 부여 및 지원 기능을 활용하여 대상자와 상호작용 활동을 하는 것이다.

1 동물매개교육 개요

1) 동물매개교육 정의

동물매개교육은 치료도우미동물과 펫파트로 구성된 중재단위 활동 팀(IU)이 교육 중재전문가인 동물매개심리상담사와 대상자 학생들 사이에 이루어지는 교육 목표 지향적인 전문 프로그램이라 할 수 있다.

2) Green Chimneys의 동물매개교육 사례

동물매개교육을 적용하는 한 시설로 미국 뉴욕 Brewster 시에 있는 Green Chimneys가 있다. 이 시설은 감정조절 상실, 정신적 상처, 학대, 학교 부적응, 사회관계 형성 어려움을 겪는 아동들을 위한 시설이다. Green Chimneys의 본래 목적은 아동들이 동물들을 기르며 사회관계를 배우도록 하는 것이다(Janseen, 1998). 이 시설에서 아동들은 동물들을 보살피면서 그들 또한 다른 누군가로부터 돌봄을 받고 있다는 것을 배운다.

Aaraon Katcher는 필라델피아 펜실베이니아 대학 정신과 교수로 Green Chimneys의 동물매개교육 활동에 대한 연구를 수행하였다. 연구결과, 매개체로 동물의 도입은 행동장애라 불리는 과도활동 증상을 가진 ADHD 아동들의 임상증상을 개선시키고, 학습능력을 향상시킨다는 것을 확인하였다(Golin & Wash, 1994).

2 동물이 주는 교육적 효과

1) 지적장애 개선 효과

Hemlich(2001)는 중등도 이상의 **지적장애(mental retardation, 이전 용어=정신지체)**를 가진 어린이들을 대상자로 하는 반려동물 매개 활동의 효과에 대한 연구를 수행하였다. 7명의 어린이 대상자들을 8주 동안 주 2회, 30분 세션으로 개를 매개로한 프로그램을 운영하였다. 연구결과, 대상자들은 세션의 종료 시 주의력 증가, 신체 운동능력 향상, 의사소통 능력 증가 및 사회성 향상 효과가 확인되었다.

2) 정신발달 촉진

중재 매개체로서 살아있는 개와 고양이 뿐 아니라 장난감 애완동물의 대체 가능성에 대한 연구도 수행되고 있다. 살아있는 애완동물은 일부 시설들에서 관리와 사육에 어려움이 있어 적용의 제한점이 되기도 하기 때문에 치료의 매개체로서 장난감 애완동물의 대체 가능성을 알아보는 것은 중요한 일이다. 살아있는 개와 고양이, 배터리 작동 개와 고양이 장난감을 이용하여 6-36개월 아이들을 대상으로 연구가 수행된 결과, 살아있는 개와 고양이가 장난감 개와 고양이 보다 더 적극적인 상호반응을 유도하였다. 다른 연구들에서도 또한, 살아있는 애완동물들과의 상호작용이 어린이 대상자들의 정신 발달을 촉진한다는 것이 확인되었다(Becker, 2002).

3) 아동에 대한 반려동물의 이점

여러 연구들에서 어린이들은 그들의 애완동물을 친구이자 동반자로 생각한다는 것이 알려져 있다.

미국 미시간에서 수행된 연구에서도 어린이들은 화가 났을 때, 참여 어린이들의 75% 이상이 부모나 친구들 보다 그들의 반려동물에게 이야기를 한다는 것이 확인되었다(Becker, 2002). 다른 연구들에서도 어린이 대상자들은 그들의 반려동물과 쉽게 상호작용이 유도되고 치료에 도움이 되는 많은 긍정적 이점을 받는 다는 것이 밝혀져 있다(Fawcett & Gullone, 2001).

18세기말과 19세기 초에 어린이와 반려동물의 관계에 대한 개념이 발달하기 시작하였다. 반려동물은 어린이들이 자기통제를 발달하도록 도울 수 있는 역할을 수행할 수 있다. 반려동물은 자신을 돌봐주는 주인들에 대한 무조건적인 애정과 충성심을 보여주고, 출산 후 애정 어린 강아지 돌보기 등의 다양한 간접 경험을 어린이에 제공해줄 수 있다(Serpell, 1999).

어린이들은 자신의 반려동물과 어른들이 이해하기 어려운 특별한 교감을 형성할 수 있다. 어린 시절 반려동물을 길러 본 아동들은 사자나 돼지, 닭이나 뱀과 같은 다른 동물들에 덜 부정적인 태도를 갖게 된다는 사실이 보고되었다(Serpell, 1999). 다른 연구결과로 어린 시절 반려동물을 기른 경험을 가진 경우에 어른이 되었을 때 보다 더 인본적 태도와 행동을 보이는 것으로 밝혀졌다(Serpell, 1999).

동물들은 중재 매개체로 도입되어 다양한 교육 활동에 이용되어질 때, 아동 대상자들에게 교사 또는 상담사와 서먹함을 푸는 **ice-breaker** 역할을 한다. 또한 무의식에 깔려있는 감정의 분쟁이나 걱정과 두려움들을 대상 아동들이 털어놓게 하는 촉매제로서 역할을 한다.

일부 연구자들은 애완동물이 대상 아동들의 문제들을 해결하는 방법을 제시할 수 있다고 믿고 있다(Serpell, 1999). 어린이들은 쉽게 그들의 감정을 동물에 자연스럽게 털어놓는 경향이 있다(Reichert, 1998).

3 동물매개교육에 대한 연구

1) 대인관계 형성에 도움

Levinson은 대인관계 형성에 어려움을 겪고 있는 감정장애를 가진 어린이들이 애완동물과 쉽게 관계를 형성할 수 있다고 보고하였다. 애완동물은 어린이에게 비위협적이고, 평가에 대한 두려움을 해소시키며, 무조건적인 집중과 사랑을 베풀어 줄 수 있는 특성을 가지고 있다. 이러한 이유로 어린이들은 동물에 더 편안함을 느낄 수 있다. 어린이와 동물의 이러한 독특한 관계는 **어린이가 동물의 중재를 통하여 대인관계 형성 능력을 향상**할 수 있도록 독려 받을 수 있게 한다 (Levison, 1982; Serpell, 1999).

2) 행동문제 감소 효과

Hensen 등(1999)은 생리학적 각성과 행동학적 문제들을 가진 2-6세 어린이들을 대상으로 개가 없는 상태와 개를 동반한 상태의 효과에 대한 연구를 수행하였다. 연구를 위하여 34명의 대상 아동들은 대조군(개가 없음)과 처치군(개가 있음)으로 나뉘어 연구가 수행되었다. 2개 군의 대상 아동들의 신체검사를 통하여 수축기와 확장기 혈압, 평균 혈압, 심박 수 및 손가락 온도가 측정되었다. 시작 전 기준선 값과 이후 2분 간격으로 측정을 실시하였다. 참여 대상 아동들은 검사 동안 비디오 녹화하였고, 행동 평가 척도는 Observation Scale of Behavior Distress를 이용하였다. 연구결과, 처치군의 개가 있는 상태에서 측정한 아동들은 행동 문제가 유의하게 감소한 것을 확인하였다.

3) 감정 조정 능력 증가와 분노행동 감소 효과

Hanselman(2001)은 청소년을 위한 12주 분노 유지프로그램에서 개의 이용 효과를 연구하였다. 참여 대상자들은 7명의 14-17세 청소년들이었다. 연구의 기본 가설은 '가정에서 길러지는 애완동물들에 대한 학대가 다른 형태의 가정 폭력과 상관성이 있다.'라는 것이다. 발달가설은 '어린 시절 학대 피해자들은 동물을 포함한 다른 사람들에게 다른 형태의 유사 학대 행위를 가할 수 있다.'는 것이다(Hanselman, 2001). 모든 참여 대상자들은 폭력 예방 그룹치료를 적용받았고 사전과 중간 및 사후 평가를 받았다. 평가를 위한 도구는 State-Trait Anger Scale, Companion Animal Bonding Scale, Mood Thermometer, Beck Depression Inventory를 이용하였고 부모간담회를 통하여 모든 처치 목표의 기준선이 설정되었다. 그룹 치료의 토론 시간에 2마리의 개들이 간헐적으로 참석하였고, 대상자들이 동물을 쓰다듬는 것을 허용하였다. 토론 시간에는 학대를 받은 개들의 예를 들어 토론이 진행되었다. 학대에도 불구하고 개들이 그들의 주인에게 어떻게 사랑을 보여주는지를 예시로 설명하고 토론을 유도하였다. 대상자들의 분노감을 줄이기 위한 싸이코 드라마와 안정 세션은 개를 중재로 이용하여 수행되었다. 연구결과, 참여 대상자들은 감정적 분노감과 분노 행동에 유의한 감소를 보였다. 이러한 연구결과로부터 개를 매개로 하여 매개치료를 실시하는 것으로, 청소년들이 자신의 **감정 조정 능력이 증가하고 분노행동이 감소**할 수 있는 것을 확인하였다(Hanselman, 2001).

4) ADHD에 대한 효과

동물의 중재에 의한 매개치료는 주의력결핍 과잉행동장애(Attention Deficit Hyperactivity Disorder, ADHD)를 가진 어린이를 위한 치료로 이용될 수 있다(Barkeley, 1998).

Barkeley(1998)는 치료의 중재로 동물의 이용에 대한 5가지 가정들이 제안되었다.

동물들은 행동의 예측이 어려워 어린이들의 집중을 끌어내기에 유리하다.

동물들의 움직이나 행동이 예측불허이기 때문에 어린이들은 동물들의 행동을 관찰하여 보다 더 집중하게 되고 이러한 이유로 집중 유지에 어려움을 겪고 있는 ADHD 아동과 같은 어린이들의 치유효과가 향상될 수 있다.

동물들은 어린이에게 불확실성을 제공하며 이런 점이 어린이들의 충동적인 반응들을 억제하도록 도울 수 있다.

동물들은 어린이들에 말을 할 수 있는 기회를 늘려준다. 동물들은 어린이들의 호기심을 증가시키고 이러한 자극은 대상 어린이의 치료와 학습에 필수적인 대화를 촉진시킬 수 있다.

동물의 존재는 대상 어린이에게 외부 환경에 대한 집중을 갖게 하며 동물매개심리상담사와 다른 어린이의 행동에 적절한 관심을 작도록 유도할 수 있다.

동물들은 대상 어린이들에게 애정을 제공하고, 돌보고 적절히 놀 수 있는 기회를 제공한다.

동물에 대한 두려움을 극복하고 돌볼 수 있는 기회를 제공하여 대상 어린이들에게 자기존중감 증가와 자신감 향상을 유도할 수 있다.

5) 자아존중감 향상 효과

Triebenbacher(1998)은 애완동물 소유와 어린이의 자아존중감 사이의 상관관계를 연구하였다. 가정에서 애완동물을 기르는 385명의 소년, 소녀 아동들이 연구 대상으로 참여하였다. 반려동물에 대한 애착정도를 평가하기 위한 척도로 Companion Animal Bonding Scale을 사용하였고, 자아존중감을 평가하기 위하여 Rosenberg Self-Esteem Scale을 이용하였다.

연구의 결과, 고양이 또는 개를 소유한 어린이들은 새, 파충류, 말, 또는 설치류와 같은 다른 동물들을 소유한 어린이 보다 그들의 애완동물에 대한 **애착정도**가 유의하게 더 높았다. 또한 소년 보다 소녀들이 그들의 애완동물에 애착정도가 더 유의하게 높았다. 소유자의 성별과 애완동물의 종류가 자아존중감에 간접적으로 관련되어지는 것을 확인하였다.

6) 아동학대와 성적 학대 치유 효과

Reichert(1998)는 성적 학대 어린이들의 치료에 치료도우미동물의 역할에 대한 연구를 수행하였다.

연구 결과, 치료 초기에 대상 어린이와 동물매개심리상담사가 치료도우미동물을 곁에 앉히고 대상 어린이가 동물을 쓰다듬게 하거나, 안아주도록 하는 것이 대상 어린이의 치료에 좋은 효과를 유도하는 것을 확인하였다.

대상 어린이가 동물과 상호작용을 하는 동안에 동물매개심리상담사는 보다 용이하게 대상 어린이에게 치료를 위한 정보를 제공할 시간을 확보할 수 있고, 대상 어린이로부터 여러 질문들을 이끌어낼 수 있었다. 치료의 중요한 부분은 대상 어린이들의 감정들을 겉으로 드러나게 표출하도록 유도하는 것이다. 이런 부분에 대하여 치료도우미동물은 비교적 쉽게 어린이들로부터 유도해낼 수 있고, 대상 어린이가 자아를 조정하여 자신의 감정을 표현할 수 있도록 도움을 줄 수 있다.

예를 들면 치료도우미동물이 있는 상황에서 치료사가 대상 어린이에게 주인이 없어졌을 때 동물은 어떤 느낌을 받을 것인지를 묻는다든지, 대상 어린이가 언제 상처를 받았는지를 묻는 것과 같은 활동을 통하여 대상 어린이가 자신의 감정을 표현해내도록 이끌어 낼 수 있다. 동물들은 이야기 말하기와 비밀 털어놓기와 같은 치료활동에 큰 도움을 제공할 수 있다. 동물매개심리상담사는 어린이가 치료도우미동물에 자신의 성적 학대와 관련된 이야기를 하도록 독려할 수도 있다. 치료도우미동물이 있다고 반드시 학대 피해 아동이 자신의 상처를 털어놓는 것은 아니다. 이런 경우에 치료도우미동물을 포함하는 이야기 말하기 활동은 치료과정에 도움을 줄 수 있다.

어린이는 이야기의 주제와 주인공을 자신과 쉽게 동화시키는 강한 능력을 가지고 있다. 어린이는 이야기의 주인공과 문제들에 자신을 무의식적으로 연결하여 이야기를 쉽게 이어갈 수 있다. 치료도우미동물은 대상 어린이가 이야기를 쉽게 이어나갈 수 있도록 해주는 지지 역할을 수행할 수 있다(Reichert, 1998).

4 동물매개교육 프로그램

1) 독서 보조견 프로그램

아동의 읽기 능력 향상을 목적으로 활용하고 있는 치료도우미견 프로그램은 미국의 비영리 단체인 '인터마운틴 치료동물'에서 독서 보조견의 아이디어를 실현하기 위해 발족한 '읽기교육 보조견'(Reading Education Assistance Dog: READ)에서 가장 활발한 활동을 하고 있다.

'읽기교육 보조견' 프로그램의 핵심은 **동물은 이완을 증가시키고 긴장을 완화하도록 도울 수 있기 때문에 읽기를 싫어하고 어려워하는 아동들이 읽는 것을 경험하는데 가장 이상적인 동료가 될 수 있다**는 것이다(Intermountain Therapy Animals, 2013). 동물들은 주의 깊은 청취자이며 비판하지도 않고 판단하지도 않기 때문에 아동들은 책을 읽어야 할 때 느꼈던 공포에서 벗어나 편안해질 수 있다고 한다.

읽기능력을 향상시키고 싶은 아동들은 누구나 이 프로그램에 참여할 수 있는데 그 중에서도 자신감이 없고 집중을 오래하지 못하며 자기 학년 보다 읽기 평균 점수가 낮은 아동들이 특히 효과를 볼 수 있다.

앞선 치료도우미동물 연구들에 의하면 자아존중감이 낮은 아동들은 다른 사람들과 상호작용하는 것 보다 동물과 상호작용을 하는 것을 더 좋아하는 것으로 나타났다.

미국의 경우에 다양한 단체들에서 활동하고 있는 치료도우미견에게 책을 읽어 주는 프로그램인 '리딩독 프로그램'을 통하여 아동의 난독증 치료, 집중력 증가, 동기 부여 및 학습 효과 증가 유발 효과를 얻고 있는 것으로 보고되고 있다.

읽기 보조견은 활동을 수행하기 위하여 〈표 10-2〉과 같이 필요한 적절한 기술과 자질을 가지고 있어야한다.

표 10-2. '읽기 보조견'으로서 치료도우미동물의 기본 조건

1. 통제하기 힘든 아동집단과의 갑작스런 직면 같은 상황에도 동요 없이 차분하고 조용하게 견딜 줄 알아야한다.
2. 확실한 복종기술과 능력이 있어야하고 '발을 가만히 두거나', '주의를 기울이는 것'과 같은 동작을 습득하고 있어야 한다.
3. 학교종소리와 같이 깜짝 놀라게 하는 큰 소리나 혼란스러운 환경을 견딜 수 있어야 한다.

그림 10-5. 지역 도서관에서 시행되는 리딩독 프로그램

2) 수업참여 개와 고양이(classroom dog or cat) 효과

어린이들과 어울리기를 좋아하는 사교적인 애완동물의 수업 참여가 교실에서 수업의 성취도를 높일 수 있는 것으로 보고되고 있다. 어린이들과 수업에 참여하는 애완동물과의 상호반응이 동물에 대한 감정이입을 늘리고 사랑을 가지고 애완동물을 돌보도록 하며, 이러한 행위로부터 특정 개인들은 치료효과를 보이기도 한다. 상담교사만이 진행하는 교실에서는 어린이들은 상담교사에게 자신의 문제들을 솔직하게 털어 놓지 않는 경우가 많아 진행에 어려움이 있지만, 수업참여 고양이 또는 개(classroom cat or cat)가 있는 교실의 경우에 어린이들은 고양이 또는 개의 애교를 보고 즐거워하며 자연스럽게 대화를 이어나간다.

보고들에 의하면 'Class Dog Program'에 의해 수업 집중력 향상 및 학습효과 증대를 얻을 수 있는 것으로 확인되고 있다.

그림 10-6. Class Dog Program

V. 통합 치료

1. 동물매개치료 기법의 다양성을 이해할 수 있다.
2. 통합 치료로서 동물매개치료의 역할을 이해할 수 있다.

1 동물매개치료 기법의 다양성

1) 동물매개치료 분야에서 미술치료적 접근

동물매개치료 프로그램 과정에 동물 그림 그리기, 동물 모양 공작이나 만들기 등의 활동을 통하여 미술치료적 접근이 가능하다.

미술치료

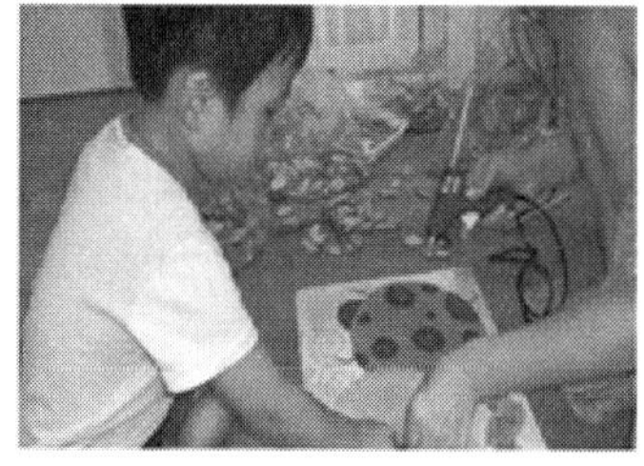

- 동물 사진 활용 → 동물 그림 그리기
- 공작용 종이, 크레이 점토 활용 → 동물 만들기
- 동물 활용 → 직접 보고, 만지고 관찰 → 그림 그리기
- 색상이 다양한 동물 → 색채치료

2) 동물매개치료 분야에서 음악치료적 접근

동물매개치료 프로그램 과정에 동물 음악 듣기, 동물 관련 노래 부르기 등의 활동을 통하여 음악치료적 접근이 가능하다.

음악치료

• 음악을 통한 심리적 안정감
• 동물 관련 동요 듣기
• 동물 관련 동화 + 동물 소리 들려주기
• 동물 관련 클래식 음악 듣기

3) 동물매개치료 분야에서 독서치료적 접근

동물매개치료 프로그램 과정에 동물 관련 동화를 읽어 주기, 동물 소리 들려 주기 등의 활동을 통하여 독서치료적 접근이 가능하다.

독서치료

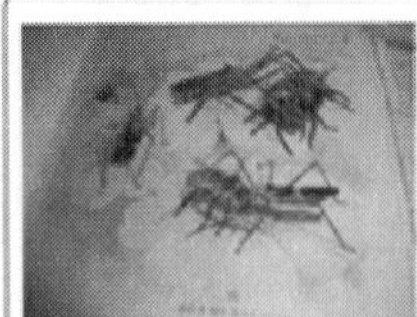

▪ 동물 관련 동화 읽어 주기
▪ 동물 소리 들려 주기

4) 동물매개치료 분야에서 연극치료적 접근

동물매개치료 프로그램 과정에 동물 분장을 하고 상황극이나 연극 활동을 통하여 연극치료적 접근이 가능하다.

연극치료

▪ 동물 분장 상황극
▪ 연극을 통한 심리 치료

5) 동물매개치료 분야에서 원예치료적 접근

동물매개치료 프로그램 과정에 사육상자 또는 수조 만들기 등의 활동을 통하여 원예치료적 접근이 가능하다.

원예치료

- 사육 상자 또는 수조 제작
- 원예 조성
- 다양한 재료 활용
- 원예치료 + 동물 (곤충, 물고기) 사육 → 치유 효과 상승

6) 동물매개치료 분야에서 산림치유적 접근

산림에 체험 학습을 통하여 야생동물 및 곤충을 체험하고 산림치유적 접근이 가능하다.

산림치유

- 산림 체험
- 야생동물 및 곤충 학습
- 산림 치유 + 야생동물 및 곤충 체험 → 치유 효과 상승

7) 동물매개치료 분야에서 작업치료적 접근

동물매개치료 프로그램 과정에 동물이 살 수 있는 집을 만들거나 관련 식물을 심고 가꾸는 등의 활동을 통하여 작업치료적 접근이 가능하다.

작업치료

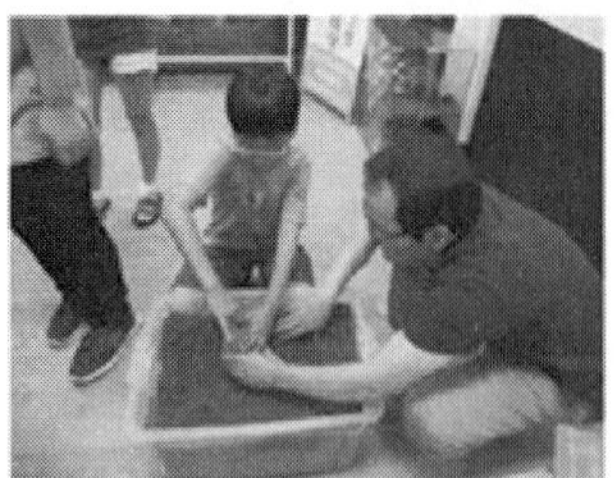

- 성취감 & 인지능력 향상
- 야생동물 및 곤충이 살 수 있는 집 꾸미기
- 야생동물 및 곤충 관련 식물 심고 가꾸기
- 숲에서 야생동물 및 곤충 찾고 학습하기

8) 동물매개치료 분야에서 놀이치료적 접근

동물매개치료 프로그램 과정에 동물 모양 퍼즐이나 모형을 가지고 놀이활동 또는 치료도우미견과의 공놀이나 원반 물어오기 등의 활동을 통하여 놀이치료적 접근이 가능하다.

놀이치료

- 동물 모양 퍼즐이나 모형을 가지고 놀이 활동
- 인지능력 발달
- 상상력 발달
- 성취감 향상

2 통합 치료로서 동물매개치료의 역할

동물매개치료는 프로그램 과정에 미술치료, 음악치료, 독서치료, 연극치료, 원예치료, 작업치료, 산림치유, 놀이치료 등의 다양한 대체의학적 방법들이 함께 접목하여 수행될 수 있다.

동물매개치료는 살아있는 동물이 매개체로 작용하여 다른 어떤 대체의학적 방법 보다 그 효과가 빠르고 강하게 유도되는 특징을 가지고 있다.

대상자에 따라 살아 있는 동물들과의 활동에 제한을 두어야 하는 상황들이 발생할 수 있는데, 그런 경우에 통합 치료로서 동물매개치료의 역할이 빛을 발휘할 수 있다.

대상자에 따라서, 그리고 개선하려는 치료 목표에 따라서 다양한 치료 기법을 동물매개치료 프로그램에서 활용함으로서 통합적 치료 접근이 가능하며, 동물매개치료는 이러한 점에서 통합 치료적 접근법을 제공한다고 할 수 있다.

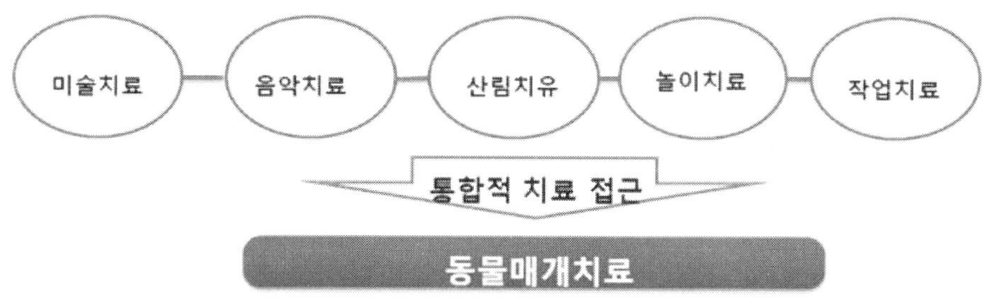

그림 10-7. 통합 치료로서 동물매개치료의 역할

Q&A

통합치료란?

- 대상자에 따라서, 그리고 개선하려는 치료 목표에 따라서 다양한 치료 기법을 융합하여 치료 프로그램을 계획하는 것이다. 동물매개치료는 통합 치료적 접근법을 제공한다.

지적장애란?

- 지적장애(mental retardation)는 발달 단계의 경과 동안 연령 대비 전반적인 지적 능력(표준화된 지능 검사에서 IQ 70 이하) 및 적응 기능에서 결함을 보이는 경우를 말한다. 이전에는 정신지체로 불렸다.

Ice-breaker란?

- 사람 관계에서 서먹함을 풀어 주는 역할을 하는 것을 말한다. 치료도우미동물은 동물매개치료 과정에서 대상자와 동물매개심리상담사 사이에 ice-breaker 역할을 한다. 사회적 윤활유(social lubricant), 촉매제(catalyst)로도 불린다.

Tips 알아둡시다

치료동맹(therapeutic alliance)

- 치료동맹은 초반기 프로이드가 분석가와 환자와의 관계를 이야기하면서 등장하게 된 용어이다. 치료동맹은 치료 과정에서 치료자와 환자가 협력하고 협동하는 관계를 가리키는 용어이다.

이행대상(transitional object)

- 영국의 심리학자 D.W.위니콧이 정신분석에서 처음으로 사용한 정신분석학 용어로 중간대상 또는 과도대상(過渡對象)이라고도 한다. 이행대상은 '내가 아닌(Not-me)' 유아의 최초의 소유물이다. 이것은 보통 아이가 일차적 사랑 대상(주로 어머니)과 감정적으로 분리되는 과정에서, 즉 잠자리에 들 때 또는 고통스러울 때 집어 들고 만지작거리며 손에 꼭 쥐고 있는 친숙한 장난감 종류나 담요조각 - 어머니의 유방과 같은 - 을 의미한다.

단원학습정리

1. '동물매개치료-상담(animal assisted therapy in counselling, AAT-C)'은 상담 과정에 치료의 중재도구로서 치료도우미동물들을 도입하여 상담의 효과를 높이는 것을 말한다.

2. 프로이드 박사는 상담 영역에서 치료도우미동물의 활용이 치료 효과를 높이는 것을 확인하고 상담의 한 분야로 동물매개치료를 병합하여 즐겨 수행하였다.

3. 동물활용치료(animal-facilitated therapy, AFT)는 간호 영역에서 이루어지는 동물매개중재(animal assisted intervention, AAI)를 말한다.

4. 병원 환자에게 동물활용치료를 병합하는 것은 환자의 치료 환경을 향상시키고 환자에게 통합적 치료 및 간호를 제공한다.

5. 농장매개치료는 농장 안의 동물 뿐 아니라 식물이나 가든, 산림과 조경을 포함하는 종합적인 개념이다. 농장동물매개치료는 농장매개치료의 일부분으로서 농장의 동물을 활용한 치료를 말한다.

6. 승마치료는 치료도우미동물로서 말을 활용한 동물매개치료이다. 승마치료는 재활승마와 말매개심리치료로 나누어 볼 수 있다.

7. 동물매개교육(Animal Assisted Education; AAE)은 목표한 교육 효과를 얻을 수 있도록 전문가인 동물매개심리상담사가 치료도우미동물의 촉매 역할과 동기 부여 및 지원 기능을 활용하여 대상자와 상호작용 활동을 하는 것이다.

쉬어가기

911 테러에서 치료도우미견의 활동 이야기

9·11테러 10주년을 하루 앞둔 2011년 9월 10일 뉴욕에서 발간되는 타블로이드판 일간지 뉴욕 데일리뉴스는 9·11 당시 '티크바(Tikva)'라는 이름을 가진 치료견의 활약상을 자세히 소개했다.

당시 한 살배기 강아지였던 티크바는 존재만으로도 '그라운드 제로(세계무역센터 붕괴지점)'에서 작업 중이던 구조대원들의 심적 고통을 덜어줬다. 구조대원들은 잠시 쉴 때마다 티크바를 찾아 마음의 위로를 얻었다.

작업을 마치고 돌아갈 때면 조련사에게 다음날 다시 데려와 달라고 당부하곤 했다. 티크바 외에도 많은 치료도우미견들이 '외상 후 스트레스 장애(PTSD)'로 고통 받는 생존자와 유가족들을 위로해 그들이 정상적인 생활로 돌아가는 데 도움을 줬다. 이후 미국사회에서 재난으로 고통 받는 사람들을 위로하는 데 있어 치료도우미견들은 중요한 역할을 맡게 됐다.

데니스 터너 전 IAHAIO 회장은 말한다. "9·11 당시 생존자나 희생자 가족들로부터 상담 요청을 받는 등록제도가 있었다. 자격을 갖춘 많은 치료사들이 훈련된 동물을 데리고 생존자들과 유가족들을 찾아갔다. 델타소사이어티(현재 Pet Partners)에서 많은 치료 봉사자들을 모았다. 이때의 일을 통해 동물이 고통 받는 사람들에게 정신적인 지지(Support)를 제공하고 우울증을 줄일 수 있다는 것을 알게 됐다. 동물은 편견이 없어 자유롭게 사람들과 상호작용할 수 있다. 특별한 움직임이 없더라도 그 자리에 동물이 가만히 있는 것만으로도 우울증을 줄이는데 도움이 된다. 현장에서 고통 받는 사람들을 돕고 있는 치료사나 정신과 의사들에게도 동물은 도움이 될 수 있다. 어떤 사람들은 바로 정신과 의사에게 마음을 열기도 하지만 어떤 사람들은 먼저 동물에게 마음을 열고나서야 정신과 의사에게 마음을 열기도 한다. 낯선 사람에게 자신의 문제를 말하기가 쉽지 않기 때문이다. 그런 사람들에게 동물은 고통 받는 사람과 정신과 의사를 이어주는 다리가 된다. 동물에게는 자신의 문제를 쉽게 말한다. 미국의 경우 클리닉이나 정신과 병원의 33%, 그러니까 3분의 1이 진료현장에 동물을 데려다 둔다. 유럽의 경우는 고양이가 많다. 정확한 메커니즘은 밝혀지지 않았지만 우울증 환자에게 도움이 되기 때문이다. 치료사나 의사들은 이미 그 효과를 알고 있다. 그냥 가만히 고양이가 있는 것만으로도 환자는 자기 집에 있는 듯한 분위기를 느끼게 된다. 개도 마찬가지 효과를 볼 수 있다. 동물이 있으면 환자들이 다른 사람들과 접촉을 하고, 치료를 받아들이려고 한다."

[출처] 아시아투데이. 2014.04.23

CHAPTER 11

대상자에 따른 동물매개치료

Animal Assisted Therapy for Clients

Ⅰ. 아동 대상

Ⅱ. 노인 대상

Ⅲ. 자폐 아동

Ⅳ. ADHD 아동

Ⅴ. 발달장애

Ⅵ. 치매 대상

동물매개치료 프로그램 동안에 동물들은 불행한 노인들을 미소 짓고 웃게 만들었으며 말을 하지 않던 노인들이 그들의 개들에 대하여 이야기하도록 만들었다. 고립되어 고독과 우울감을 가지고 있던 노인들은 그들의 어린 시절에 함께했던 애완동물들에 대한 추억에 잠기게 하는 등의 빠르고 긍정적인 효과를 나타내었다.

Ⅰ. 아동 대상

학습목표

1. 아동에게 반려동물이 주는 이점을 이해할 수 있다.
2. 아동 대상 동물매개치료 효과를 이해할 수 있다.

1 아동의 삶에서 동물의 의미

1) 생태 심리학적 관점

이 관점은 가장 친숙한 가정에서 이웃, 학교, 지역, 문화로 퍼지는 발달의 맥락의 중요성을 강조(Bronfenbrenner, 1979)했다. 이러한 관점에서 아동 환경의 뉘앙스와 다층적 묘사는 아동의 내부적 생리와 심리의 자세한 분석을 위해 필수적이다.

즉, 생태 시스템은 "내부로부터 외부로(from the inside out)"와 함께 "외부로부터 내부로(from the outside in)" 아동을 이해한다는 것을 강조 하였다. 관계 심리학자들은 생태 시스템은 아동의 많은 맥락의 모든 장면에서 관계를 중요한 것으로 본다.

"시스템"이란 하나의 맥락이 다른 맥락에 영향을 주기 때문에 상호 관련 된다는 것을 의미한다. 가정은 주변의 범죄율에 의해서 영향을 받고, 가족이 아동 발달에 대한 맥락으로서 가장 중요하지만 생태적 접근은 학교, 또래집단, 주변 놀이 친구들, 종교적 장면, 방과 후 활동, 확장된 가족에도 관심을 갖게 된다. 이러한 맥락으로부터 한 개인에 대한 사회망을 도식화하였다(Cochran et al., 1990). 사회망은 사회적 지지에 대한 잠재성을 제공(Cohen and McKay, 1984)하고 수천편의 연구에서 성인과 아동 모두에게 사회적 지지의 힘을 문서화 했다.

아동이 자신의 애완동물을 또래나 가족으로 보는 경향이 있기 때문에 동물은 가족내 시스템에서 가장 중요한 역할을 할 수 있다(nebbe, 1991).

반려동물은 쉽게 이용할 수 있고 대상자를 판단하거나 비판하지 않기 때문에 인간이 도와줄 수 없는 상황에서 지지와 연민의 느낌을 제공할 수 있다. 학령기 아동은 부모나 친구보다 애완동물을 더 가까운 위치로 생각한다(Furman, 1989).

일반적으로 애완동물들은 인간보다 수명이 짧기 때문에 아동들은 중요한 생명주기 사건을 목격 하게 된다. 몇몇 설문 조사에서 대부분 아동들은 청소년기에 죽음이나 사라짐을 통해서 애완동물의 상실을 경험했다고 한다(Stewart, 1983; Robin et al., 1983; Melson & Fine, 2010)

2) 관계와 자아심리학적 관점

George Herbert Mead and Carles H. Cooley는 아동의 자아와 모든 사고, 정서는 대상 심리학자에 의한 "대상"이라고 부르는 타인과의 관계를 통해서 나타난다고 주장하였다. Cooley는 자아가 다른 사람의 눈을 통해서 비추어진 특성으로부터 어떻게 만들어지는지를 알아내기 위해 "**영상자아(looking glass self)**"라는 용어를 사용하였다. 인간의 경험 속에서 응집되고 균형 있는 자아상을 위한 **구조체(Building Block)**를 아래와 같은 방법으로 만들어 간다(Wolf, 1994).

- mirroring(인지되고 지지되는 느낌)
- merging(서로 하나 되는 느낌)
- adversary(이용할 수 있고 반응할 수는 것에 대해 자신을 주장할 수 있는 것)
- efficacy(반응을 끌어낼 수 있는 느낌)
- vitalizing(분위기 전환을 위해 조율되는 느낌)

이것은 오직 다른 사람만이 이러한 관계적 이점을 제공하는데 적합하다는 것을 가정하였다. 그러나 많은 인간과 동물의 상호작용에 관한 연구에서 많은 아동들이 자신의 애완동물과의 관계에서 이러한 구조체(building block)를 만드는 것을 알아냈다(Melson, 2001). 그러므로 "자아 대상" 경험의 범위는 인간과 인간간의 유대만이 아니라 다른 종도 이제는 포함한다.

3) 정신 역동적 관점

Freud(1965)는 동물에 대한 아동의 끌림에 감동을 받아, 동물이 아동의 꿈에 얼마나 자주 등장하는 지에 주목하였다. 동물은 꿈속에서 숨길 수 없이 나타나는 아동에 대한 위협적인 강한 성인, 보통 부모의 투영을 표현하고 정신분석적 관점에서 인간의 이성보다는 생물학적 욕구가 그들 모두에서 지배적이기에 아동과 동물은 자연스러운 유대를 공유한다.

융은 동물 상징물(심볼)이 자아가 표현되어진 것이라고 강조 하였으며 융 심리학자는 "자아는 종종 동물로써 상징화되고 본능과 환경과의 유대를 표현"(von Franz, 1972) 한다고 하였다. 아동의 꿈과 연상에서 동물의 형상화의 빈도는 정신분석적으로 심리학자들이 아동과 성인 환자의 "내면의 아이"를 위해서 동물 이미지를 사용하는 다양한 투사 검사를 개발하게 하였다. 최근 개발된 것으로 **'동물 속성 이야기 기법'**(Animal Attribution Story-Telling Technique (Arad, 2004))이 있는 데, 이는 가족의 각 구성원에게 동물의 역할을 주고 동물 주인공에 관한 간단한 이야기를 만들어 보도록 한다. 품행장애나 ADHD로 진단된 아동이 있는 가정에서 가족치료를 위해서 적용되고 있다. 개발자에 의하면 "가족에게 동물 이름 속성은 여러 동물 역할을 통해서 성격 특성과 대인 관계성을 잘 설명할 수 있도록 도와주는 즐겁고, 비위협적인 분위기를 만들어 낸다."

Parish-Plass(2008)는 동물매개치료는 불안전한 애착이 있는 아동을 치료하기위한 길을 제공하였다. 동물의 존재는 치료를 위한 안정적이고 덜 위협적인 분위기를 제공하고, 동물매개치료는 아동의 놀이세상과 현실세상 모두에서 이해될 수 있는 마음속 **"비밀공간"**에서 일어나기 때문에 촉매자로써 역할을 한다. 학대나 방치에 의해서 불안전한 애착을 보이는 아동을 치료하는 동안 동물이 도울 수 있는 몇가지 목표를 확인하였다.

- 가장 중요한 이점은 치료도우미동물이 대상자와 동물매개심리상담사의 연결을 가능하게 하면서 성인을 신뢰할 수 있도록 아동을 지원할 수 있다.
- 동물은 아동의 정신적 표상의 변화를 가능하게 할 수 있다.
- 아동이 가지고 있는 어려운 삶의 상황과 관련된 핵심적이고 위협적인 문제에 대해서 아동과 활동을 할 수 있도록 도와준다.

4) 생명존중가설(자연친화설, biophilia)의 관점

생물학자 윌슨에 의해서 발전된 이것의 생각은 동물의 삶에 조화되어가는 성향이 인간의 진화적 유산의 일부이며 우리의 생존을 위해 동물과 식물을 취하는 잡식동물로써 공진화의 결과이다(Kellert & Wilson, 1993; Wilson, 1984).

생명존중가설(자연친화설, biophilia)은 동물을 사랑하는 것을 의미하는 것이 아니라 살아있는 것에 대한 본질적 관심이다. 인간이 진화하는 동안, 이러한 관심은 음식과 옷을 마련하기 위해 동물과 식물을 사용하기 위한 필요성뿐만 아니라 동물이 환경의 감시병 역할을 하기 때문이며 몇몇 동물들은(독사, 사자, 곰)은 인간에게 직접적 위험이 될 수 있으며 음식을 위한 인간과 경쟁할 수도 있고 환경을 차지하려고 할 수도 있다(Barrett, 2005).

위험과 안전의 환경적 감시자로써 동물에게 반응하도록 진화된 우리는 불안해서 공격적인 동물들에 대해서 흥분된 효과를 가지기 쉬우며 차분한 동물들은 인간의 기분을 안정시키는 효과를 가지게 할 수 있다.

2 어린이에게 반려동물이 주는 이점

(1) 반려동물은 어린이들이 자기통제를 발달하도록 도울 수 있는 역할을 수행할 수 있다.

(2) 반려동물은 자신을 돌봐주는 주인들에 대한 무조건적인 애정과 충성심을 보여주고, 출산 후 애정 어린 강아지 돌보기 등의 다양한 간접 경험을 어린이에 제공해줄 수 있다.

(3) 어린이들은 자신의 반려동물과 어른들이 이해하기 어려운 특별한 교감을 형성할 수 있다.

(4) 어린 시절 반려동물을 길러 본 어린이들은 사자나 돼지, 닭이나 뱀과 같은 다른 동물들에 덜 부정적인 태도를 갖게 된다는 사실이 보고되고 있다.
- 다른 연구결과들 중 재미있는 결과로 어린 시절 반려동물을 기른 경험을 가진 경우에 어른이 되었을 때 보다 더 인본적(humane) 태도와 행동을 보이는 것으로 밝혀졌다.

(5) 반려동물은 어린이에게 교육 및 정신적으로 도움을 주는 역할을 다양하게 할 수 있다.
- 많은 연구결과들에서 반려동물은 어린이들의 정서지원, 태도조정, 사회화 형성, 신체보조, 의욕고취, 훈련, 교육과 동기부여 등을 통하여 어린이에게 도움을 줄 수 있다. 사춘기 시기의 아이들에게 반려동물은 가족의 사랑을 대체할 수 있는 정신적 사랑의 대상이 될 수 있다.

(6) 최근의 연구결과들에 의하면 '반려동물을 키우는 아이들이 그렇지 않은 아이들 보다 사회성이 강하며, 정서적으로 안정되고 신체적으로도 면역기능이 높다'라는 것이 보고되고 있다. 어린이들에게 반려동물은 함께 성장하는 친구이자 동료로서 계산할 수 없는 많은 이점들을 제공한다.

3 아동 대상 동물매개치료 효과

(1) 어린이들은 쉽게 그들의 감정을 반려동물에게 자연스럽게 털어놓는 경향이 있다.
- 미국의 소아과 정신과 의사인 보리스 레빈슨 박사는 대인관계 형성에 어려움을 겪고 있는 감정장애를 가진 어린이들이 반려동물과 쉽게 관계를 형성할 수 있다고 보고하였다.

(2) 반려동물은 어린이에게 비위협적이고, 평가에 대한 두려움을 해소시키며, 무조건적인 집중과 사랑을 베풀어 줄 수 있는 특성을 가지고 있다.
- 이러한 이유로 어린이들은 사람 보다 반려동물에 더 편안함을 느낄 수 있다고 한다.

어린이와 동물의 이러한 독특한 관계는 어린이가 동물의 중재를 통하여 대인관계 형성 능력을 향상할 수 있도록 프로그램이 적용될 수 있는데 이러한 방법을 동물매개치료(animal assisted therapy)라고 한다.

(3) 다양한 연령에서 반려동물의 이점이 보고되고 있으나 그 중 어린이들에서 그 효과가 더 높다는 것은 잘 알려져 있는 사실이다.
   - 이러한 이유로는 인간과 동물의 유대(human animal bond)가 다른 연령 보다 어린이들에서 더 강하게 형성이 된다는 점으로 설명될 수 있다.

(4) 어린이들은 그들의 반려동물을 친구로, 동료로 여기는 경향이 강하다.
   - 어린이들은 자신의 비밀을 그들의 반려동물에게 이야기하고 함께 즐거운 놀이를 한다. 이러한 과정에서 자연스럽게 어린이들은 사회성 향상과 교육 및 정서적 이점들을 얻을 수 있다.

표 11-1. 아동 대상 동물매개치료 효과 기전

1. **동물의 존재로부터 얻는 안정감**
   아동 대상자는 단순히 함께 있을 수 있는 동물이 존재한다는 것으로부터 안정감을 얻고 새로운 감정과 활력을 얻을 수 있게 된다.

2. **감정과 표현의 활성화**
   아동 대상자들은 치료도우미동물들에게 비밀을 유지할 수 있는 믿음을 주기 때문에 아동 대상자들은 치료도우미동물에게 자신의 이야기와 감정을 자유롭게 표현하며, 이러한 상호 작용을 통하여 치료효과를 얻을 수 있다.

3. **성장기 아동의 또래 친구 역할**
   발달심리학자인 에릭 에릭슨과 장 피아제에 따르면 아동은 성장기 동안 동물과의 상호 교감을 통하여 다른 사람과의 관계에 대한 개념을 형성하는데 큰 영향을 받게 된다. 피아제의 인지론에 따르면 아이들은 동물을 또래 친구로서 인식한다. 아동들은 자신의 친구로서 동물들을 애정을 가지고 대하며 동물매개치료 프로그램에 더 집중하게 된다.

4. **동물에 대한 감정이입에 의한 공감**
   어린이들은 동물을 또래 친구로서 받아들이고 감정이입으로 공감이 쉽게 되어 동물들을 가르치려 한다. 이러한 과정에서 어린이들은 낯선 사람과의 초기 접촉 시 서로 대화하고 친해지는 사회성을 비교적 접근이 쉬운 동물과의 관계형성을 통하여 향상시킬 수 있고 나아가 다른 사람들과의 원만한 관계형성에도 도움을 받을 수 있다.

5. **도움의 제공**
   아동 대상자가 동물에게 목욕이나 먹이 주기 등의 도움을 주는 행위로 기쁨을 느끼게 되고 도움 제공자인 아동 대상자의 건강을 향상시키는 결과를 가져올 수 있다.

6. **교육 과정 참여**
   아동 대상자가 프로그램에 투입된 동물에게 훈련을 가르치거나 책을 읽어 주는 등의 교육 활동을 통하여 아동 대상자는 자신의 지식과 사회적 규범 등을 정립하게 되고 자신감이 향상될 수 있다.

II. 노인 대상

학습목표

1. 노인에 대한 동물매개치료 적용 분야를 이해할 수 있다.
2. 노인에 대한 동물매개치료 효과 기전을 이해할 수 있다.

- **Bruck(1996)은 노인요양 시설의 스텝으로 일할 때의 경험을 통해 노인에 대한 동물의 효과를 다음과 같이 말하고 있다.**
- **"동물매개치료 프로그램 동안에 동물들은 불행한 노인들을 미소 짓고 웃게 만들었으며 말을 하지 않던 노인들이 그들의 개들에 대하여 이야기하도록 만들었다. 고립되어 고독과 우울감을 가지고 있던 노인들은 그들의 어린 시절에 함께했던 애완동물들에 대한 추억에 잠기게 하는 등의 빠르고 긍정적인 효과를 나타내었다."**

1 노인의 특성

노인은 노화와 관련된 취약성이 있어 젊은 연령대에 비해서 우울증, 불안, 치매 등의 심리적 문제가 발생할 가능성이 많으며 이러한 증상은 노인의 삶의 질이나 행복감을 저하시키는 요인이 되고 있다(권진숙, 2005; 김희철, 2005).

뿐만 아니라 산업화, 도시화에 따른 경제구조와 가족구조 및 가치관의 변화로 인해 현대 노인의 지위는 상대적으로 낮아지고 가정과 사회에서의 역할상실을 겪게 되어 자기존중감 상실로 인해 삶에 대한 무의미한 가치를 가지게 되어 심리적인 갈등을 겪게 된다(김안젤라, 2004).

노년기에는 다양한 상실을 경험하게 되고 신체적 쇠퇴, 역할상실, 능력감퇴, 사회적 접촉의 감소와 고립, 배우자 사망, 동년배의 죽음 등으로 우울감이 더욱 증가하게 된다(김동배, 손의성, 2005).

2 노인에 대한 동물매개치료 적용 분야

반려동물의 동반자적인 역할은 특히 노인에게 중요한데 반려동물과의 동반자적 관계를 형성함으로써 삶의 의미를 갖게 되고, 배우자의 죽음으로 인한 상실감과 외로움을 덜게 되며 다른 계층의 사람들과의 화제를 제공해 주고 사회적으로 사람들과의 교류 양과 질을 증가시켜 줌으로써 사회적인 윤활유 역할을 하게 한다(한홍율, 1994).

노인에 대한 연구들에 따르면 치료도우미견 방문 프로그램으로 우울감 감소, 기분개선, 사회 상호작용이 유발된다(Phelps 등, 2008). 동물매개치료 프로그램 세션에 참석하지 못할 정도로 거동이 어려운 경우에 방으로 치료도우미견이 방문하는 프로그램을 적용할 수 있다. 치료도우미견은 노인들에게 다른 방법으로 채울 수 없는 방법으로 행복하고 생산적인 삶을 살게 한다. 참여 노인 대상자들은 그들이 즐겁게 함께 활동했던 순간을 소중히 기억하고 치료도우미견 방문을 기다린다(Therapy Dogs International, 2009).

노인에 대한 동물매개치료 적용 분야로는 1) **치매, 알츠하이머 노인 환자**, 2) **노인 요양 시설**, 3) **독거 노인**, 4) **노인 대상 프로그램** 등에 적용이 가능하다.

노인에 대한 동물매개치료의 효과로는 1) **우울감 감소**, 2) **사회성 증가**, 3) **자아존중감 향상**, 4) **신체 기능 향상**, 5) **인지 기능 향상** 등이 있다.

표 11-2. 외국의 노인 대상 동물매개치료 활동의 연구 결과 사례

연구자	연구 대상	결과
Mugford & M'Comsky(1975)	n=30. 노인 요양 시설. 새를 돌보는 그룹과 돌보지 않은 그룹으로 나누어 연구	새를 돌보는 그룹이 자아 의식의 향상과 타인에 대한 태도에 향상
Brickel(1979)	n=19. 노인 병동 간호 스텝들 대상 연구	고양이를 병동에 상주시켜 환자의 반응성, 기쁨, 치료에 대한 집중도 증가
Riddick(1985)	n=22. 노인 거주 시설에서 수족관 설치 후 연구	수족관에 물고기 돌보는 활동이 혈압 감소 및 레저 활동의 증가 유도
Yates(1987)	요양시설에 입원한 자신감 상실과 우울증을 가졌던 노인들 대상 연구	사회 활성 증가와 타인에 대한 적대감 감소 효과
Kongable(1990)	n=20. 1주 3시간 활동. 알츠하이머 노인 대상 연구	긍정적인 특정 행동의 증가와 정위 수준의 증가

연구자	연구 대상	결과
Chinner(1991)	n=15. 미니어처 푸들과 활동. 호스피스와 돌봄 스텝들에 대항 효과 연구	환자와 스텝들 간에 상호작용 증가, 환자와 방문객 관계 윤할 작용 증가
Batson (1995)	n=22. 장기 요양 시설 - 알츠하이머 질병을 가진 노인 대상 연구	개와 함께하는 활동이 미소, 접촉 자극, 쳐다보기, 신체적 향상, 기뻐하기, 믿음 증가
Jessen 등(1996)	재활원에 거주하는 노인들의 소외감 수준에 새를 도입하는 활동	관상조와 같은 새의 중개 활동으로 노인들의 소외감 개선
Churchill 등(1999)	n=28. 알츠하이머 치매 또는 관련 질병을 가진 노인 환자들이 입원한 3 곳의 요양소 대상 개의 중재 효과 연구	미소 짓기, 쳐다보기, 접촉횟수 증가, 대화 증가 효과
Bernstein 등(2000)	n=33. 노인요양시설에서 입원 노인들을 대상으로 동물의 중재와 다른 게임 중재 효과 비교 연구	동물을 중재한 세션에 참여한 대상자들이 대화 시간의 증가 효과
Panzer-Koplow (2000)	간호요양소에 입원해있는 노인 대상 연구. 개를 활용한 중재	의욕감의 상승
Katsinas (2000)	n=20. 알츠하이머 치매 환자 요양센터의 노인 대상	참여 노인들의 상호작용의 유도. 일과 적응력 증가
Barak 등(2001)	n=20. 폐쇄 노인 정신병동에서 12개월 이상 개를 도입한 활동	사회 적응 기능 향상
Kanamori 등(2001)	n=7. 7명 동물매개치료 적용과 20명 동물매개치료 비적용 그룹 간의 인지기능 비교	동물매개치료 적용 그룹은 인지기능의 점수가 유의하게 증가
McCabe 등(2002)	알츠하이머 치매를 가진 특수요양병동 노인 대상. 개를 활용한 중재.	노인 대상자들의 주간 행동문제 감소
Banks & Banks(2002)	n=45. 장기요양시설의 노인 대상자에게 6주간의 동물매개치료	자기의식의 향상, 사회경쟁력, 흥미, 정신사회적 기능, 삶의 만족, 개인적 청결도, 정신적 기능 개선, 우울감 감소, 고독감 감소
Motomura 등(2004)	n=8. 치매 노인 대상. 개와 함께 하는 활동.	치매 노인의 정신 상태에 긍정적인 영향

표 11-3. 국내의 노인 대상 동물매개치료 활동의 연구 결과 사례

연구자	연구 대상	결과
한상완(2005)	n=299. 60세 이상 노인. 조사 분석 연구.	반려동물은 노인의 외로움 감소, 정서적, 정신적, 신체적 기능에 긍정적 영향을 줌.
신에스더 & 이성국(2010)	n=20. 65세 이상 노인 대상 연구	자기존중감 우울 및 인지기능의 점수가 긍정적으로 변화
유지선(2015)	n=10. 구청 노인 대상 복지 프로그램. 10회기씩 3세트 시행.	개와 함께하는 활동이 참여 노인들의 우울감 감소 및 자아존중감 증가

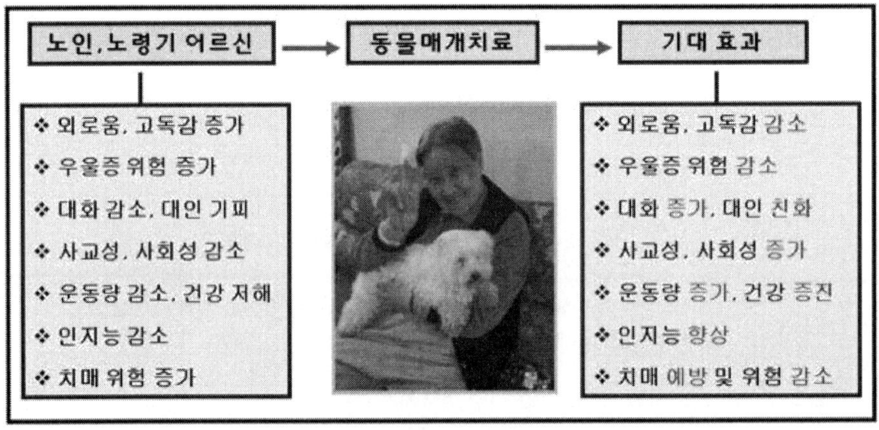

출처 : 한국동물매개심리치료학회 www.kaaap.org

그림 11-1. 노인 대상 동물매개치료의 효과

3 노인에 대한 동물매개치료 효과 기전

반려동물로 가장 많이 기르는 개는 지능이 높은 동물로서 주인을 잘 따르고 복종하며 주인의 감정 상태를 느끼고 또한 자신이 느끼는 감정과 생각들을 주인에게 표현하기도 한다. 이러한 살아있는 동물, 즉 **반려견과의 교감이 노인들의 고독감이나 우울감을 해소**시켜 줄 수 있으며 생명이 있는 살아 있는 동물이기 때문에 먹이를 주고 보살펴 줘야 하므로 **양육성을 높이게 되고** 많은 신체적 활동을 야기 시켜 **지적 활동에 영향**을 줄 수 있기 때문이다(Triebenbacher & Lookabaugh, 2000).

개의 존재는 낯선 사람을 만날 때 어색함을 줄여 주는 social ice breaker로서 작용하고 대화를 증가시켜 주는 사회적 윤활제 역할을 한다(Messent, 1983).

현대 사회에서 남성 노인들은 다른 연련층에 비교하여 신체적 친밀감의 표현을 어색하게 여기는 경향이 있는데, 반려동물은 노인들의 **신체적 친밀감을 촉진**하는 역할이 있다(Serpell, 1991).

노인들은 사회적 관계가 줄어들고 제한되는 경향이 있는데, 개와 같은 반려동물은 노인들에게 중요한 **사회적 지지를 제공**한다(McColgna & Schofield, 2007).

동물들과의 유대 관계 형성은 노인이 운동을 하게 촉진하는 등의 역할을 동물이 수행하기 때문에 노인에게 특별한 가치를 제공한다(Panzer-Koplow, 2000).

성인이 노인으로 나이가 들어감에 따라 동물들의 역할이 더욱 늘어날 수 있다. 노인들은 다른 사람들로부터 돌봄을 받아야 될 필요가 증가한다. 성인일 때 그들은 남을 돌보는 것에 익숙하였는데, 나이가 들면서 돌봄을 받아야 하는 이행단계에 직면하게 되는 것이다. 이러한 **이행단계**는 노인들에게 의존감과 자기가치 상실의 두려움을 갖게 한다. **애완동물을 기르는 일은 노인에게 다른 개체를 자신이 돌보아줄 수 있다는 느낌을 들게 하고 자신의 유용감을 유지할 수 있게 하여 정신건강 유지에 도움을 줄 수 있다.**

동물매개치료는 노인들이 동물들에게 자신의 **비밀스런 이야기들을 할 수 있는 기회를 제공**한다. 동물매개 활동에 참여한 동물들은 노인들의 이야기들을 들어주고 비밀을 유지할 수 있는 믿음을 주며 이러한 상호작용을 통하여 환자들의 치료효과를 얻을 수 있다(Ruckert, 1987).

또한 동물들은 주인에게 **무조건적인 애정과 사랑**을 보여주기 때문에, 동물과의 상호작용은 노인들이 다른 사람들로부터 거부되거나 부정적 평가를 받을 수 있다는 불쾌감을 해소시켜줄 수 있다(Fawcett & Gullone, 2001). 따라서 이러한 동물들의 긍정적 측면은 동물매개치료 프로그램 동안에 노인들의 **외로움이나 우울과 같은 정서적인 측면의 문제점들을 개선**시킬 수 있다.

동물매개치료에 의한 노인들의 신체적인 재활 촉진 효과의 예로는 팔의 마비가 있는 노인 대상자가 프로그램 과정에서 치료도우미견의 빗질을 하는 즐거운 활동을 통하여 **신체 재활이 촉진**되는 것을 들 수 있다.

동물매개치료 과정 동안에 노인 대상자의 치료 효과는 동물매개심리상담사와 치료도우미동물의 상호 협력의 정도에 큰 영향을 받는다.

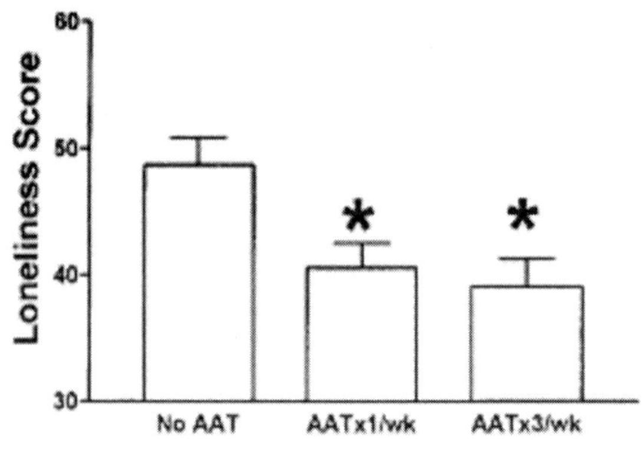

루지애나 주립대학 의료센터에서 실시한 동물매개치료 적용 후 고독감 점수 변화 연구. 45명의 노인을 3군으로 나누어 6주간의 프로그램 적용, 동물매개치료 비적용, 1주 동물매개치료 적용, 3주 동물매개치료 그룹으로 나누어 실험이 진행되었다.
연구 결과, 고독감 점수는 1주 동물매개치료 적용, 3주 동물매개치료 그룹에서 비적용 그룹에 비교하여 유의하게 감소되었다.

출처 : Banks MR & Banks WA. Journal of Gerontology. 2002, Vol. 57A, No. 7, M428 - M432.

그림 11-2. 노인 대상 동물매개치료의 고독감에 미치는 영향

4 향후 노인에 대한 동물매개치료 기대와 비전

노인에게 사회적 지지는 매우 큰 영향을 미치는 것으로, 연구를 통해 밝혀진 사실이고, 반려동물이 노인에게 믿을 만한 친구가 되어주고, 사회적 지지 역할을 해낼 수 있다는 사실도 연구로 밝혀졌다. 또한 사회적 지지뿐만 아니라 반려동물을 돌보아주는 과정에서 노인들의 자아존중감도 증가하는 것을 볼 수 있다. 현재 노인들을 위한 많은 심리치료들과 복지서비스가 마련되고 있지만, 아직도 노인의 마음을 어루만질 정서적인 따뜻함을 느낄 수 있는 방안들은 부족한 실정이다. 교감이 가능하고 따뜻한 체온을 가진 반려동물을 적극 활용한다면, 노인들의 우울감 증가와 자아존중감 저하로 인해 발생하는 여러 가지 문제점들을 해결해 나갈 수 있을 것이다.

노인층 인구의 증가, 이혼율의 증가, 출생률의 저하, 핵 가족화, 개인화 및 디지털 문화의 확산 등으로 인해 소외감과 외로움을 느끼는 사람들이 늘고 있는 사회적 변화 속에서 동물

매개치료 활동은 이들에게 정신적, 사회적으로 유용한 치료 및 긍정적 향상으로서의 역할을 할 수 있다. 특히 신체적 · 정신적 · 사회적 능력의 퇴보로 심리 · 정서적인 문제들을 가지고 있는 노인들에게는 매우 효과적인 중재방안이 될 수 있다.

출처 : 원광대학교 동물매개치료학과

그림 11-3. 노인 요양원에서의 동물매개치료 활동

출처 : 보바스 기념병원

그림 11-4. 병원에서의 노인 대상 동물매개치료

III. 자폐 아동

학습목표

1. 자폐 아동 대상 동물매개치료의 이점을 이해할 수 있다.
2. 자폐에 대한 동물매개치료 연구 결과를 이해할 수 있다.
3. 자폐아동에 대한 동물매개치료의 효과 기전을 알 수 있다.

1 자폐 아동의 특성

자폐 아동의 주요 임상적 특징으로는 **사람과의 관계형성 부족, 신체 사용의 부적절성, 물체 사용의 부적절성, 변화 수용에 대한 어려움, 시각적 반응의 부적절성, 공포증 및 신경과민성 반응, 언어에 대한 의사소통의 문제, 활동수준의 부적절성, 지적 기능의 수준과 발달의 문제** 등이 있다.

이런 자폐 아동의 장애 특징 중 사회적 상호작용의 결여는 광범위하고 지속적으로 나타나는데, 가장 두드러진 현상은 다른 사람과 눈 마주치기를 하지 않는 것이다. 자폐 아동은 얼굴 표정이 없고, 생후 2~3개월에 나타나는 사회적 미소도 없으며, 몸 자세나 몸짓으로 비언어적인 행동을 나타내지 못한다.

어머니와 다른 성인과의 관계에서도 유아기에 꼭 안기지 못하고, 애정과 신체적 접촉에 대한 무관심과 혐오를 나타내기도 하며, 부모의 목소리에 대한 반응결여 등이 나타내기도 한다.

유아기에 흔히 나타나는 정상적인 격리불안과 낯가림의 현상도 나타나지 않는다. 자폐 아동의 부모들은 아이를 안아 올릴 때 마치 물건을 들어 올리는 느낌이 들기도 하고 때로는 플라스틱 인형을 안고 있는 것 같다고 호소하기도 한다.

자폐 아동의 사회적·인지적 결함은 의사소통 능력을 제한하게 하여 다른 사람들과 상호작용을 맺는데 어려움을 가지게 하며(Strock, 2004; Watson 등, 2003), 학령기가 되면 친구가 없을 뿐 아니라 성인이 되어도 대인 관계나 이성 관계를 제대로 형성하지 못한다(민성길, 2010).

이와 같이 자폐성 장애아동의 사회성 기술의 부족은 적절한 사회적 상호작용 행동을 시작하기 어렵게 만들기 때문에 이러한 사회적 상호작용 행동을 향상시킬 수 있는 효과적인 중재방안이 절실하게 요구된다.

2 자폐 아동 대상 동물매개치료 프로그램의 이점

1) 인간과 동물의 유대감을 활용한다는 점에서 자연 친화적이고 효과적

미국의 아동 정신과 의사였던 보리스 레빈슨 박사가 아동을 치료하는 과정에서 자신의 반려견 '징글'이 환자들을 편안하게 하고 치유 효과를 상승시키는 것을 경험하고 이를 환자의 치료에 적용한 것이 대체의학으로서 현대적인 동물매개치료를 정립하게 된 계기가 되었다.

레빈슨 박사는 의사소통 장애가 있거나 수줍은 아동들이 반려견과 상호작용을 할 경우 큰 효과가 나타난다는 것을 알게 되었다(Fine, 2000).

동물매개치료는 다른 대체의학적 방법과 다르게 인간과 동물의 유대감을 활용하여 자폐 아동에 자연 친화적이고 효과적인 긍정적 반응을 유도한다.

2) 동물매개중재 활동의 오락적인 요소

반려견이 공을 물어오거나 재주를 보여주고 고양이가 깃털 장난감을 쫓아 마루 위에서 뛰어다니는 모습은 아동에게 웃음을 제공할 수 있다.

반려동물과 상호작용을 함으로써 접촉으로 인한 즐거움을 찾을 수 있으며, 이러한 기전으로 동물과 함께하는 즐거운 놀이 경험이 자폐 아동에게 사회적 발달을 촉진시켜줄 수 있는 기회를 제공한다.

동물을 쓰다듬어주는 일은 자폐 아동을 위로해주고 안정감을 주는 효과가 있다. 반려견이 복종훈련을 받을 수 있는 능력은 아동에게 이런 훈련기술을 개발할 수 있는 계기를 촉진시켜줄 수 있으며, 아울러 아동의 **자기개념과 자아존중감을 강화시켜줄 수 있다.** 또한, 반려견과의 놀이 활동이 **자폐 아동의 사회적 지식, 모방행동, 거울보기, 규칙 알기, 놀이활동 증진**을 유도할 수 있다(이진숙, 2004).

자폐 아동은 발달상의 혼란을 일으키며 스트레스를 받을 수 있는데, 반려견과의 상호작용을 통해 이러한 스트레스가 경감되고, 결과적으로 자폐 아동의 사회성 발달이 촉진된다(Solomon, 2010).

3 다양한 활동을 프로그램으로 구조화하여 접근이 가능

동물매개치료는 자폐 아동의 프로그램에 대한 **동기부여**에 매우 긍정적이며 **운동기능을 향상**시켜서 육체적 기능을 회복시키고, **집중력과 자기표현능력을 향상**시키며 **관심과 대화를 촉진**시킴으로써 **자아자존감을 향상**시켜준다.

또한 자폐 아동이 외부에 대한 관심이 증가되어 동물에게 사랑을 줄 수 있게 되며 동물을 통해 **아동과 동물 상호간에 교감형성**을 할 수 있다(Chandler, 2005). 그리고 자폐 아동이 학교로 가는 교통수단, 식품점 쇼핑, 의사와의 약속, 휴양 활동과 같은 일상적인 활동들은 반려견과 함께 하면서 쉽게 실행할 수 있다(Burrows 등, 2008; Fine, 2010; Grandin 등, 2010).

4 자폐에 대한 동물매개치료 연구 결과

1) 외국의 자폐 아동 대상 동물매개치료 연구

Grandgeorge와 Hausberger (2011)은 자폐에 대한 동물매개치료의 효과에 대한 8편의 연구 논문을 검토하여 그 결과를 보고한 바 있다.

각 연구 논문에서 제시한 연구 방법은 〈표 11-4〉에 정리되어 있다. 연구자들이 주로 이용한 동물은 개이었고, 연구자에 따라서는 토끼, 기니피그, 라마와 같은 동물을 활용한 경우도 있었다.

표 11-4. 자폐를 가진 사람들에 대한 동물매개치료 연구 방법

Year	1989	2002	2006	2008	2009	2009	2010	In revision
Authors	*Redefer & Goodman*	*Martin & Farnum*	*Sams*	*Burrows et al.*	*Bass et al.*	*Prothmann et al.*	*Krskova et al.*	*Grandgeorge et al.*
No.	12	10	22	10	34	14	9	260
Age (years)	5-10	3-13	7-13	4-14	4.5-14	6-14	5-13	6-34
Animals	Dog	Dog	Dog-Lama-Rabbit	Service dog	Horse	Dog	Guinea pig	Dog-Cat-Rodent
3rd person	Therapist	Therapist	Therapist	None	Non-therapist	Dog	None	None
Contact	During the sessions	During the sessions	During the sessions	Home	During the sessions	During the sessions	School	Home
Level	Individual	Individual	Individual	Individual	2 groups	Individual	Group	Individual
Methodology	Observations	Observations	Simple observations	Participant observation + semistructured interviews	Parental or teacher questionnaires	Observations	Observations	Parental questionaire + medical assessment
Duration	18 sessions of 20 minutes (+ pre- and post-treatment)	15 minutes each week over 15 weeks	One standard occupational therapy session and one with animals each week during 15 weeks	Between 6 and 12 months	1 hour per week over 12 weeks	3 times in 3 weeks	10 days	Several years

출처 : Annu 1st Super Sanita - 2011, 47(4):397-408.

Grandgeorge와 Hausberger (2011)가 자폐에 대한 동물매개치료의 효과에 대한 8편의 연구 논문을 검토하여 정리한 각 연구 결과의 효과는 〈**표 11-5**〉에 정리하였다. 연구자들에 따라서 자폐 아동에 대한 동물매개치료의 효과 측정 척도는 조금씩 달랐으나, 공통적인 점은 **자폐 아동의 증상을 개선하는 효과들을 보고**하고 있다는 점이다.

표 11-5. 자폐를 가진 사람들에 대한 동물매개치료 연구의 결과

논문	년도	연구 방법	효과
Redfer & Goodman	1989	n=12, 5~10세, 개, 20분×18회기+전후 처치	사회적 협동 증가 & 은둔 감소
Martin & Farnum	2002	n=10, 3~13세, 개, 15분×18회기+전후 처치	웃음 횟수 증가 & 사회 상호작용 증가
Sams et al.	2006	n=22, 7~13세, 개+라마+토끼, 15회기(주별)	언어 사용 증가 & 사회적 상호반응 증가
Burrows et al.	2008	n=10, 4~14세, 개, 6~12개월 집에 상주	밤에 돌아다니는 것 감소 & 가족 복지 증가
Bass et al.	2009	n=34, 4.5~14세, 말, 1시간×12회기	감각 민감성 증가, 사회적 동기 증가, 부주의 감소, 산만 감소
Prothma et al.	2009	n=14, 6~14세, 개, 3회기~3주(주별)	의사소통 기술 증가
Krskova et al.	2010	n=9, 5~13세, 기니픽, 10일	사회적 접촉 증가
Grandgeorge et al.	1994	n=260, 6~34세, 개+고양이+설치류(토끼, 햄스터), 수 년 집에 상주	감정이입 증가

출처 : Annu 1st Super Sanita - 2011, 47(4):397-408.

2) 국내 자폐 아동 대상 동물매개치료 연구

통계청에서 2010년부터 2014년까지 5년간 자폐증 현황에 대한 분석 자료를 발표했다. 발표 자료에 의하면 기존에 자폐증으로 진단받았거나 새롭게 진단을 받은 이들이 2014년 7037명으로, 2010년 4845명에서 **지난 5년간 자폐증 환자가 약 1.5배 증가**하고 **자폐증 진료비도 1.9배 증가**했다는 조사 결과가 발표됐다. 이러한 자폐 대상의 증가에 따라 자폐에 대한 예방과 치료법에 대한 관심 또한 높아지고 있는 실정이다.

동물매개치료는 자폐 대상자들에 다양한 효과가 있는 것으로 밝혀지고 있으며, 국내에서도 자폐아동에 대한 동물매개치료 연구 수행이 다수 수행되고 있다. 그 동안 국내에서 수행된 자폐아동 대상 동물매개치료 연구 결과들은 〈표 11-6〉과 같이 정리해 볼 수 있다.

표 11-6. 국내 자폐 아동 대상 동물매개치료 연구 결과

논문	년도	주제	연구 결과	참고문헌
신성자, 권신영	2000	치료견 매개프로그램이 자폐아동의 사회성 향상에 미치는 영향	n=6 자폐 아동, 13회기, 개를 활용 → 상호작용행동척도 향상, 행동발달척도 향상, 사회성 향상	한국사회복지학. 11:157-192.
신성자	2001	자폐아동의 대인상호작용 증진을 위한 치료도우미견 매개프로그램의 효과 및 효과 지속성에 대한 평가	n=6 자폐 아동, 1차 13회기 및 2차 8회기, 개를 활용 → 대인상호작용의 향상, 사회성 향상	한국사회복지학 . 45:250-287.
이진숙 등	2004	애완견 매개활동 프로그램이 자폐유아의 사회적 행동 변화에 미치는 효과	n=2 자폐 아동, 20회기, 개를 활용 → 사회적 지식 향상, 거울보기 활동 증가, 모방 행동 증가, 자립성 향상	강남대학교 석사학위논문
김양순	2005	자폐성 장애아동을 위한 동물보조 놀이치료 사례 연구	n=2 자폐 아동, 30회기, 개를 활용 → 편안함 및 타인과 상호작용 증가	상담학연구 6: 485-497
최동렬 등	2011	동물매개활동 프로그램이 자폐성 장애 아동의 인지능력에 미치는 영향	n=2 자폐 아동, 12회기, 개를 활용 → 웃는 횟수 증가, 인지력 향상	생명자원과학연구. 33: 80-86
마영남	2011	반려견과의 놀이 활동이 자폐성 장애 아동의 사회적 상호작용에 미치는 영향	n=3 자폐 아동, 17회기, 개를 활용 → 사회적 상호작용 향상	원광대학교 석사학위 논문
우진경 등	2012	반려견과의 상호작용촉진 프로그램이 자폐성 장애 아동의 인지, 정서, 행동에 미치는 영향	n=2 자폐 아동, 12회기 개를 활용 → 웃는 횟수 증가, 긍정적 정서표현, 타인과 상호작용기술 향상	한국동물복지학회지
우진경, 김옥진	2013	동물매개치료 프로그램이 자폐성 장애 아동의 사회반응성 향상에 미치는 영향	n=2 자폐 아동, 12회기 개를 활용 → 자발적 비언어 표현 증가, 사회반응성 증가	한국동물매개심리치료학회지 2:15-21

원광대학교에서 SK 그룹의 지원으로 수행된 '자폐아동 사랑나눔 캠프' 행사는 미술치료, 음악치료, 원예치료와 동물매개치료와 같은 다양한 치유 프로그램 중 참가 전에 미리 선택한 프로그램에 참여하여 미리 신청한 그룹에 참여하여 활동을 체험하는 내용으로 구성되어 있는데, 다른 어느 반에 속한 참여 자폐 아동들 보다, **동물매개치료 그룹에 속한 자폐 아동들은 자발적이며 즐겁게 적극적으로 참여하고 그 효과 또한 빠르게 나오는 것을 확인할 수 있었다.** 여러 비교 연구 결과들에서도 동물매개치료는 미술치료나 음악치료와 같은 대체의학적 방법 보다 그 효과가 빠르고 지속적인 것으로 보고되고 있다.

5 자폐 아동에 대한 동물매개치료의 효과 기전

자폐 아동에 대한 동물매개치료의 효과는 다양한 연구를 통하여 잘 알려져 있다. 동물을 활용한 중재활동의 적용이 자폐 아동의 치유를 위해 더욱 증가되고 있는 실정이다. 그렇다면 자폐 아동에 대한 동물매개치료의 효과 유발 기전은 어떻게 설명할 수 있을까?

그 해답에 대하여 다음과 같이 정리해볼 수 있을 것이다.

1) 동물의 ice-breaker 및 촉매제로서 역할

동물들은 치료 활동의 매개체로 도입되어 이용될 때, 아동 대상자들에 의사 또는 치료사와 서먹함을 푸는 **ice-breaker 역할**을 한다. 또한 무의식에 깔려있는 감정의 분쟁이나 걱정과 두려움들을 대상 아동들이 털어놓게 하는 **촉매제로서 역할**을 한다. 일부 연구자들은 애완동물이 대상 아동들의 다양한 문제들을 해결하는 방법을 제시할 수 있다고 믿고 있다(Serpell, 1999).

이러한 이유로 **동물의 중재는 자폐 아동의 닫혀있던 마음을 자연스레 열게 하고 프로그램 수행 과정 동안에 적극적으로 참여하도록 유도한다.**

2) 비밀 보장에 대한 신뢰

어린이들은 쉽게 그들의 감정을 동물에 자연스럽게 털어놓는 경향이 있다(Reichert, 1998). 레빈슨 박사는 자폐 아동과 같이 대인관계 형성에 어려움을 겪고 있는 어린이들이 애완동물과 쉽게 관계를 형성할 수 있다고 보고하였다.

자폐 아동은 동물들이 자신이 털어 놓는 **비밀에 대하여 잘 지켜줄 수 있다는 믿음**을 가지고 있고, 이러한 신뢰감이 대인관계에 문제가 있는 아동이어도 프로그램 활동 동안에 치료도우미동물에게 자신의 비밀을 털어놓도록 하며, 이러한 즐거운 경험을 통하여 자폐의 증상이 경감될 수 있다.

3) 편안함과 사랑 받는 즐거운 경험 유도

애완동물은 어린이에게 비위협적이고, 평가에 대한 두려움을 해소시키며, **무조건적인 집중과 사랑**을 베풀어 줄 수 있는 특성을 가지고 있다. 이러한 이유로 어린이들은 동물에 더 **편안함**을 느낄 수 있다.

어린이와 동물의 이러한 독특한 관계는 자폐 아동이 동물의 중재를 통하여 대인관계 형성 능력을 향상할 수 있도록 독려 받을 수 있게 한다(Levison, 1969; Serpell, 1999).

4) 과제 수행을 통한 성취감 획득

자폐 아동에 대한 동물매개치료와 동물매개활동의 하나로 동물과의 상호작용 프로그램은 동물관리, 먹이주기, 강아지와 산책하기 등 다양한 과제 활동을 프로그램으로 구조화하여 접근하는 것이다. 동물매개치료는 미리 프로그램 활동에 설계된 간단한 **과제 수행을 통한** 참여 자폐 아동의 **성취감 획득**이 가능하다.

참여 자폐 아동은 프로그램에 대한 동기부여에 매우 긍정적으로 반응하게 하고, 과제 활동 동안에 자연스럽게 **운동기능을 향상**시켜서 **육체적 기능을 회복**시키고, **집중력과 자기표현능력을 향상**시키며 관심과 대화를 촉진시킴으로써 **자존감을 향상**시켜준다. 그리고 외부에 대한 관심이 증가되어 동물에게 사랑을 줄 수 있게 되며 동물을 통해 아동과 동물 **상호간에 교감형성**을 할 수 있다(Chandler, 2005).

5) 옥시토신 호르몬 분비 상승 효과

최근 연구 결과에 의하면 옥시토신 호르몬 스프레이를 적용한 자폐 대상자들이 사회성이 향상된다는 것이 밝혀졌다.

반려동물과의 상호교감은 대상자에 옥시토신 호르몬 분비 촉진 효과가 있다는 사실이 보고되고 있다.

자폐에 대한 동물매개중재 활동의 이점에 대한 생리의학적 기전으로 반려동물과의 교감활동은 자폐 대상자에 옥시토신 호르몬 분비 향상

을 유도하고 증가된 옥시토신 호르몬은 자폐 대상자의 사회성 향상을 유도하는 것으로 설명할 수 있다.

* 반려동물 상호 교감 → 옥시토신 분비 촉진 → 사회성 향상

이와 같이 동물매개치료의 자폐 아동에 대한 놀라운 치료 효과들은 **동물과 아동에 형성되는 자연스러운 유대감에 기인**하여 매우 적극적이고, 능동적이며, 신속히 긍정적인 효과들을 이끌어 내는 것으로 보고되고 있다.

IV. ADHD 아동

학습목표

1. ADHD 대상 아동에 대한 동물매개치료 이점을 이해할 수 있다.
2. ADHD 아동에 대한 동물매개치료의 효과 기전을 이해할 수 있다.

미국 필라델피아 펜실베이니아 대학 Aaraon Katcher 정신과 교수는 Green Chimneys의 동물매개치료 활동에 대한 연구를 수행하였다. 연구결과, 매개체로 동물을 도입하는 동물매개치료는 행동장애라 불리는 과도활동 증상을 가진 ADHD 아동들의 임상증상을 개선시키고, 학습능력을 향상시킨다는 것이 확인되었다(Golin & Wash, 1994).

자료출처 : 한국동물매개심리치료학회 www.kaaap.org

1 ADHD 개요

'주의력결핍 과잉행동장애(Attention Deficit Hyperactivity Disorder, ADHD)'는 주의가 산만하고 과다활동과 충동성과 학습장애를 보이는 소아청소년기의 정신과적 장애이다.

ADHD아동은 우울증과 품행장애, 학습장애, 언어장애 등과 함께 나타나기 쉽다. 이 장애를 가진 아동의 75%가 지속적으로 적대감, 분노, 공격성, 반항 등의 행동상의 문제를 가지고 있고, 이 때문에 학교적응에 실패하는 경우가 많다. 교사가 이러한 아동의 태도에 대해 부정적으로 여기고 전달하면 반사회적 행동과 자기 비하 및 낮은 자존감을 보이게 되어 문제는 더욱 악화될 수 있다(위키백과).

건강보험진흥공단 통계에 따르면 19세까지 유아 및 청소년 ADHD환자는 2009년 5만명 정도였으나 **2014년에는 약 5만 5000명으로 4년 사이에 10%나 증가**했다. 아동의 50~60% ADHD는 성인 ADHD로 이어진다고 한다. ADHD 증상의 경우 청소년기에는 게임중독, 반사회적 성향으로 나타나지만 성인기에는 부부 관계 불화, 잦은 이직 등으로 나타나 직장생활

뿐만 아니라 가정생활도 힘들어져 사회적 문제가 되고 있다(한국경제, 2015. 6.17).

많은 연구 결과들에 의하면 **동물매개치료는 ADHD를 가진 대상자들을 위한 치료**로 이용될 수 있다(Barkeley, 1998). 국내외 관련 보고들에 의하면, 동물을 활용한 동물매개중재(animal assisted intervention)로서 동물매개활동(AAA)이나 동물매개치료(AAAT), 동물매개교육(AAE)이 **ADHD 아동의 증상 개선과 사회성 증가에 큰 효과**가 있다.

2 ADHD 대상 아동의 동물매개치료 프로그램의 이점

1) 동물의 존재는 아동의 주의력을 끌고 유지시킬 수 있도록 하는 역할을 해준다.

동물들의 움직임이나 행동이 장난감이나 무생물과 같지 않게 활발히 운동을 하고 예측불허이기 때문에 어린이들은 **동물들의 행동 관찰에 보다 더 집중**하게 되고 이러한 이유로 집중 유지에 어려움을 겪고 있는 ADHD 아동과 같은 어린이들의 치유효과가 향상될 수 있다(Katcher & Wilkins 2000).

2) 동물에 대한 애정 어린 양육 놀이는 공격성을 감소시켜 또래 간에 긍정적인 교류를 증가 시킨다.

게임이나 놀이는 즐거움이라는 속성을 가지고 있어서 아동의 발달적 단계에 적합하여 자기 통제, 좌절, 인내 및 자기행동에 대한 제한을 받아들이고 자아 발달을 촉진시킬 수 있다. 특히 **동물과 함께하는 게임이나 놀이**는 ADHD 아동의 **주의집중력과 자기통제에 효과적**이기 때문에 ADHD 아동의 치료적 중재 기법으로 적절할 것으로 생각된다(Ervin, Bankert & DuPaul, 1996; Schaefer & Reid, 2001).

3) 아동의 민감성을 빠르게 감소시켜 반응을 연장시키는 효과가 있다.

아동이 동물의 행동에 익숙해질 수 있다고 할지라도 세부적인 행동을 예측하는 것은 어렵기 때문에 **세심하게 지속적인 주의**를 하도록 하여야 하는데, 이러한 이유로 동물매개치료는 ADHD 아동의 **민감성 감소효과**를 유도할 수 있다.

4) 동물의 존재는 대상 아동에게 외부 환경에 대한 집중을 갖게 하며 동물매개 심리상담사와 다른 아동의 행동에 적절한 관심을 갖도록 유도할 수 있다.

동물의 존재는 ADHD 아동이 내부적으로 가지고 있는 주의 방향을 외부로 끌어낼 수 있도록 도와주기 때문에 **각성 정도를 낮추는 효과**가 있어 어떤 행동에 대한 정확한 이해뿐 아니라 **부정적인 행동을 억제**시킨다.

5) 동물에 대한 두려움을 극복하고 돌볼 수 있는 기회를 제공하여 대상 어린이들에게 자아존중감 및 자신감 향상을 유도할 수 있다.

동물을 데리고 하는 실제 학습과 자연 생태시스템과 연합한 프로그램에 참여한 학생들이 일반 교육 프로그램 참여 학생들 보다 자아개념의 척도에서 좀 더 높은 점수를 가졌다(Katcher & Gregory, 2000). 이러한 연구결과와 같이, 동물매개치료는 ADHD 아동에게 치료도우미동물을 돌보고 함께 하는 경험을 통하여 **자아존중감 및 자신감이 향상**될 수 있다.

3 ADHD 아동에 대한 국내외 동물매개치료 연구 현황

ADHD 아동에 대한 동물매개치료 외국 연구 현황은 〈표 11-7〉과 같다. 중재 활용 동물로서 개를 적용하여 문제 행동의 개선 효과를 보고하고 있고, 말을 이용한 승마치료에 의한 사회적 행동 향상을 보고한 연구도 있다.

표 11-7. 외국의 ADHD 아동에 대한 동물매개치료 연구 현황

연구자	년도	연구 방법	효과	참고문헌
Hanses *et al.*	1999	n=34, 2~6세 ADHD 아동, 개를 적용한 그룹과 비적용 그룹으로 구분	개를 적용한 그룹이 비적용 그룹에 비교하여 행동 문제가 유의하게 감소	Anthrozoos, 1999. 12, 142-148
Cuypers *et al.*	2011	n=5, 10~11세 ADHD 아동, 승마, 1시간×8회기(주별)	사회적 행동 향상, 삶의 질 만족도 증가 & 운동수행 능력 향상	J Altern Complement, Med. 2011. 17(10) : 901-8.
Schuck *et al.*	2015	n=24, ADHD 아동, 개 활용, 인지행동 중재, 12주 적용	사회성 기술 발달, 전사회 행동 및 문제행동 개선 특히, 개를 적용한 그룹이 비적용 그룹에 비교하여 ADHD 증상 개선 효과 높음	J Atten Disord, 2015. 19(2) : 125-37.

국내 ADHD 아동에 대한 동물매개치료 연구 현황은 〈표 11-8〉과 같은데, 중재동물로 주로 개를 활용하였으며, 문제 행동의 감소와 주의력 향상 및 사회성 향상 효과를 보고하고 있다.

표 11-8. 국내 ADHD 아동에 대한 동물매개치료 연구 현황

연구자	연구주제	연구 방법	연구 결과	참고문헌
김원 (2011)	반려견과 함께하는 야외 활동이 주의력 결핍 과잉행동 장애 아동의 주의력에 미치는 영향	• ADHD 아동 3명을 선정 • 3개월 동안 주1회 80분 동안 총 12회기 • 표적행동 관찰진행	• 선택적 주의력 향상 • 지속적 주의력 향상 • 자기조절 능력 향상	원광대학교 석사학위 논문
서강오, (2012)	치료도우미견을 활용한 동물매개치료 프로그램이 ADHD 아동의 과잉행동에 미치는 효과	• ADHD 아동 3명을 대상으로 총 12회기 • 회기 당 50분씩 진행 • K-CBCL, CTRS-R 검사 도구를 이용하여 사전·사후 검사	• 과잉행동 개선 • 문제행동 개선	원광대학교 석사학위 논문
김옥진, 서강오, (2013)	치료도우미견을 활용한 동물매개치료 프로그램이 ADHD아동의 충동성에 미치는 효과	• ADHD 아동 3명을 대상으로 총 12회기 • 회기 당 50분씩 진행 • K-CBCL, CTRS-R 검사 도구를 이용하여 사전·사후 검사	• 인내심 증가 • 과잉행동 감소	한국동물매개 심리치료학회지 2(1) : 9-13
이형구 (2013)	말을 이용한 동물매개 치료가 ADHD 성향 아동의 문제행동 개선에 미치는 효과성	• ADHD 아동 6명과 일반아동 6명을 대상으로 실험, 통제 집단으로 진행 • 충동성 척도, 자기통제력 척도, 사회적 기술 척도를 이용한 사전 사후 검사로 진행	• 충동성 감소 • 자기통제력 감소 • 사회적 기술의 향상	평택대학교 박사학위 논문
마영남 (2013)	동물매개중재프로그램이 위축된 초등학교 아동의 정서 및 사회적 상호작용에 미치는 영향	• 위축 행동을 보이는 아동 7명 선정 • 주1회80분씩 총 15회기 진행 • 개별사례분석을 통한 진행	• 사회적 상호작용 향상 • 정서적 안정 • 인지기능 향상	원광대학교 박사학위 논문
김옥진, (2013)	ADHD 대상자에 대한 동물매개치료의 이점에 대한 고찰	• ADHD 대상자에 대한 동물매개치료 관련 유용한 연구들의 결과를 조사	• 타인에 대한 이해 증가 • 사회성 향상 • 주의집중력 향상	한국동물매개 심리치료학회지 1(1): 1-8
이종구 (2014)	재활승마프로그램이 ADHD 아동의 평형성, 심리 및 뇌활성에 미치는 영향	• ADHD 아동 16명과 대조군 정상아동 19명으로 진행 • fMRI, 사회적 기술 평정 척도, K-ARS평가 척도를 이용한 사전 사후검사	• 평형성 증가 • 부주의성 및 과잉행동 감소	용인대학교 박사학위 논문

4 ADHD 아동에 대한 동물매개치료의 효과 기전

동물을 쓰다듬으면서 사람들은 차분해지고 정신적으로 안정감을 얻을 수 있다(Miller, 2000). 이러한 차분한 안정감은 근육 이완반응을 나타나게 된다. 사람이 이완되었을 때 주변 환경에 대한 스트레스를 덜 받게 되고 이러한 현상은 다른 불필요한 일들에 신경 쓰는 것을 줄여주고 일에 대한 집중력을 향상시키는 효과를 불러일으킨다(Wilson, 1998).

동물들이 가져오는 '완화효과(relaxing effect)'가 '주의력결핍 과잉행동장애(attention deficit hyperactive disorder, ADHD)'를 가진 아동들의 문제행동을 감소시키고 치료효과를 유도할 수 있다(Katcher and Beck, 1983).

표 11-9. ADHD 아동에 대한 동물매개치료의 효과 기전에 대한 분석

구분	이론적 배경	관점	주의 개념	주의 소요	치료 방법
Taylor (2009)	ART (Attention Restoration) Theory)	주의 불일치성	의도적 주의 무의적 주의	주의 피곤 주의 회복	자연친화적 환경 활동
Jackson (2008)	자기조절	뉴런체계의 약화	초점력 판단력 인지력	실행기능	집중력 훈련 마음수련
Palladino (2007)	뒤집힌 U 곡선	자극의 불균형	선택적 주의 지속적 주의	최적 각성	인지 훈련
Katcher (2006)	Biophilia Hypothesis	부적절한 주의 방향성	내적 주의 외적 주의	진정효과	농장 동물 돌봄 활동, 자연탐구, 정원 활동

Taylor(2009) 및 Katcher(2006)의 연구는 ADHD 아동의 '주의(attention)' 방향이 자신의 내부로 향하고 있어서 발생하는 장애로 분석을 하였다. 대상 아동에 대하여 외부로 **'주의(attention)'를 전환**시키면 진정효과가 있어 각성 수준이 낮아져 적정한 각성 수준을 유지하게 되고 결국 **주의력이 개선**된다고 보고 하였다. 이들은 ADHD 아동의 치유 프로그램에서 대상자의 방향설정 체계와 주의 체계에 대한 중요성을 강조하였다.

Palladino(2007) 및 Jackson(2008)의 연구는 ADHD 아동의 **실행기능을 강화**하면 **자기조절력이 증가**되어 **주의력이 향상**된다고 하는 것으로 **집행 체계에 대한 중요성**을 강조하였다.

5 ADHD 아동에 대한 동물매개치료 적용 비전과 전망

ADHD 아동의 치료 과정에서 매개체로서 동물이 존재하면 아동들은 **사회적 접촉**을 **향한 욕구 증가** 및 **자신들의 마음을 여는 것이 향상**되고 **집중력 증가 및 민첩성 증가**를 보여준다고 한다(Prothmann 등, 2006).

ADHD 아동들이 동물매개치료 과정 동안에 동물들과 상호 접촉했을 때 얻을 수 있는 다른 효과들로는 프로그램 과정 동안에 참여 아동들이 **치료도우미동물의 '보호자로서의 역할'**을 경험해 볼 수 있다는 점이다. 즉, 참여 아동들은 늘 보호만 받던 존재에서 본인이 프로그램 동안에 치료도우미동물들을 돌보고 보호해주어야 하는 경험을 얻게 된다.

또한 참여 아동들은 치료도우미동물들에 의해서 제공되는 **비평가적인 특성**을 경험하게 된다. 참여 아동들은 동물들과의 놀이 활동을 통하여 **평가 받고 있다는 강박감에서 벗어날 수 있다**는 점 때문에 스트레스가 감소되고 자발적인 참여도의 향상과 흥미도 증가를 가져올 수 있다.

이러한 점들이 다른 보건보완의학적 대체요법들 보다 **동물매개치료가 ADHD 아동들에 수용성과 효과가 높은 것**으로 추론할 수 있다(Melson, 2011). 국내 ADHD 진단 아동의 수는 지속적으로 증가되고 있으며, 그 치료법에 대한 관심 또한 높아지고 있는 실정이다. 여러 연구 결과들에서 동물매개치료는 ADHD 아동에 효과적인 결과들을 보이고 있다. ADHD 아동의 효율적 치유를 위한 방법으로 동물매개치료 단독 또는 다른 치료법과 병행하는 방법이 앞으로 보다 확대되고 적용되어야 할 것이다.

V. 발달장애

학습목표

1. 발달장애 특성을 이해할 수 있다.
2. 발달장애 대상에 동물매개치료 효과를 이해할 수 있다.

1 발달장애 특성

발달장애(Developmental disability)란 어느 특정 질환 또는 장애를 지칭하는 것이 아니라 사회적인 관계, 의사소통, 인지 발달의 지연과 이상을 특징으로 하고 제 나이에 맞는 발달이 이뤄지지 않는 상태로 발달 검사에서 평균적인 정상 기대치 보다 25% 정도 뒤처진 경우를 말한다. 대부분 저연령에 발견되며 사회성 문제가 진단에 가장 중요한 특징이다.

발달장애를 가진 아이들의 공통점은 본인이 좋아하는 놀이에는 관심을 많이 보이고 잘 가지고 놀지만 본인이 관심이 없는 일에는 눈길 한번 주지 않게 되며 무엇보다도 상호작용이 떨어지면서 눈맞춤이 없거나 적은 것이 특징이다.

일반적으로 자기통제능력이나 자율성이 약하고 새로운 경험을 획득하려는 욕구가 결여되어 있으며 새로운 일에 대한 흥미와 관심이 적고 자발적으로 사물을 처리한다든지 집단에 참여하려는 의욕이 부족하기 때문에 전반적으로 타인에게 의존하려는 경향이 높다(김영환,1990).

발달장애 아동들은 많은 실패의 경험 때문에 실패를 두려워하기 쉽고 자신의 생활에 통제력이 없으며 어려운 일을 만나면 쉽게 포기해 버리는 경향이 있다. 또한, 이들 대부분은 타인과의 관계를 긍정적으로 형성하는 방법을 알지 못하기 때문에 많은 부적응 행동을 보인다고 할 수 있다. 따라서 이들의 장애요인이 되는 부적응 행동을 감소시켜 정상적인 생활을 할 수 있도록 대체적인 방법을 반드시 제공하여야 한다.

장애 아동이 갖는 다양한 부적응을 개선시키기 위해서 다양한 교육적 노력 및 상담치료 활동들이 이루어지고 있는데 이러한 치료활동 중 치료도우미동물을 매개로 하여 이루어지는 동물매개치료(Animal assisted therapy, AAT) 프로그램이 있다.

2 발달장애 대상에 동물매개치료 효과

1) 사회성 발달 효과

Martin과 Farnum(2002)은 발달장애를 가진 3-13세의 아동 10명을 대상으로 AAT 연구를 수행하였다.

대상 아동들은 사회소통 능력과 사회성 결여를 특징으로 하는 발달장애 아동들이었다. 참여자들은 공(ball)을 제공받은 그룹과, 장난감 강아지를 제공받은 그룹 및 치료도우미견과 활동하는 그룹으로 나뉘어 연구가 진행되었다. 반응에 대한 평가는 행동영역과 언어영역으로 나누어 평가되었다.

연구결과, 치료도우미견과 활동하는 그룹에 속한 참여 아동들이 더 사회 환경에 적극적으로 반응하고 집중하며, 활력을 가지고 생활하며 사회성이 향상된다는 점을 발견하였다.

2) 동물을 통한 중간 매개체로서의 효과

동물들은 아동들에게 스트레스를 감소시켜주고, 아동들에게 친근한 반려감을 줄 수 있으며, 심각한 주의력 결핍(attention deficit)이나 과도한 행동 장애를 겪고 있는 아동들에게 증상을 경감시켜 주는 효과를 가지고 있다(Hansen 등, 1999).

3) 긍정적 행동증가와 자기몰입 감소 효과

동물매개치료는 지적장애 아동들에게 유대감을 갖기 용이한 치료도우미동물을 제공함으로서 유대감 형성의 연습과 적응에 도움을 제공 해주고 있다. 이러한 추정은 많은 임상 연구들에서 효과로서 증명되어졌는데 Redefer와 Goodman(1989)은 자폐증(autistic disorder)을 가진 지적장애 아동들을 대상으로 동물매개치료를 수행하여 사회에 대한 **긍정적 행동(prosocial behaviors)**의 증가, **자기몰입(self-absorption)** 감소 및 **정형행동(stereotypical behaviors)** 감소 등의 효과를 확인하였다.

4) 혈액순환 향상

치료목적의 승마운동은 발달장애아동에게 기승시 전해지는 리드미컬하고 반복적인 말의 움직임은 혈액순환을 향상시키고, 비정상적인 근 긴장도를 감소시키며, 경직된 근육을 이완시킬 수 있도록 돕는다. 치료도우미견을 매개로하는 동물매개치료는 말을 매개로하는 동물매개치료인 승마치료와 원리는 다르지만, 매개체로 활동하는 치료도우미견과의 유대감 형성에 의하여 긴장 완화와 혈액 순환 향상을 얻을 수 있다. 또한 프로그램 과정에 대상 아동이 즐겁게 적극적으로 참여하면서 얻을 수 있는 운동 효과로 근육의 긴장도 완화와 이완 효과를 얻을 수 있다. 이러한 결과로부터 치료도우미견을 활용한 동물매개치료는 발달장애 아동들에게 매우 효과적인 치료법으로 보고되고 있다(Martin과 Farnum, 2002).

VI. 치매 대상

학습목표

1. 치매 환자를 위한 동물매개치료를 이해할 수 있다.
2. 치매 환자에 대한 동물매개치료 효과에 대해 알 수 있다.

1 치매 개요

최근 국내 분석에 따르면 치매 환자를 돌보는 어려움, 즉 '치매의 사회적 비용'이 눈덩이처럼 불어나 2050년에는 43조7000억원에 달할 것이라는 추정이 나왔다. 국내총생산(GDP)의 약 1.5%에 이르는 규모다. 국회예산정책처는 2014년 '치매관리사업의 현황과 개선과제'란 제목의 보고서에서 국내 65세 이상 노인인구의 치매 유병률이 2014년 9.58%(61만명)에서 2020년 10.39%(84만명), 2050년 15.06%(217만명)로 급증할 것으로 전망했다.

전체 인구 대비 65세 이상 치매 노인의 비중도 2012년 1.1%에서 2050년 5.6%로 5배 넘게 증가할 것으로 내다봤다(슈퍼리치, 2014). 최근 국내에서는 치매 가정의 비극적 사건 또한 자주 발생하여 큰 사회적 문제가 되고 있다.

특히, 2014년 1월 발생한 아이돌 그룹 '슈퍼주니어' 멤버인 가수 이특의 아버지가 치매를 앓고 있던 할아버지를 살해하고 본인도 자살한 비극적 사건은 사회적 큰 이슈가 된 바 있다(조선일보, 2014).

치매환자에 대한 반려동물의 치료 촉진 가능성들에 대하여 Baun 등(2003)이 연구를 수행하여 결과를 보고한 바 있다. 치매 환자에 대한 AAI 효과를 평가하기 위한 연구는 연구 설계와 수행을 하는데 여러 가지 제한점이 있어 어려움이 있다(Wilson & Barker, 2003).

치매환자들의 행동학적 및 정신학적 증상들(Behavioral & Psychological Symptoms, BPSD)은 흔히 발생한다(Patterson & Bolger, 2000). BPSD는 치매환자들의 재활 및 치료의 지표가 또한 될 수 있다(Burns & Rabins, 2000).

2 치매 환자를 위한 동물매개치료 프로그램 운영

치매 환자를 위한 동물매개치료 프로그램의 적용은 외국에서 많이 수행되고 있는 보완의학적 치료 방법이다. Buettner 등(2011)에 따르면, 치매 환자에 동물을 중재 도구로 하여 동물매개치료 활동을 통하여 〈표 11-10〉과 같이 치매 환자의 통증 감소나 언어적 파괴 행동의 감소, 의사소통 향상, 사회성 향상 등의 효과를 얻을 수 있다고 하였다. Buettner 등(2011)은 〈표 11-11〉과 같이 치매 환자의 이동성 향상을 위한 동물매개치료 프로그램을 예시로 제시한 바 있다.

표 11-10. 치매를 가진 환자를 위한 동물매개치료의 가능한 목표

- 통증 감소
- 언어적 파괴 행동 감소
- 감정에 관한 의사소통 향상
- 사회행동 향상
- 다양한 크기의 물건들을 잡거나 놓을 수 있는 능력 향상
- 섬세한 운동 기술 능력 향상
- 걸음걸이 기술과 휠체어 이동 능력 향상
- 손과 눈 협동 능력 향상
- 기능적 운동력 향상을 위한 관절의 움직임 범위 향상
- 작업의 집중력 향상
- 기능적 운동을 돕는 앉는 것과 서는 것, 또는 걷기 능력 향상
- 일상 활동 능력을 향상하기 위한 팔과 다리 힘을 향상
- 우울증 감소

출처 : Buettner LL, Fitzsimmons S, Barba B. Animal-Assisted Therapy for Clients with Dementia: Nurses' Role. Journal of Gerontological Nursing 2011, 37:10-14.

표 11-11. 치매 환자의 동물매개중재활동 이동성 프로토콜 예

목적	치매 요양 환자들의 이동성 향상
스텝 요구 사항	환자 한 명당 인증된 치료도우미견 한 마리와 한 명의 간호사 또는 치료사
참여 기준	• 이동이나 기능 향상을 위한 치료를 요하거나 뇌졸중을 겪었던 환자 • 개를 좋아하는 환자 • 이동성 향상을 위하여 담당 의사 또는 임상간호사로부터 동물매개중재활동을 처방받은 환자
종료 기준	치료목표가 달성되거나 의사의 처방 유효 기간이 만료된 환자
기간과 빈도	각 회기의 활동 시간은 30분을 유지하고, 각 회기는 월요일부터 금요일 사이에 아침 8시~오후 5시 사이에 규칙적으로 갖는다. 동물매개중재활동의 기간과 빈도는 담당 의사의 처방에 따른다.

목적	치매 요양 환자들의 이동성 향상
안전 고려 사항	• 가능하면 학회에서 인증된 큰 품종의 개들을 활용한다. • 적용이 가능하면 환자들은 양말이나 눈 보호대, 보조 장비들을 착용한다. • 방문 24시간 이 전에 치료도우미견을 깨끗이 목욕하고 미용과 발톱 다듬기를 하도록 한다. • 환자들이 치료도우미견과 혼자 있도록 하지 않는다. • 치료도우미견이 스트레스를 받는 것이 모니토링 되는 경우에, 즉시 스트레스를 받는 환경으로부터 치료도우미견을 데리고 나간다.
시설과 장비 요구 사항	• 치료 활동을 할 수 있는 치료실 • 환자들이 걸어 다닐 수 있는 공간 • 환자를 위한 보행 벨트와 필수적인 보조 장비들 • 개 목줄, 리드줄, 어깨 띠, 개간식, 물그릇, 개빗, 상자 • 여러 크기들의 강아지 공과 장난감들
평가	• 동물매개치료 활동 시작 전에 치료목표를 결정하기 위한 환자 평가하기 • 동물매개치료 활동이 환자에 적합한지를 결정하기 • 초기 평가 결과에 따라서 환자의 이동 운동 활동의 종류를 정하기
예시	치료도우미견에 환자가 다양한 크기의 공을 던지기. 이 활동을 통해 아래 목표를 달성할 수 있다. • 어깨, 팔, 손, 손가락의 운동 범위 향상 • 팔목의 운동을 통하여 팔의 힘을 향상 • 앉거나 서기 지구성 향상 • 평형/몸통 조절 향상 • 여러 크기 공을 잡거나 놓는 능력 향상 • 환자가 공을 특정 목표 지점에 던지는 활동을 통하여 손-눈 협동 능력 향상 • 적용 가능하다면 불편한 팔이나 다리의 운동을 위한 사용을 독려
	환자가 공간을 개와 함께 산책하며 거리를 조금씩 늘려간다. 이때 2개 리드줄을 이용하여 하나는 환자가, 하나는 펫파트너가 잡고 조정을 한다. 이 활동을 통해 아래 목표를 달성할 수 있다. • 보행 기술, 휠체어 이동, 평형, 지구력, 조정능력 향상 • 리드줄을 잡거나 놓을 수 있는 능력 향상 • 적용 가능하다면 불편한 팔이나 다리의 운동을 위한 사용을 독려

출처 : Buettner LL, Fitzsimmons S, Barba B. Animal-Assisted Therapy for Clients with Dementia: Nurses' Role. Journal of Gerontological Nursing 2011, 37:10-14.

3 치매 환자에 대한 동물매개치료 효과

1) 실어증, 조현병 및 치매 환자에서 연구

Macauley(2006)는 왼쪽 뇌에 뇌졸중이 있어 실어증을 가진 3명의 남성 환자들에게 8살 중성화 수술을 받은 수컷 뉴판들랜드 종의 개를 데리고 동물매개중재를 수행하였다. 그 결과, 환자들은 대화가 촉진되었다. 이러한 효과 기전은 치료도우미견은 환자들의 뇌 손상과 언어 장애에 대하여 무조건적인 수용의 분위기를 제공하고 대화의 동기를 제공하여 훌륭한 촉매자로서 역할을 하기 때문으로 추정되었다.

LaFrance 등(2007)은 언어 장애의 실어증과 좌측 대뇌 혈관 손상을 가진 61살의 남자 환자에 5살 레트리버 종의 치료도우미견을 활용하여 동물매개중재를 수행하였다. 그 결과, 사회적 언어와 비언어적 행동들이 현저히 개선되는 것을 확인하였다.

Nathans-Barel 등(2005)은 10명의 쾌락색조(hedonic tone)를 가진 만성 조현병(schizophrenia) 환자들에게 동물매개치료를 10주간 수행하였다. 그 결과, 대조군에 비교하여 동물매개치료 그룹은 쾌락색조(hedonic tone)가 유의하게 개선되었고 레저 시간 사용과 동기의 증가를 가져왔다.

Richeson(2003)은 15명의 치매 질환을 가진 요양원 거주 환자들에게 3주간, 매일 동물매개치료를 수행하였다. 그 결과, 참여 환자들은 흥분성 행동이 유의하게 감소하고 사회적 상호반응은 유의적으로 증가하였다. Kovács(2004)은 한 사회기관에 거주하는 7명의 조현병 환자들(schizophrenic patients)에게 매 회기 50분의 치료 세션으로 매 주 1회씩, 9개월간의 동물매개중재 연구를 수행하였다. 그 결과, 동물매개치료는 정신분열병 환자들에게 일상 활동성 개선의 효과를 가져왔다.

2) 알츠하이머병과 다른 치매 질환을 가진 환자에 대한 동물매개치료 연구

Fritz 등(1995)은 한 요양원의 64명 알츠하이머 환자들에게 애완동물을 활용한 동물매개중재를 실시하고 그 효과를 확인하였다. 34명의 애완동물 활동 그룹과 34명의 대조군으로 나누어 연구를 수행한 결과, 애완동물 중재 그룹이 대조군에 비교해서 언어적 공격성과 불안이 감소하는 것을 확인하였다.

Fritz 등(1996)은 애완동물로서 개와 고양이를 정규적으로 접촉하는 124명의 간병인들과 대조군으로 12명의 애완동물 비접촉 간병인 그룹을 대상으로 신체 건강에 대한 연구를 수행하였다. 그 결과, 애완동물을 소유하지 않은 남자들 보다 개와 함께하는 남자들에서 신체 건강 점수가 더 좋은 것을 확인하였다. 반면, 고양이와 함께하는 40살 아래 여성들이 애완동물을 소유하지 않은 동년배 여성들 보다 신체 건강 점수가 더 좋은 것을 확인하였다.

McCabe 등(2002)은 알츠하이머 환자들을 돌보는 244명의 간병인들에게 4주간의 상주 프로그램으로써 치료도우미견을 활용한 동물매개중재를 수행한 결과, 문제행동들의 유의한 감소를 확인할 수 있었다.

Edwards와 Beck 등(2002)은 62명의 알츠하이머 환자들에게 6주간의 수족관 물고기를 이용한 동물매개중재(Aquarium therapy)를 적용하고 영양 섭취 행동 향상을 확인하였다. 그 결과 수족관 물고기를 이용한 동물매개중재 그룹은 영양 섭취 행동이 향상되었다. 중재 2주째 이후, 영양 섭취 행동 향상이 관찰되었고 이 후 중재 종료시인 6주 동안까지 유의하게 증가하였다.

Kanamori 등(2001)은 한 주간보호센터에서 7명의 노인성 치매 환자들과 20명의 대조 환자들로 동물매개중재를 6주간 적용하고 그 효과를 확인하였다. 그 결과, 동물매개 중재 그룹이 대조군에 비교하여 정신상태 평가 점수와 일상의 활동성이 더 높았다. 또한, 동물매개 중재 그룹이 대조군에 비교하여 행동학적 병증과 타액 중의 클로모글라닌 A(CgA)가 낮았다.

Tribet 등(2008)은 한 요양원에 심한 치매로 진단된 2명의 여성과 1명의 남성 환자에게 치료도우미견을 활용한 동물매개중재를 주 1회 30분씩 같은 장소에서 9개월 동안 15회 적용하였다. 그 결과, 안정 효과가 환자들에서 확인되었고 이러한 효과는 치료 회기 동안에 의사소통의 향상을 가져왔다. 치료도우미견의 무조건적인 수용이 환자들의 자아존중감을 증가시키고 스스로 보다 안전한 환경에 있다는 것을 느끼게 하는 것으로 추정되었다. 추가로 사회 행동이 개를 만지는 것에 의해 향상되고 비언어적 의사소통이 향상되는 것을 확인하였다.

Moretti 등(2011)은 84살 이상의 치매, 우울, 정신병을 가진 환자들을 애완동물 중재 활동 그룹(n=10)과 대조군(n=11)으로 나누어 6주 동안 동물매개중재활동을 수행하였다. 그 결과, 애완동물 중재 활동 그룹이 대조군에 비교하여 우울증이 50% 수준으로 감소하고 정신 상태 평가 점수가 4.5배 증가하였다.

3) 국내 치매 환자에 대한 동물매개중재 활동 연구 현황

국내 치매 환자에 대한 동물매개중재 활동 연구는 외국 보다 연구 내용이 많지 않은 상황이며, 그 현황은 〈표 11-12〉와 같았다.

송정희(2008)는 65세 이상 치매 대상자 실험군과 대조군 각 20명으로 총 40명의 치매 노인을 대상으로 6주 동안 총 12회, 1회 1시간 동안의 동물로봇 매개 중재 프로그램의 효과를 연구하였다. 그 결과 대조군에 비교하여 실험군은 긍정적 정서상태 유도와 의사소통 증가 및 상호작용의 증가 효과를 확인하였다.

심혜진(2011)은 치매 노인에 대한 동물매개중재활동의 효과에 대한 연구를 60세 이상 치매 여성 30명을 실험군과 대조군 각 15명으로 나누어 6주 동안 총 12회, 1회 50분 동안의 동물매개치료 중재 프로그램 적용한 결과, 인지기능 향상과 우울 수준 감소 효과를 보고한 바 있다.

최상열(2014)은 경도인지장애가 의심되는 65세 이상의 노인 3명을 대상으로 동물매개치료의 효과를 연구한 바 있다. 총 15회기로 동물매개치료가 적용되었는데, 인지기능은 신경심리평가집(CERAD-K)으로 측정하였고 우울증은 우울측정 척도(SDS)를 이용하여 평가하였다. 그 결과, 대상자들은 인지기능 면에서 단어 기억 항목에서 공통적으로 증진된 효과를 보였고 우울증 감소의 효과 또한 확인하였다.

표 11-12. 국내 치매 환자에 대한 동물매개중재 활동 연구 현황

연구자	연구 방법	연구 결과	참고문헌
송정희, 2008	• 65세 이상 치매 대상자 실험군과 대조군 각 20명. • 6주 동안 총 12회, 1회 1시간 동안의 동물로봇 매개 중재 프로그램 적용	• 긍정적 정서상태 유도 • 의사소통 증가 • 상호작용의 증가	한양대학교 대학원 : 간호학과 2008. 박사학위 논문
심혜진, 2011	• 60세 이상 치매 여성 30명. 실험군과 대조군 각 15명. • 6주 동안 총 12회, 1회 50분 동안의 동물매개치료 중재 프로그램 적용	• 인지기능 향상 • 우울 수준 감소	한림대학교 사회복지대학원 : 사회복지학과 노인복지학 전공 2011. 석사학위 논문
최상열, 2014	• 경도인지장애가 의심되는 65세 이상의 노인 3명. 총 15회기. • 인지기능 : 신경심리평가집 (CERAD-K)으로 측정, • 우울증: 우울측정 척도(SDS)를 이용하여 평가	• 인지기능 : 단어기억항목에서 공통적으로 증진된 효과 • 우울증 감소	고령자치매작업치료학회지. 2014, 8(2): 11~19.

출처 : Chicago Tribune, www.chicagotribune.com

그림 11-5. Mather Pavillion 요양원 - 치료도우미견 Raffi 활동

출처 : http://www.andreaarden.com

그림 11-6. 노인 환자 대상 동물매개치료

Q&A

ADHD란?

- '주의력결핍 과잉행동장애(Attention Deficit Hyperactivity Disorder, ADHD)'는 주의가 산만하고 과다활동과 충동성과 학습장애를 보이는 소아청소년기의 정신과적 장애이다.

정형행동이란?

- 정형행동(stereotypical behaviors)은 틀에 박힌 것 같이 가소성(可塑性)없이 종종 반복되는 행동을 말한다.

알츠하이머병이란?

- 알츠하이머병(Alzheimer's disease)은 치매의 가장 흔한 형태이며 75%의 치매환자가 알츠하이머병이다. 1906년 독일 정신과의사 Alois Alzheimer에 의해 알려졌다.

Tips 알아둡시다

사회적 지지

- 사회적 지지란 한 개인이 그가 가진 대인관계로부터 얻는 긍정적 자원으로서 개인의 심리적 적응을 돕고 좌절을 극복하고 문제해결의 도전을 받아들이는 능력을 강화시켜 주는 것이다. 사회적 지지는 자기 발견 및 자아의식 형성에 중요한 역할을 하여 스트레스를 일으키는 사건에 부딪쳤을 때 이에 대한 대처를 촉진시킨다.

발달장애

- 발달장애(Developmental disability)란 사회적인 관계, 의사소통, 인지 발달의 지연과 이상을 특징으로 하고 제 나이에 맞는 발달이 이뤄지지 않는 상태로 발달 검사에서 평균적인 정상 기대치 보다 25% 정도 뒤처진 경우를 말한다. 대부분 저연령에 발견되며 사회성 문제가 진단에 가장 중요한 특징이다.

자기몰입(self-absorption)

- 과도하고 지속적이며 유연성이 없는 병리적인 자기-초점적 주의를 자기몰입이라 한다. 타인의 삶이나 사회에 점차 무관심해지는 이러한 개인주의의 경향을 보인다.

단원학습정리

1. 아동들은 자신의 친구로서 동물들을 애정을 가지고 대하며 동물매개치료 프로그램에 더 집중하게 된다.

2. 노인에 대한 동물매개치료 적용 분야로는 1) 치매, 알츠하이머 노인 환자, 2) 노인 요양 시설, 3) 독거 노인, 4) 노인 대상 프로그램 등에 적용이 가능하다.

3. 노인에 대한 동물매개치료의 효과로는 1) 우울감 감소, 2) 사회성 증가, 3) 자아존중감 향상, 4) 신체 기능 향상, 5) 인지 기능 향상 등이 있다.

4. 자폐 아동은 동물들이 자신이 털어 놓는 비밀에 대하여 잘 지켜줄 수 있다는 믿음을 가지고 있고, 이러한 신뢰감이 대인관계에 문제가 있는 아동이어도 프로그램 활동 동안에 치료도우미동물에게 자신의 비밀을 털어놓도록 하며, 이러한 즐거운 경험을 통하여 자폐의 증상이 경감될 수 있다.

5. 동물들이 가져오는 '완화효과(relaxing effect)'가 '주의력결핍 과잉행동장애(attention deficit hyperactive disorder, ADHD)'을 가진 아동들의 문제행동을 감소시키고 치료효과를 유도할 수 있다.

6. ADHD 아동의 치료 과정에서 매개체로서 동물이 존재하면 아동들은 사회적 접촉을 향한 욕구 증가 및 자신들의 마음을 여는 것이 향상되고 집중력 증가 및 민첩성 증가를 보여준다.

7. 지적장애 아동들을 대상으로 동물매개치료를 수행하여 사회에 대한 긍정적 행동(prosocial behaviors)의 증가, 자기몰입(self-absorption) 감소 및 정형행동(stereotypical behaviors) 감소 등의 효과를 확인하였다.

8. 치매 환자에서 동물매개치료는 통증 감소나 언어적 파괴 행동의 감소, 의사소통 향상, 사회성 향상, 인지능 향상 등의 효과를 얻을 수 있다

쉬어가기

우리나라의 의로운 개에 대한 이야기

우리나라의 오래된 기록들에 의하면, 주인을 위해 무조건적인 사랑과 복종을 보여준 의로운 개에 대한 이야기가 많다. 그 중에, 고려시대 '증보문헌비고'에 나오는 눈먼 주인을 안내한 의견에 대한 이야기와 '보한집'에 나오는 오수개 이야기가 대표적이라 할 수 있다.

고려시대 '증보문헌비고'에 보면 "고려 충열왕(高麗忠烈王)(1274년)때에 경성에 큰 역질이 돌았다. 이창의 눈먼 아이(盲兒)는 부모가 모두 역질로 죽었으므로 홀로 한 마리의 흰 개와 함께 살면서 개꼬리를 잡고 다녔다. 사람들이 밥을 주면 개가 먼저 핥지 않았고 아이가 목마르다 하면 개가 끌고 우물에 가서 마시게 하였다. 아이가 개를 의지하면서 사니 보는 이들이 불쌍히 여기고 '의견(義犬)'이라 불렀다."라는 내용이 있다.

오수개는 불이 난 것을 모르고 잠든 주인을 구했다는 개이다. 고려 시대의 문인 최자(崔滋)가 1230년에 쓴 《보한집》(補閑集)에 그 이야기가 전해진다. 고려시대 거령현(오늘날의 전라북도 임실군 지사면 영천리)에 살던 김개인(金蓋仁)은 충직하고 총명한 개를 기르고 있었다. 어느 날 동네잔치를 다녀오던 김개인이 술에 취해 오늘날 상리(上里)부근의 풀밭에 잠들었는데, 때마침 들불이 일어나 김개인이 누워있는 곳까지 불이 번졌다. 불이 계속 번져오는데도 김개인이 알아차리지 못하고 잠에서 깨어나지 않자, 그가 기르던 개가 근처 개울에 뛰어들어 몸을 적신 다음 들불 위를 뒹굴어 불을 끄려 했다. 들불이 주인에게 닿지 않도록 여러차례 이런 짓을 반복한 끝에, 개는 죽고 말았으나 김개인은 살았다고 한다. 김개인은 잠에서 깨어나 개가 자신을 구하기 위해 목숨을 바쳤음을 알고, 몹시 슬퍼하며 개의 주검을 묻어주고 자신의 지팡이를 꽂았다고 한다. 나중에 이 지팡이가 실제 나무로 자라났다고 한다. 훗날 '개 오'(獒)자와 '나무 수'(樹)를 합하여 이 고장의 이름을 '오수'(獒樹)라고 부르게 되었다.

일본의 경우에, 주인의 죽음을 잊지 못하고 출퇴근 시간을 기억하여 늘 마중 나가던 하치코의 이야기가 잘 알려져 있다. 한국의 경우에, '증보문헌비고'에 나오는 눈먼 주인을 안내한 의견에 대한 이야기와 '보한집'에 나오는 오수개 이야기를 통해, 주인을 위하여 무조건적인 복종과 충성을 보여준 감동적인 의견들을 만날 수 있다.

MEMO

CHAPTER 12

동물매개치료 프로그램 활동하기

Performing of Animal Assisted Therapy Programs

Ⅰ. 동물매개치료의 과정

Ⅱ. 동물매개치료 프로그램의 예시

동물매개치료의 과정은 초기단계(접수, 관계설정, 사정, 목표설정, 계약), 중간단계(개입 실행), 종결 및 평가단계인 3단계로 구성된다. 동물매개치료 초기단계에서 동물매개심리상담사는 대상자와 라포(rapport)를 형성하면서 대상자의 문제를 탐색하게 된다. 동물매개치료 중간단계는 목표를 달성하기 위해 세운 구체적인계획에 의해서 동물매개치료의 치료적인 개입을 실행을 하는 단계이다. 동물매개치료 종결에 대한 반작용으로는 부정, 퇴행, 욕구의 표현이 있다.

Ⅰ. 동물매개치료의 과정

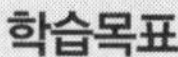

1. 동물매개치료 과정을 이해할 수 있다.
2. 개인 대상 동물매개치료의 특성에 대해 알 수 있다.
3. 집단 대상 동물매개치료의 특성을 이해할 수 있다.

1 동물매개치료의 과정

1) 동물매개치료 단계

동물매개치료의 과정은 〈그림 12-1〉과 같이 ① 초기단계 : 접수(Intake) 및 관계설정(engagement), 사정(assessment), 목표설정 및 계약, ② 중간단계: 개입 실행, ③ 종결 및 평가단계로 구성된다.

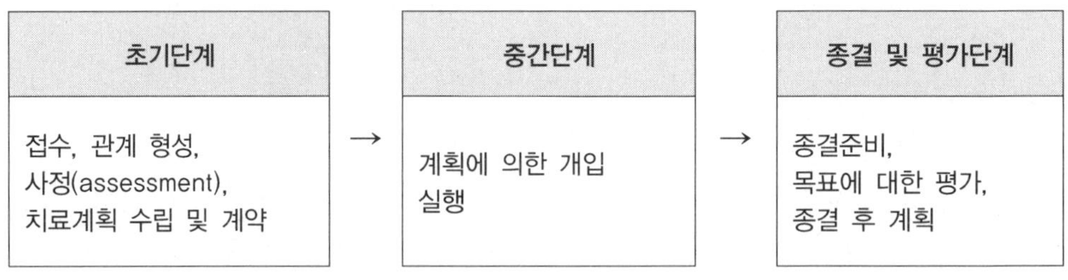

그림 12-1. 동물매개치료의 과정

(1) 초기단계

초기단계에서는 도움이 필요한 대상자와 동물매개심리상담사와의 관계가 형성되는 단계이다. **초기단계에서 동물매개심리상담사는 대상자와 라포(rapport)를 형성하면서 대상자의 문제를 탐색하게 된다.** 대상자에 의해 제시되는 즉각적인 관심사(the presenting problem)와 정서적 상태에 대한 검토로 시작하여 점차 관련체계로 범위를 넓혀 나가며 대상자의 상황을 사정한다. 이 목표와 계획 등은 대상자와 치료사 간의 비공식적 또는 문서화된 상호 계약에 포함된다.

(2) 중간단계

중간단계는 초기단계에 사정한 결과에 의하여 적절한 목표설정을 하고 그 **목표를 달성하기 위해 세운 구체적인 계획에 의해서 동물매개치료의 치료적인 개입을 실행**을 하는 단계이다. 이 단계에서 대상자의 상황에 새로운 정보가 있거나 상황이 변화하게 되면 계획을 변경할 수도 있다.

(3) 종결 및 평가단계

종결 및 평가단계는 대상자의 목표성취 정도를 평가하고, 동물매개심리상담사와 대상자 사이의 관계 종결과 관련된 사항을 정리해야하며, 향후 대상자에게 나타날 수 있는 문제에 대한 후속적 계획도 세워야 한다.

2 개인을 대상으로 하는 동물매개치료 개입

동물매개치료의 경우 대부분 개인이나 2-3명의 소집단을 대상으로 하여 치료적인 개입을 하게 된다. 여기에서는 개인이나 2-3명의 소집단을 대상으로 적극적인 동물매개치료 활동이 적용될 수 있다.

1) 초기단계

초기단계는 접수를 통해서 대상자의 욕구를 해결해 줄 수 있을지 아니면 다른 분야의 치료자에게 의뢰할 것인지를 먼저 판단해야한다. 그리고 공식적인 계약서나 아니면 구두로 치료비용과 기간 등에 대하여 알려주고 합의하는 방법으로 계약을 한다. 이렇게 계약을 하고 나면 치료적인 개입을 하기 전에 사정을 위한 자료를 수집하고 치료서비스를 제공하기 위한 기초적 사실들을 파악해 나가며 대상자에 대한 정보와 당면한 어려움과 문제를 파악한다.

(1) 접수(Intake)

접수란 문제나 욕구를 가진 대상자가 치료기관이나 동물매개심리상담사를 찾아왔을 때 그의 욕구나 문제가 기관이나 동물매개심리상담사가 제공하는 서비스를 통해서 해결되거나 도움이 될 수 있는지를 판단하는 과정이다.

접수 시 중요한 것은 대상자의 문제나 욕구확인, 대상자의 동기화, 저항감과 감정 해소 등이다.

표 12-1. 대상자와 첫 만남을 위한 준비 과정

단계	내 용	상 황
1	사전검토	기관이나 동물매개심리상담사에게 주어진 정보를 초기 접촉 이전에 검토하고 점검한다. 기초정보를 사전에 파악하게 됨으로서 이미 제공된 정보에 대하여 대상자에게 반복적으로 요구하지 않게 되며 특정 대상자에게 필요한 준비를 할 수 있다. 그러나 불완전한 정보로 인한 선입견을 가질 수 있기 때문에 기초자료로만 활용한다.
2	초기 면접자나 의뢰인을 통한 정보수집	초기 면접자나, 의뢰인 또는 이전에 사례를 담당했던 직원으로부터 대상자에 대한 이름, 연령, 연락처, 주소, 기타인적사항 등과 문제 상황 즉 문제의 특성, 심각성, 위급성 등에 대하여 알아본다. 그러나 타인으로부터 얻은 정보는 대상자의 견해와 다를 수 있으며 객관적일 수 없기 때문에 그런 정보로 인한 잘못된 선입견을 갖지 않아야 한다.
3	슈퍼바이저나 동료로부터의 조언	대상자와의 첫 만남이 이루어지기 전에 슈퍼바이저나 동료로부터 조언을 구한다. 잠정적으로 면접의 목적을 설정하고 관련된 실무적 사항들에 관해 논의를 하는 것은 면접의 효과를 높일 수 있다.
4	면접 준비	면접을 방해하는 요소들을 사전에 차단하고 의사소통이 원활히 이루어질 수 있도록 구체적인 준비를 한다. 약속시간과 장소, 면접장소의 분위기 조성, 대상자의 가정을 방문하는 경우에도 세심한 주의를 요한다.
5	공감적 이해 (사전공감)	예상되는 대상자의 문제와 상황에 대하여 공감적 이해를 한다. 직접대면을 하기 전에 대상자에 대한 생각이나 배경, 감정, 관련된 이슈 등에 대하여 대상자의 입장에서 생각해 보는 기술이 필요하다.
6	잠정적인 계획수립	효과적인 면접을 위한 사전 계획을 세운다. 면접의 목적이나 동기, 방향성, 예상되는 결과, 전문가의 역할, 질문의 내용과정 등에 대한 사전 계획은 대상자와 실제 계획을 세우고 면접을 일관되게 이끌어 가는데 많은 도움이 된다.

(2) 관계형성(Rapport)

대상자와 첫 만남으로 시작되는 초기단계는 만남이 긍정적이며 생산적이라는 확신을 갖도록 하는 기술이 필요하다. 서로에 대한 소개와 동물매개치료에 대한 설명과 목적과 치료의 방향을 설정하고 대상자의 기대를 확인하고 기관의 정책이나 규정, 윤리적인 원칙 등에

대한 검토가 이루어짐으로서 대상자는 동물매개치료에 대한 이해를 하고 참여할 수 있게 된다. 대상자의 문제가 어떤 성격을 갖는 것과 상관없이, 각각의 대상자는 고유의 특별한 욕구, 열망, 장점과 약점을 가진 개인으로서 대우를 받을 권리를 가진다. 개인을 군중의 하나로 간주해서는 안 된다.

표 12-2. 대상자와의 관계형성 구성요소

① 자기-결정주의(self-determinism)
② 비밀보장(confidentiality)
③ 개별화(individualization)
④ 수용(acceptance)
⑤ 비심판적인 태도(nonjudgmental attitude)
⑥ 표현의 자유(freedom of expression)

(3) 사정단계(Assessment)

동물매개심리상담사는 대상자와 라포 형성과 함께 대상자나 보호자가 자신의 문제에 대해 이야기 할 준비가 되었다면 다차원적인 측정을 통해 문제를 구체적으로 파악해야 한다.

① 분석방법

대상자에 대한 분석의 방법은 일반적으로 **관찰**과 **면접**이다.

(4) 계획단계

사정단계에서 나타난 대상자의 욕구를 충족시킬 수 있는 차원에서 모든 것을 고려하여 구체적인 계획이 이루어져야한다.

(5) 계약단계

① 계약서 작성

치료계획과 대상자나 보호자와의 합의가 끝나면 계약서를 작성하게 된다. 이 때, 필요하면 단체의 경우에 소속 기관과 협약을 하고, 개인 대상자의 경우에 개별 계약서를 작성하게 된다.

② 동의서 작성

대상자가 성인이면서 판단 능력이 있는 경우에 동물매개치료 활동에 대한 〈**표 12-3**〉

와 같은 동의서를 대상자로부터 받을 수 있으나, 경우에 따라서 대상자가 미성년자이거나 판단 능력이 없는 경우에는 대상자의 보호자로부터 활동 전에 동의서를 받아야 한다.

표 12-3. 동의서 양식

동물매개치료 프로그램 참여 동의서

본 연구는 동물매개치료 프로그램을 통하여 참여 대상자의 증상 향상 효과에 대해서 알아보고자 하는 것입니다.

모든 프로그램 과정은 녹음, 녹화 또는 기록될 것이며, 연구과정 동안에 습득되는 자료는 연구 외의 다른 목적으로는 사용하지 않을 것입니다. 또한 모든 자료는 익명으로 사용될 것입니다.

본인은 동물매개치료 프로그램에 참여하는 동안에 발생할 수 있는 사항들을 사전에 설명을 들어 알고 있으며, 주의해야할 내용을 설명 받았습니다.

20　　년　　　월　　　일

대상자 (또는 보호자) : ______________ (인)

③ **윤리승인**

동물매개치료 프로그램이 연구목적으로 운영되는 경우에, 연구자가 속한 기관에서 사전에 기관윤리승인(Institutional Review Board, IRB)을 받아야 한다. 기관윤리승인을 받기 위해서는 연구자가 먼저 활동 계획서와 동의서를 포함한 윤리승인 신청서를 작성하여 〈**표 12-4**〉와 같은 서류를 준비한 후 기관 윤리 심사위원회에 윤리심사를 의뢰하여 승인을 받는다. 연구목적의 동물매개치료 프로그램 운영은 기관윤리승인서를 받은 후, 활동이 수행될 수 있다.

표 12-4. 기관윤리승인 신청 시 필요 서류

1. 연구계획서
2. 연구계획서 요약
3. 연구계획 심의의뢰서
4. 대상자(피험자) 설명문
5. 대상자(피험자) 동의서
6. 증례기록서, 연구도구, 설문지 등
7. 연구책임자의 이력서 또는 경력증명서
8. 연구비내역서(해당되는 경우)

2) 중간단계

(1) 개입 실행

이 단계에서는 동물매개심리상담사와 대상자는 그 동안 사정과 계획을 통해 세웠던 목표를 달성하기 위해 구체적인 활동을 수행한다.

① **대상자에 대한 변화를 중심으로 한 개입**

각 개인들이 변화할 때 그 변화는 각 개인의 행동, 사고, 감정의 변화를 통해 시작된다. 이러한 목적을 위해 치료사들은 자신들의 접근방식을 다양한 이론, 즉 놀이적 접근, 정신분석, 행동주의, 인본주의, 인지행동, 발달심리학, 생태학적 접근 등 다양한 이론들로부터 선택하게 된다.

개입단계에서는 그 동안 구체적으로 세웠던 계획을 실행에 옮기는 것이다. 이때에는 문제해결을 위해 직접적으로 활용하는 다양한 실천기술을 필요로 한다.

동물매개치료로 인한 대상자의 인지적, 사회적, 정서적, 신체적 기능 향상을 위해 동물매개심리상담사는 전문가적 기술을 활용하도록 해야 한다.

3) 평가와 종결 단계

(1) 종결 단계에 수행해야할 과제

동물매개심리상담사와 대상자가 치료 관계를 무리 없이 종료하는 데에도 상당한 기술이 요구된다.

치료 관계의 종료가 대상자가 목표를 성취해서 종료하는 것인지, 또는 목표를 성취하지 못하여 동물매개치료 서비스에 대한 비판적인 생각을 가지고 있는 경우인지, 또는 동물매개심리상담사가 기관을 떠나게 되는 경우인지, 아니면 서비스의 예정된 시간이 끝나게 되는 경우인지 등에 따라 다를 수 있다. 동물매개심리상담사는 〈표 12-6〉과 같은 과제를 수행해야 한다.

표 12-5. 종결 단계에서 수행되어야할 과제

1. 동물매개심리상담사는 대상자가 치료 과정에서의 경험을 평가하도록 돕는다.
2. 종결에 대한 감정처리를 돕는다.
3. 종결 후에도 유익한 변화를 계속 유지하도록 돕는다.
4. 필요하다면 새로운 서비스를 모색하도록 돕는다.

(2) 종결에 대한 반작용

종결에 대한 반작용의 예를 들면 다음과 같다.

① 부정(denial) : 대상자들은 동물매개심리상담사가 종결에 대해 이야기 했었다는 것을 기억하지 못한다. 매우 놀란 듯이 행동하며 언제 다시 프로그램이 시작되는지 묻는다.

② 퇴행(regression) : 퇴행은 현재의 단계보다 요구가 덜한 이전의 발달 단계로 돌아가는 것을 말한다. 대상자가 대인관계나 어떤 과업을 수행하는 능력 면에서 이전의 단계로 후퇴하게 된다. 이런 경우에 대상자는 동물매개심리상담사에 대한 의존 욕구가 증대된다.

③ 욕구의 표현 : 대상자들은 자신들이 아직 서비스를 필요로 한다고 보여준다면 동물매개심리상담사가 계속 치료를 진행 할 것이라고 느낀다.

(3) 평가의 유형

평가의 유형은 형성평가와 총괄평가로 나눌 수 있다.

① 형성평가 : 프로그램이 계획되는 동안이나 프로그램이 실행되는 동안에 행해지는 평가 노력과 과정을 말한다.

② 총괄평가 : 프로그램의 가치를 측정하기 위하여 프로그램을 종결한 후에 한다. 총괄평가의 목적은 프로그램의 총체적인 효율성을 판단하는 것이다.

3 집단을 대상으로 하는 동물매개치료 개입

집단을 대상으로 하는 치료적인 개입은 의도적으로 만들어진 집단활동 경험을 통해서 구성원들의 욕구와 문제를 해결하고 나아가서 참여하는 개별 구성원들이 치료적 경험이나 성장적 경험을 통해서 사회적 기능수행을 촉진하도록 돕는 것이다.

1) 집단 대상의 장점

집단이 갖는 장점으로 다음과 같은 요소가 있다 .

① 희망고취
② 보편성
③ 정보전달
④ 이타심
⑤ 1차 가족집단의 교정적 반복 발달
⑥ 사회기술의 발달
⑦ 모방행동
⑧ 대인관계 학습
⑨ 집단 응집력
⑩ 정화
⑪ 실존적 요인들

2) 집단 대상의 단점

집단이 갖는 단점으로 다음과 같은 요소가 있다 .

① 집단구성원들 간에 마음이 맞지 않거나 갈등이 발생할 수 있다.
② 집단에 지나치게 의존하는 성향이 생겨날 수 있다.

3) 집단 대상 동물매개치료 프로그램 운영하기

대상자가 개인이 아닌 집단인 경우에 위에서 살펴본 것처럼 장점과 단점이 동시에 존재한다. 동물매개심리상담사는 집단 대상의 동물매개치료 프로그램 수행 시, 집단 대상 프로그램 운영의 장점과 단점을 잘 파악하여, 수행하는 집단 프로그램이 효율적으로 수행될 수 있도록 철저한 준비와 계획을 세워야 한다.

II. 동물매개치료 프로그램 예시

학습목표

1. 자폐 아동 대상 동물매개치료 프로그램을 이해할 수 있다.
2. 발달장애 아동 대상 동물매개치료 프로그램에 대해 알 수 있다.
3. ADHD 대상 동물매개치료 프로그램을 이해할 수 있다.
4. 치매 환자 대상 동물매개치료 프로그램을 이해할 수 있다.

1 자폐 아동 대상 동물매개치료 활동하기

"어느 날 아들이 저에게 '엄마, 구루 친구'라는 말을 건넨 순간을 잊을 수 없습니다." 자폐증을 앓고 있는 최모(12)군의 어머니 허모(42)씨는 "누구와도 시선을 마주치지 않던 아들을 바꿔 놓은 것은 동물매개치료센터에서 만난 강아지 '구루'라고 말했다". 최군은 평소 말을 시켜도 반응이 없고, 엄마를 봐도 웃지 않는 등 사회성이 거의 없었다. 치료센터에서 처음 구루를 만났을 때도 반갑다고 손을 핥는 구루가 무섭다며 괴성을 지르고 구루를 때렸다.
하지만, 2년간 매주 한 번씩 구루를 만나 동물매개심리상담사가 가르치는 대로 발 만지기, 털 쓰다듬기, 먹이 주기, 장애물 넘기 등을 하면서 행동이 바뀌었다. 최군은 요즘 스스로 어른에게 인사를 할 만큼 사회성이 좋아졌다.

출처 : 조선일보 헬스조선, 2012. 8. 22.

동물매개치료는 다른 장애에 대한 치료에 있어서도 효과가 크지만 특히 자폐 아동을 대상으로 한 치료가 활발하고 효과 역시 눈에 띄게 나타나곤 한다.

다음 사례는 자폐 아동 사회적 상호작용 개선 사례로서 어떤 프로그램 방식으로 자폐아동을 치료하였는지 알 수 있는 연구 사례이다.

표 12-6. 사례 연구의 대상 자폐성 장애 아동의 특성

치료도우미견과의 놀이 활동이 자폐성 장애 아동의 사회적 상호작용에 미치는 영향				
목적	자폐성 장애 아동의 사회적 상호작용 촉진			
연구 대상	I시에 위치한 A장애인복지관에 다니는 자폐성 장애 아동들 중에서 부모의 동의를 받은 3명			
아동의 특성	항목	아동 A	아동 B	아동 C
	생활연령 / 성별	10세 8개월 / 남	9세 1개월 / 남	11세 3개월 / 여
	아동기 자폐증 평정척도(CARS)	38.0 중증 자폐	31.0 경증–중간 자폐	31.0 경증–중간 자폐
	사회성숙도검사	SA : 3.88 SQ : 34.3	SA : 4.8 SQ : 54.5	SA : 7.58 SQ : 67.0

본 연구사례에서는 기초선, 중재, 유지단계의 시작과 마무리에서는 인사하기, 치료도우미견에게 물과 간식주기, 함께 산책하기, 추억 남기기를 계획하여 기본적 신뢰감을 발달시키고, 건강한 자기인식을 형성하고, 자기 효능감을 발달시키고, 소근육과 대근육을 발달시켜, 사회적 친밀감을 촉진하여 사회적 상호작용 향상의 증가를 기대하였다.

중재 1단계(4~8회기)에서는 사회적 상호작용의 시작 활동에 중심을 두고 프로그램을 구성하였으며, 중재 2단계(9~14회기)에서는 사회적 상호작용 증진을 촉진하기 위하여 좀 더 복잡하고 적극적인 활동으로 프로그램을 구성하였다.

표 12-7. 자폐성 장애 아동의 사회성 증진을 위한 동물매개치료 프로그램 예시

단계	회기	목표	활동내용	기대효과
기초선	1회기	목표행동 관찰	• 인사 나누기 • 간식 나누어 주기 • 활동사진 찍어주기	• 관계형성 • 친밀감 형성
	2회기	목표행동 관찰	• 서로 자기소개 • 간식 나누어 주기 • 활동사진 찍어주기	• 관계형성 • 안정감 유도
	3회기	목표행동 관찰	• 인사 나누기 • 풍선놀이 • 얼음 땡 놀이 • 활동사진 찍어주기	• 신체접촉을 통한 관계형성 • 친밀감 형성 • 동기유발
중재 1단계	4회기	치료도우미견에 대해 알아보기	• 어디 좀 살펴보기 • 산책하기 연습	• 인지능력 향상 • 흥미유도

단계	회기	목표	활동내용	기대효과
	5회기	친밀감 형성	• 맛있는 것 줄게 • 산책하기 • 내 말대로 해 봐요. • 추억 남기기	• 친숙해지기 • 대·소근육 강화 • 교감 형성
	6회기	친밀감 형성	• 산책하기 • 간식과 물주기 연습 • 빗질하기	• 돌봄 기술 습득 • 인지능력 향상 • 감각자극 활성
	7회기	상호작용기술 습득	• 어디 좀 살펴보기 • 발 도장 찍어보기 • '열' 셀 줄 알아	• 인지능력 향상 • 돌봄 기술 습득 • 감각자극 활성
	8회기	상호작용기술 습득	• 가져와 보세요. • 맛있는 것 줄게. • 어디 좀 살펴보자.	• 자존감 향상 • 인지능력 향상 • 상호작용 증진
중재 2단계	9회기	상호작용기술 습득	• 공놀이해보기 • 내가 부르면 달려와 줄래? • 숫자세기	• 자신감 향상 • 자존감 향상 • 인지능력 향상
	10회기	도와주기	• 치료도우미견 마사지해보기 • 모양 따라 그리기 • 함께 뛰어보기	• 자존감 향상 • 성취감 형성 • 상호작용 증진 • 대·소근육 강화
	11회기	친밀감 촉진	• 미이라 놀이하기 • 숫자세기	• 신뢰감 발달 • 만족감 형성
	12회기	상호작용 촉진	• 반려견과 함께하는 점토 놀이 • 산책하기	• 감각활성 • 집중력 향상 • 교감 형성
	13회기	돌보아주기	• 풍선놀이해보기 • 반려견 꾸며주기 • 장애물 건너기 놀이	• 집중력 향상 • 교감 형성
	14회기	자신감 있게 행동하기	• 반려견과 함께 산책하기 • 비눗방울 놀이 • 나누어 먹기	• 친밀감 확장 • 자존감 향상 • 신뢰감 형성
유지	15회기	상호작용하기	• 인사 나누기 • 간식 나누어 주기 • 활동사진 찍어주기	• 상호작용 향상 • 친밀감 형성 • 인지능력 향상
	16회기	상호작용하기	• 자기 소개하기 • 간식 나누어 주기 • 활동사진 찍어주기	• 자신감 향상 • 관계형성 • 인지능력 향상
	17회기	상호작용하기	• 인사 나누기 • 풍선 놀이 • 얼음, 땡 놀이 • 활동사진 찍어주기	• 신뢰감 형성 • 관계형성 • 상호작용 향상 • 인지능력 향상
비고	〈모든 회기 시작 및 마무리 활동〉 • 치료도우미견, 펫파트너에게 인사하기(하이파이브) • 치료도우미견에게 물과 간식주기 • 치료도우미견, 펫파트너와 함께 산책하기 • 치료도우미견, 펫파트너와 함께 기념사진으로 추억 남기기			

연구 결과	1. 반려견과의 놀이 활동 프로그램은 자폐성 장애 아동의 사회적인 '개시 행동'을 증가시키는데 긍정적인 영향을 보여주었다. 자폐성 장애아동이 반려견과의 놀이 활동 프로그램을 통해 먼저 만져보거나 접근하는 등 자기의사 표현을 시도하는 모습을 보여주었다. 2. 반려견과의 놀이 활동 프로그램은 자폐 아동의 사회적인 '반응 행동'을 향상시키는데 긍정적인 영향을 보여주었다. 비언어적인 표현을 통한 반응행동은 점차 적극적으로 변화된 점으로 미루어 볼 때 반응적인 사회적 상호작용에 긍정적인 영향을 줄 수 있다고 본다. 3. 반려견과의 놀이 활동 프로그램은 자폐성 장애 아동의 '확장된 사회적 상호작용 행동' 증가에 긍정적인 영향을 미쳤다.

2 발달장애 아동 대상 동물매개치료 활동하기

미국정신지체협회(AAMR)에서는 발달장애란 현재의 기능에 현저한 제한을 뜻하며, 의사소통, 자기보호, 가내생활, 사회적 기술, 지역사회의 이용, 자기감독관리, 건강 및 안전, 학업능력, 여가, 일 등의 적응적 기술영역 중 두 가지 이상의 영역에서의 제한과, 이와 동시에 지적 능력이 평균 이하인 지적기능(IQ 70~75 이하)이 그 특징이며, 18세 이전에 나타나는 것이라고 정의하고 있다.

미국의 소아정신과 의사인 Boris Levinson은 치료를 받기위해 병원에 내원한 아동들이 대기실에 도입한 개 '징글'과 상호반응이 자연스럽게 일어나는 것에 주목하고 지속적인 연구를 통하여 개가 아동에게 거리가 없는 친구와 놀이상대로서 중요한 역할을 하며, 다양한 장애를 가진 아동들의 치유를 위해서 동물을 중재로 하는 프로그램이 유용하다고 보고하였다(Levinson, 1972). 연구 보고들에 의하면 동물들은 아동들에게 높은 유대감이 형성되고 아동들의 사회성 향상과 인지발달을 도와주는 활동에 높은 효과를 보여준다고 한다(Melson, 2000; Triebenbacher, 2000).

다음 사례는 동물매개치료 프로그램이 발달장애 아동에게 끼친 영향을 연구한 사례이다.

표 12-8. 사례 연구의 발달장애 아동 대상자 특상

<table>
<tr><th colspan="5">동물매개치료 프로그램이 발달장애 아동에게 미치는 영향</th></tr>
<tr><td>목적</td><td colspan="4">언어발달, 상호작용, 사회화 능력, 자발적 행동능력의 향상에 효과가 있는지 알아보기 위한 연구</td></tr>
<tr><td>연구 대상</td><td colspan="4">S시에 있는 K복지관에서 동물매개치료 프로그램(해피플레이)에 참여할 정신장애아동을 모집하여 프로그램에 신청한 아동들 중 발달장애 아동 4명을 대상</td></tr>
<tr><td rowspan="5">아동의 특성</td><td>아동명(가명)</td><td>연령</td><td>장애유형</td><td>비고</td></tr>
<tr><td>홍*영</td><td>7세</td><td>지적장애</td><td rowspan="4">대상 아동은 모두 소아정신과에서 지적장애로 진단을 받은 아동임</td></tr>
<tr><td>박*빈</td><td>8세</td><td>지적장애</td></tr>
<tr><td>김*현</td><td>9세</td><td>지적장애</td></tr>
<tr><td>김*준</td><td>12세</td><td>지적장애</td></tr>
</table>

본 연구 사례에서는 프로그램 초기에 '새로운 내 친구'라는 주제로 진행자와 관계형성 및 동물매개치료 프로그램의 중재 매개체인 치료도우미견에 대한 두려움을 없애는 것에 목적을 두고, 중기에는 '내 친구와 함께 놀기'로 치료도우미견과의 친밀감 형성, 상호작용을 하며 치료도우미견의 반응에 적절히 대응하도록 하였다. 프로그램 후기는 '내 친구 돌보기'로 돌봄을 받기만하는 어린이가 치료도우미견을 돌봐주는 행동을 익히고, 주도적으로 치료도우미견과의 놀이를 선택하고, 활동을 하는 것을 목적으로 하였다.

다음에 소개하는 프로그램은 아동 중심 동물매개치료로서, 아동의 타고난 성장과 성숙에 대한 능력에 전폭적인 신뢰에 기반을 둔 접근법이다.

프로그램의 구체적인 내용은 〈표 12-9〉, 〈표 12-10〉 및 〈표 12-11〉과 같다.

표 12-9. 발달 장애 대상자를 위한 동물매개치료 프로그램 예시 - 초기

활동명	활동내용	참고
진행자와의 관계 형성하기	• 아동과 인사하고 마주보고 앉아서 손바닥 마주치기 놀이를 한다. • 간지럼 태우기와 목마를 태워주는 활동을 한다.	• 아동과 진행자와의 친밀한 관계형성이 되어야 한다.
치료도우미견에 관한 비디오 보기	• 도우미 개와 같은 종류의 개가 나오는 비디오를 보여주면서 아동의 반응을 관찰한다.	
인사하기 및 이름 알기	• "안녕? 00야, 난 00야!" 라며 도우미 개의 발을 잡고 좌우로 흔든다. • 관심이 없으면 진행자가 먼저 아동에게 인사를 한 뒤 도우미 개에게 인사 하도록 한다.	• 개에 대해 무서움을 나타내는 아동은 이동장에 가둬두고 인사를 한다.

활동명	활동내용	참고
재주 보기	• 진행자가 치료도우미견이 가지고 있는 재주를 보여준다. • 진행자가 아동과 같이 있으면서 아동의 관심과 얘기를 들어주고 아동이 하고자 하는 행동을 하도록 해준다.	
아동과 비교하기	• 치료도우미견과 아동의 눈, 코, 귀, 등을 번갈아가며 말해준다. • "귀~!"하면서 치료도우미견의 귀를 흔들고 "00 귀 어딨어?"라고 물어본다. • 아동이 대답을 못하면 자연스럽게 "여기 있네~"하면서 반복적으로 명칭을 알려준다.	• 치료도우미견에 얼굴을 돌리지 않도록 진행자가 얼굴을 잡아 준다.
만지기	• 진행자가 아동의 손을 잡고 개를 쓰다듬게 한다. • 아동이 무서워하면 진행자가 개를 안고 있고 진행자가 "저거 봐. 선생님이 잡고 있잖아"하고 안심시킨 뒤 개를 만지게 한다. • 그래도 거부 하면 진행자가 개의 얼굴을 잡고 진행자 손위에 아동의 손을 포갠 뒤 만지게 한다.	• 치료도우미견이 갑자기 움직이면 아동이 놀라기 때문에 움직이지 못하도록 한다.
목줄을 잡아 끌어 보기	• 치료도우미견의 목줄을 자연스럽게 잡고 걷도록 한다. • 무서워 할 때는 줄의 끝을 아동이 잡고 중간에 진행자가 잡아 치료도우미견이 다가오지 못하게 한다. • 그래도 거부하면 강아지 실물크기의 인형을 매달고 줄을 잡도록 한다.	• 진행자는 치료도우미견이 얌전히 움직이도록 견의 행동을 잘 컨트롤 한다.
부르기	• 치료도우미견의 이름을 부르고 다가오면 칭찬을 한다. • 치료도우미견을 불렀을 때 견이 와서 뛰어 오르지 못하도록 진행자는 미리 앉아 명령을 내린다.	• 진행초기 실시할 경우 아동이 무서워할 수 있으므로 치료도우미견의 접근에 익숙해졌을 때 한다.
사료주기	• 사료를 주머니에 담아주고 꺼내 주도록 한다. • 진행자는 도우미 개가 뛰어오르지 못하도록 '앉아 기다려'라고 미리 말한다. • 아동이 무서워 할 때는 치료도우미견을 크레이트(철창)에 가둔 뒤 사료를 주도록 한다.	• 치료도우미견이 '기다려' 지시에 따르지 못하면 진행자는 줄을 묶어 잡고 있도록 한다.

표 12-10. 발달 장애 대상자를 위한 동물매개치료 프로그램 예시 - 중기

활동명	활동내용	참고
관찰하기	• 치료도우미견이 활동하는 모습을 관찰한다. (뛰는 모습, 걷는 모양 등) • 치료도우미견의 행동의 의미를 진행자가 말해준다.	• 진행자는 개의 행동이나 표정을 다양하게 표현할 수 있도록 한다.(임의의 감정조절가능)
명령어 따라하기	• '앉아', '엎드려', '기다려', '손', '차렷', '굴러', '기어'등 아동의 간단한 지시를 치료도우미견이 듣도록 한다. • 아동의 언어가 부정확 하면 진행자가 지시한다. • 치료도우미견이 지시를 따르면 칭찬해 준다.	• 치료도우미견이 말을 듣지 않을 때 진행자가 목줄로 컨트롤 한다.
사료주기	• 사료를 통에서 하나씩 또는 두 개씩 진행자가 요구하는 숫자만큼 꺼내 주도록 한다. • 아동의 손에 사료를 얹어서 주도록 한다.	• 아동이 숫자를 모르면 진행자가 도와준다. • 손에 먹이 주기를 무서워하면 진행자의 손에 얹어 준다.
음식 나누어 먹기	• 아동과 치료도우미견이 같이 나눠먹을 수 있는 음식을 준비한다. • 아동이 나눠 주도록 한다.	• 아동이 혼자 먹으려 할 때는 진행자 통제하여 하나씩 주도록 한다.
술래잡기	• 치료도우미견의 이름을 부르며 아동을 따라오게 한다. • 박수나 휘파람 소리로 도우미 개가 아동을 따라오게 한다.	• 치료도우미견이 따라 오지 않으면 진행자가 안고 따라가도록한다.
안아주기	• 진행자가 치료도우미견을 안아 아동에게 괜찮다는 걸 보여준다. • 진행자가 치료도우미견을 안아서 건네준다. • 아동이 두려워하면 뒤쪽에서 안도록 건네준다.	• 아동이 거부를 하면 쓰다듬기부터 다시 한다. • 아동이 강하게 안지 않도록 한다.
가져오기	• 공놀이 시범을 진행자가 한다. • 아동에게 공을 던지도록 한다. • 치료도우미견이 가져 오면 입에 물린 공을 받도록 한다. • 아동이 원하는 다양한 물건을 던져 가져오게 한다.	• 아동이 공을 가지고 있을 때 치료도우미견이 달려들지 않도록 한다.
수건잡기	• 치료도우미견 꼬리나 목에 수건을 감은 뒤 진행자가 부른다. • 아동에게 수건을 가져오라고 시킨다.	• 아동이 관심이 없으면 아동의 외투나 겉옷을 치료도우미견에게 활용하는 것도 좋다.
줄다리기	• 손수건, 헝겊 등을 치료도우미견에게 물리고 잡아당기는 놀이를 한다. • 치료도우미견이 물면 살살 흔들어 당기도록 한다. • 아동이 세게 잡아당기면 도우미 개가 이가 상할 수 있으므로 움직임이 강해지면 조절 해준다.	• 치료도우미견이 흥분 하면 수건을 물고 '으르렁'거리면 놓지 않을 수 있으므로 진행자가 적절히 통제한다.
집에 들어가기	• 진행자가 치료도우미견에게 '하우스'란 말을 한다. • 아동에게 하도록 하며, 들어가지 않으면 진행자가 반복하여 말한다. • 그래도 들어가지 않으면 공이나 먹을 것을 집안으로 던져준다.	• 아동이 같이 들어갈 수 있는 큰 이동장이 좋다.

활동명	활동내용	참고
산책하기	• 줄잡고 걷기 • 줄잡고 달리기 • 공놀이 • 박수치며 따라오게 하기	• 치료도우미견이 아동의 발에 걸리지 않도록 주의한다.
놀이터에서 놀기	• 미끄럼 함께 타기 • 시소 함께 타기 • 그네 함께 타기 • 모래 놀이	• 아동과 치료도우미견의 안전에 유의한다.
빗질하기	• 진행자가 먼저 치료도우미견을 빗질 한다. • 아동에게 해보자고 권유하고 하도록 한다. • 아동 자신의 머리고 빗도록 한다.	• 빗의 끝부분이 날카로우므로 안전에 주의 한다.
점토놀이	• 치료도우미견을 만든다. • 치료도우미견에게 줄 음식을 만든다. • 치료도우미견과 함께할 여러 가지를 만든다. (자동차, 공 등)	• 점토를 먹거나 치료도우미견에게 먹이지 않도록 한다.
그림 그리기	• 치료도우미견과 아동이 무엇을 할 것이지 그리게 한다. • 아동이 잘 그리지 모하면 진행자가 도와준다. • 그림 내용에 도우미견이 없으면 '치료도우미견'이 어디 있는지 물어본다.	
모자 만들기	• 진행자가 아동과 모자를 접는다. • 치료도우미견과 같이 써보고 바꿔 써보기도 한다. • 같이 사진 찍는다.	• 종이는 신문지를 이용한다.

표 12-11. 발달 장애 대상자를 위한 동물매개치료 프로그램 예시 – 후기

활동명	활동내용	참고
선택활동하기	• 아동이 하고자 하는 놀이를 스스로 선택 하게한다. • 선택을 하지 못하면 몇 가지 예를 들어준다.(공놀이, 사료주기, 빗질하기 등) • 필요한 준비물을 스스로 찾도록 한다. • 찾지 못하면 진행자가 무엇이 필요한지 물어보고 있는 곳을 알려줘 가져 오도록 한다.	• 아동 스스로 의사 표현을 하도록 한다.
함께 공놀이하기	• 아동과 진행자가 서로 마주 보고 치료도우미견을 가운데 두고 공을 주고받는다. • 치료도우미견은 공을 가지고자 뛰어 다닌다. • 그룹 내 아동끼리 공을 주고받는다.	• 치료도우미견이 아동에게 뛰어 오르지 않도록 한다.
양보하기	• 아동 스스로 같이 놀 치료도우미견을 선택하도록 한다. • 일정 시간이 지난 후 서로의 치료도우미견을 바꾸도록 한다. • 아동이 거부하면 진행자가 설명해주고 치료도우미견을 바꿔 준 후 놀이를 진행한다.	• 아동이 계속 고집을 피울 경우 'time out'을 해도 된다.

활동명	활동내용	참고
솜씨 뽐내기	• 또래나 아동이 아는 사람이 있는 곳으로 이동한다. • 아동이 치료도우미견에게 명령을 하도록 한다. • 치료도우미견이 말을 듣지 않으면 진행자가 반복 명령 한 뒤 아동이 스스로 한 것처럼 행동 한다.	• 사람들에게 미리 말해주고 성공 할 때마다 박수와 환호를 부탁한다.
치료도우미견 양성 기관 방문 및 다른 개 대하기	• 치료도우미견 양성기관을 아동의 부모와 함께 방문한다. • 다양한 치료도우미견의 시범을 본다. • 자주 접하지 않은 치료도우미견과 아동이 함께 놀도록 한다. • 아동이 좋아하는 놀이를 치료도우미견과 함께 하도록 한다.	

연구결과	1. 동물매개치료는 아동의 동물에 대한 두려움이 감소되고 행동적 상호작용이 향상되었다. 프로그램 횟수가 증가될수록 안기와 만지기, 손질하기 등을 할 수 있게 되고 치료도우미견과의 놀이를 주도적으로 할 수 있게 되었다. 이는 발달장애(지적장애) 아동들에게 새로운 환경에 대한 적응력과 비언어적인 상호작용을 이해하는 것을 촉진시켜주는데 도움을 준다고 할 수 있다. 2. 동물매개치료는 언어습득과 표현 언어 발달에 효과적이다. 활동 중에서 아동은 놀이의 상대로서 개와 의사소통을 위해 스스로 말을 하여 자신의 의사표현을 하게 됨으로서 아동의 자발적인 참여 증가를 통하여 언어적 상호작용을 연습할 수 있어서 지적장애 아동의 표현 언어 발달에 효과적인 것으로 나타났다. 3. 동물매개치료는 장애아동의 의사표현과 사회성 향상에 효과적이다. 의사소통은 학교생활이나 일상 생활에서 프로그램실시 전에 비하여 사회성이 많이 증가하는 것으로 나타나, 놀이 활동 및 대인관계 상호작용에 매우 효과적인 것으로 나타났다.

3 ADHD 아동 대상 동물매개치료 활동하기

동물들은 정신과 치료의 매개체로 도입되어 이용되어질 때, 아동 대상자들에 의사 또는 동물매개심리상담사와 서먹함을 푸는 ice-breaker 역할을 한다. 또한 무의식에 깔려있는 감정의 분쟁이나 걱정과 두려움들을 대상 아동들이 털어놓게 하는 촉매제로서 역할을 한다.

동물의 중재에 의한 매개치료는 **주의력결핍 과잉행동장애**(Attention Deficit Hyperactivity Disorder, ADHD)을 가진 어린이를 위한 치료로 이용될 수 있다(Barkeley, 1998). 치료의 중재로 동물의 이용에 대한 5가지 가정들이 제안되었다.

첫째, 동물들은 행동의 예측이 어려워 어린이들의 집중을 끌어내기에 유리하다. 동물들의 움직이나 행동이 예측불허이기 때문에 어린이들은 동물들의 행동을 관찰하여 보다 더 집중하게 되고 이러한 이유로 집중 유지에 어려움을 겪고 있는 ADHD 아동과 같은 어린이들의 치유효과가 향상될 수 있다.

두 번째로 동물들은 어린이에게 불확실성을 제공하며 이런 점이 어린이들의 충동적인 반응들을 억제하도록 도울 수 있다. 동물들은 어린이들에 말을 할 수 있는 기회를 늘려준다. 동물들은 어린이들의 호기심을 증가시키고 이러한 자극은 대상 어린이의 치료와 학습에 필수적인 대화를 촉진시킬 수 있다.

셋째로 동물의 존재는 대상 어린이에게 외부 환경에 대한 집중을 갖게 하며 치료사와 다른 어린이의 행동에 적절한 관심을 작도록 유도할 수 있다.

넷째로 동물들은 대상 어린이들에게 애정을 제공하고, 돌보고 적절히 놀 수 있는 기회를 제공한다.

다섯 번째로 동물에 대한 두려움을 극복하고 돌볼 수 있는 기회를 제공하여 대상 어린이들에게 자아존중감 증가와 자신감 향상을 유도할 수 있다.

부산하고 산만한 활동이 자연스럽게 보이던 학령전 아동들은 학령기에 접어들면서 이전의 환경에서 존재하지 않던 요구나 기대로 당황하게 되곤 한다. 이러한 요구나 부담에 대해서 학령기 아동들이 부적절하게 반응하기도 하는데 부주의, 충동성 및 과잉행동을 보이는 아동들은 일반적인 아동들이 보여주는 수준보다 부적절성의 강도가 높다(김은정, 김향구, 황순택, 2001). 이러한 특징을 포함한 장애를 ADHD라고 한다.

다음 사례는 ADHD 아동에게 동물매개치료 프로그램을 적용한 여러 사례 중의 하나이다.

본 연구사례에서 **관계형성 단계**인 1회기, 2회기는 만남과 소개, 치료도우미견에게 관심유도 및 접촉을 통해 첫 대면에서 긴장감을 해소하고 친밀감을 형성하도 계획되었다.

3~9회기는 **과잉행동억제 단계**로써 자기 성취감을 느끼게 하여 과잉행동을 줄이도록 계획하였다. 이 단계에서는 공놀이라는 매개체를 통해 ADHD 아동이 치료도우미견과 함께 협동놀이를 하면서 상호 존재를 인정하고 배려할 줄 아는 것을 배우게 하여 과잉행동을 줄여나가고 상호작용을 통해 대인관계 능력 또한 향상시키는 프로그램을 바탕으로 구성하였다.

10-11회기는 **변화단계**에서는 ADHD 아동이 자기선택과 자기결정을 갖는 시간을 충분히 부여함으로써 억압된 감정을 표출하고 해소하도록 계획되었고, **종결단계**인 12회기는 이별의 행사를 마련하여 자신에 대한 믿음과 변화에 대한 결심을 편지로 쓰고, 자신이 되고 싶은 미래 모습을 동료들 앞에서 발표함으로써 과잉행동 감소로 인한 삶에 대한 변화를 강화시키는 프로그램으로 구성을 하였다.

표 12-12. 사례 연구의 ADHD 아동 대상자 특상

<table>
<tr><th colspan="2">치료도우미견을 활용한 동물매개치료 프로그램이 ADHD 아동의 과잉행동에 미치는 효과</th></tr>
<tr><td>목적</td><td>치료도우미견을 활용한 동물매개치료 프로그램이 ADHD 아동의 과잉행동에 미치는 효과</td></tr>
<tr><td>연구 대상</td><td>ADHD로 진단받은 아동과 P지역아동센터 담당교사(사회복지사)가 과잉행동이 심하다고 지적한 아동들에게 동물매개치료 프로그램 참여 여부의 동의를 받았다. 대상 아동들은 ADHD 진단을 받은 아동 2명과 담당교사가 특별히 과잉행동이 심하다고 지적한 아동 1명으로 총 3명의 남자 아동들이었다.</td></tr>
<tr><td>아동의 특성</td><td>
<table>
<tr><td>분류</td><td colspan="3">연 구 집 단</td></tr>
<tr><td>아동</td><td>아동 A</td><td>아동 B</td><td>아동 C</td></tr>
<tr><td>성별</td><td>남</td><td>남</td><td>남</td></tr>
<tr><td>연령</td><td>11세</td><td>13세</td><td>12세</td></tr>
<tr><td>약물 사용유무</td><td>유(리탈린)</td><td>유(리탈린)</td><td>무</td></tr>
<tr><td>사전중재 경험</td><td>무</td><td>무</td><td>무</td></tr>
<tr><td>DSM-Ⅳ 검사</td><td>부주의: 22점
과잉행동-충동성: 20점</td><td>부주의 : 22점
과잉행동-충동성: 19점</td><td>부주의 : 25점
과잉행동-충동성: 27점</td></tr>
<tr><td>축약형질문지 평정척도</td><td>아동A는 29점으로 18~20점 이상에 속함.</td><td>아동B는 23점으로 18~20점 이상에 속함.</td><td>아동C는 26점으로 18~20점 이상에 속함.</td></tr>
<tr><td>진단</td><td>ADHD</td><td>ADHD</td><td>ADHD</td></tr>
</table>
</td></tr>
</table>

아래에 구안된 프로그램은 대상 아동들이 과잉행동 감소가 이루어지도록 동물매개치료 활동을 50분씩 전체 12회기를 4단계로 나누어 관계형성 단계(1-2회기), 과잉행동 억제단계(3-9회기), 변화단계(10-11회기), 종결단계(12회기)로 나누어 구성되었다.

프로그램의 구체적인 내용은 〈표 12-13〉, 〈표 12-14〉과 같다.

표 12-13. ADHD 대상자를 위한 동물매개치료 프로그램 예시

단계	회기	주제	활동내용	기대효과
관계 형성 단계	1	만남과 소개	• 착한 일 자랑하기, 자유놀이 • 동물매개심리상담사, 치료도우미견과의 인사 및 접촉하기, 이름알기. 동물매개심리상담사가 치료도우미견의 이름을 부르며 오도록 하여 아동이 치료도우미견의 이름을 구별하도록 한다. • 개들이 아동에게 무리하게 다가가지 않도록 하고 개를 접촉할 수 있도록 유도한다. • 침묵의 시간, 자기평가	긴장감 해소 친밀감 형성하기

단계	회기	주제	활동내용	기대효과
	2	개에게 관심유도 및 접촉	• 착한 일 자랑하기, 자유놀이 • 치료도우미견의 재주를 간단하게 보여주고 아동이 관심을 가질 수 있도록 유도한다(앉기, 엎드리기, 기다리기, 악수하기 등). • 침묵의 시간, 자기평가	
과잉 행동 억제 단계	3	개 이름 맞추기	• 착한 일 자랑하기, 자유놀이 • 개 백과사전을 보면서 다양한 종류의 개 이름 찾기 및 길러본 개 이야기를 통하여 자리에서 일어나 돌아다니지 않는 훈련을 함으로써 프로그램 참여도를 높인다. • 침묵의 시간, 자기평가	개와 상호작용 과잉행동 억제
	4	개 다루기	• 착한 일 자랑하기, 자유놀이 • '앉아', '엎드려', '기다려', '손', '차렷', '굴러', '기어' 등 동물매개심리상담사가 시범을 보이고 난 후 대상 아동이 따라하도록 한다. • 대상 아동이 잘 따라하면 칭찬하고, 치료도우미견이 대상 아동의 말을 잘 들으면 칭찬할 수 있도록 대상 아동에게 유도한다. • 침묵의 시간, 자기평가	개와 상호작용 과잉행동 억제
	5	개먹이 및 물주기	• 착한 일 자랑하기, 자유놀이 • 치료도우미견에게 사료나 간식을 나누어 주도록 한다. • 치료도우미견에게 물을 떠다 줄 수 있도록 한다. • 침묵의 시간, 자기평가	개 돌보기 과잉행동 억제
	6	개 빗질하기	• 착한 일 자랑하기, 자유놀이 • 동물매개심리상담사가 먼저 치료도우미견을 빗질한 후 아동에게 해보자고 권유하고 따라 하도록 한다. • 대상 아동 자신의 머리를 예쁘게 빗도록 한다. • 침묵의 시간, 자기평가	개와 상호작용 과잉행동 억제
	7	개와 함께 공놀이하기	• 착한 일 자랑하기, 자유놀이 • 동물매개심리상담사가 공놀이 시범을 보여준 후 아동에게 공을 던지도록 한다. 치료도우미 견이 가져오면 입에 물린 공을 받아서 재차 공을 던진다. 또 다시 공을 가지고 오면 물고 있는 공을 받아서 공을 던진다. • 침묵의 시간, 자기평가	협동놀이 과잉행동 억제
	8	개와 야외활동	• 착한 일 자랑하기, 자유놀이 • 야외 훈련장에서 치료도우미견에게 명령어를 지시하고 함께 걷는다. • 침묵의 시간, 자기평가	개와 상호작용 과잉행동 억제

단계	회기	주제	활동내용	기대효과
	9	개 사진찍기	• 착한 일 자랑하기, 자유놀이 • 치료도우미견과 함께 하는 사진을 찍고 나서 주변 사람에게 보여주며 이야기하기 • 침묵의 시간, 자기평가	개와 상호작용 과잉행동 억제
변화 단계	10	개 행동 관찰 및 분석하기	• 착한 일 자랑하기, 자유놀이 • 동물매개심리상담사는 아동과 함께 치료도우미견이 활동하는 모습을 관찰한다(뛰는 모습, 걷는 모습, 누워 있는 모습 등). 치료도우미견의 모습을 보면서 행동의 의미를 동물매개심리상담사가 아동에게 설명한 후 어떻게 생각하는지 질문을 한다. • 침묵의 시간, 자기평가	과잉행동 감소
	11	자유 활동	• 침묵의 시간, 자기평가 • 대상 아동이 하고자 하는 것(공놀이, 사료주기, 빗질하기 등)을 스스로 선택하게 한다. 선택을 하지 못하면 필요한 준비물을 스스로 찾도록 한다. 찾지 못하면 진행자가 무엇이 필요한지 물어보고 있는 곳을 알려줘 가져오도록 한다. • 스스로의 선택활동에 의해 억압된 감정을 표출하고 해소한다. • 침묵의 시간, 자기평가	
종결 단계	12	종결의식	• 이별의 행사–자신에 대한 믿음과 변화에 대한 결심을 편지로 쓰기 • 자신이 되고 싶은 미래모습을 이야기한다. • 동물매개치료 평가 • 마무리 인사하기–동물매개치료를 함께한 동료 및 동물매개심리상담사 선생님, 치료에 협조해주신 직원 분들께 인사하기.	변화에 대한 강화

표 12-14. 치료도우미견을 활용한 AAT 프로그램 각 회기별 진행과정

단계	활동내용	유의점
도입 (10분)	라포(rapport) 형성 및 착한 일 자랑하기, 자유놀이 시간	편안하고 안정된 마음을 가질 수 있도록 분위기 조성
전개 (30분)	회기별 프로그램 내용에 따른 활동 수행	프로그램 내용에 따라 흥미와 자신감을 가질 수 있는 활동을 함
정리 (10분)	침묵의 시간, 자기평가	활동을 종료 후 마감을 하면서 자신의 모습을 돌아보도록 한다.

연구결과	1. 동물매개치료 프로그램에 포함된 게임이나 놀이는 즐거움이라는 속성을 가지고 있어서 대상 아동의 자기 통제, 좌절, 인내 및 자기행동에 대한 제한을 받아들이고 자아 발달을 촉진시킬 수 있다. 2. 동물매개치료는 ADHD 아동이 내부적으로 가지고 있는 주의 방향을 외부로 끌어낼 수 있도록 도와주기 때문에 각성 정도를 낮추는 효과가 있어 어떤 행동에 대한 정확한 이해뿐 아니라 부정적인 행동을 억제시킨다. 행동특성을 요약하면 치료 초기, 중기 중반까지 치료실을 휠체어를 타고 이리저리 돌아다니고, 인민군을 죽여야 한다며 전쟁놀이를 자주 하였는데, 치료 후기에 들어서서 치료도우미견을 껴안고, 품안에 안고, 사료를 주고, 치료도우미견과 공놀이하는 것을 즐거워하는 등 과잉행동적인 문제행동 특성이 없어진 것을 볼 수 있다. 3. 동물매개치료 프로그램에 포함된 동물에 대한 애정 어린 양육 놀이는 ADHD 아동의 공격성을 감소시켜 또래 간에 긍정적인 교류를 증가 시킨다.

4 치매 환자 대상 동물매개치료 활동하기

동물매개치료는 대상자(client)와 훈련된 치료도우미견(therapy dog) 사이에 상호반응을 유발하고 대상자에 안정감과 기쁨, 또는 신체적인 재활을 촉진시킬 수 있으며, 이러한 효과에 의하여 대상자의 치료에 기여할 수 있다.

치매 환자에 대한 반려동물의 치료 촉진 가능성들에 대하여 Baun 등(2003)이 연구를 수행하여 결과를 보고한 바 있다.

치매 환자들의 행동학적 및 정신학적 증상들(Behavioral & Psychological Symptoms, BPSD)은 흔히 발생한다(Patterson & Bolger, 2000). BPSD는 치매 환자들의 재활 및 치료의 지표가 또한 될 수 있다(Burns & Rabins, 2000).

다음 사례는 치매 환자 대상 동물매개치료 프로그램을 적용한 여러 사례 중의 하나이다.

표 12-15. 치매 환자 대상자를 위한 동물매개치료 프로그램 예시

회기	주제	활동내용	기대효과	기술영역
1회기 2회기	강아지 소개하기	• 활동자 및 치료도우미견을 각각 소개한다. • 대상자에게 이름표를 달아준다. • 치료도우미견 다루는 법을 알려준다. • 대상자별 정보를 파악한다.	호기심 · 관찰력	인지적 · 관심기술
3회기 4회기	강아지와 놀아주기	• 치료도우미견 이름을 기억하고 실습한다. 기억하지 못하면 힌트를 주어 기억하게 한다. • 안아주거나 쓰다듬어 주거나 말을 건넨다. • 애완견과 눈을 마주친다.	대화기술 익히기 · 시선집중	관심 · 정서기술
5회기 6회기	강아지와 산책 및 운동하기	• 오후에 동네 한 바퀴를 돌며 산책한다. • 프로그램 시(걷기운동 등)에 같이 참여한다. • 참여 못하는 대상자는 강아지에게 빗질하기를 실습한다.	돌봄 · 건강증진 · 보살핌	신체적 · 운동기술
7회기	강아지 간식과 물주기	• 간식을 주고 깨끗한 물로 바꾸어준다.	보살핌 · 시간엄수	기억기술
8회기 9회기	강아지 훈련시키기	• 치료도우미견 특기훈련을 보여주고 직접 해 볼 수 있게 한다. (왼손에 발을 올리도록 하는 훈련 등)	기억증진 · 성취감	인지적 · 사회기술
10회기 11회기	사진 찍기	• 치료도우미견과 사진을 찍는다. • 지난시절 애완견을 키웠을 때의 기억을 회상하며 대화의 시간을 갖는다.	정서적 증진	회상기술
12회기	활동정리 및 평가	• 개발 활동 소감발표와 다과회 개최	자기평가	회상기술

표 12-16. 치매 환자 대상 연구 결과

1) **동물매개치료 중재 프로그램의 인지기능에 대한 영향**
본 연구에서 동물매개치료 중재 프로그램을 적용한 실험집단과 통제집단의 인지기능 점수가 중재 전후 통계적으로 유의한 차이가 나타났다. **실험집단의 중재 전 인지기능 점수가 20.33점에서 21.13점으로 유의하게 증가하였고, 통제집단은 중재 전 20.40점에서 중재 후 19.80점으로 내려갔다.** 통제집단이 하락한 이유는 활동을 지속적으로 했던 실험집단의 차이임을 알 수 있었고, **실험집단의 인지기능향상에 효과가 있는 것으로 검증되었다.**

2) **동물매개치료 중재 프로그램이 우울에 미치는 영향**
본 연구에서 동물매개치료 중재 프로그램을 적용한 실험집단과 통제집단의 우울점수가 중재 전후 통계적으로 유의한 차이가 나타났다. **실험집단의 중재 전 우울점수가 7.93점에서 중재 후 3.07점으로 유의하게 감소하였고, 통제집단은 중재 전 6.53점에서 중재 후 3.93점으로 감소하였다.**

Q&A

부정(denial)이란?

• 대상자들이 동물매개심리상담사가 종결에 대해 이야기 했었다는 것을 기억하지 못하는 상태를 부정이라 한다.

퇴행(regression)이란?

• 퇴행은 현재의 단계보다 요구가 덜한 이전의 발달 단계로 돌아가는 것을 말한다. 대상자가 대인관계나 어떤 과업을 수행하는 능력 면에서 이전의 단계로 후퇴하게 된다. .

형성평가란?

• 프로그램이 계획되는 동안이나 프로그램이 실행되는 동안에 행해지는 평가 노력과 과정을 말한다.

Tips 알아둡시다

IRB

• 기관윤리승인(Institutional Review Board, IRB)은 동물매개치료 프로그램이 연구목적으로 운영되는 경우에, 연구자가 속한 기관에서 사전에 윤리승인을 받는 것을 말한다.

치매

• 치매(Dementia)란 후천적으로 기억, 언어, 판단력 등의 여러 영역의 인지 기능이 감소하여 일상 생활을 제대로 수행하지 못하는 임상 증후군을 말한다. 치매에는 알츠하이머병이라 불리는 노인성 치매, 중풍 등으로 인해 생기는 혈관성 치매가 있으며, 이 밖에도 다양한 원인에 의한 치매가 있을 수 있다.

BPSD

• 치매환자들의 행동학적 및 정신학적 증상들(Behavioral & Psychological Symptoms, BPSD)을 말하며, 치매환자들의 재활 및 치료의 지표가 된다.

단원학습정리

1. 동물매개치료의 과정은 초기단계(접수, 관계설정, 사정, 목표설정, 계약), 중간단계(개입 실행), 종결 및 평가단계인 3단계로 구성된다.

2. 동물매개치료 초기단계에서 동물매개심리상담사는 대상자와 라포(rapport)를 형성하면서 대상자의 문제를 탐색하게 된다.

3. 동물매개치료 중간단계는 목표를 달성하기 위해 세운 구체적인계획에 의해서 동물매개치료의 치료적인 개입을 실행을 하는 단계이다.

4. 동물매개치료 초기단계의 관계형성을 위한 구성 요소로는 자기-결정주의, 비밀보장, 개별화, 수용, 비심판적인 태도, 표현의 자유가 있다.

5. 동물매개치료 종결에 대한 반작용으로는 부정, 퇴행, 욕구의 표현이 있다.

6. 동물매개치료 대상으로 집단이 갖는 장점은 희망고취, 보편성, 정보전달, 이타심, 1차 가족집단의 교정적 반복 발달, 사회기술의 발달, 모방행동, 대인관계 학습, 집단응집력, 정화, 실존적 요인들이라 할 수 있다.

7. 동물매개치료 대상으로 집단이 갖는 단점은 집단구성원들 간에 마음이 맞지 않거나 갈등이 발생할 수 있다는 점과 집단에 지나치게 의존하는 성향이 생겨날 수 있다는 점이다.

8. 동물들의 움직이나 행동이 예측불허이기 때문에 어린이들은 동물들의 행동을 관찰하여 보다 더 집중하게 되고 이러한 이유로 집중 유지에 어려움을 겪고 있는 ADHD 아동과 같은 어린이들의 치유효과가 향상될 수 있다.

쉬어가기

Midwest Hospital 통증 관리에 동물매개치료의 효과 연구

Kaplan과 Ludwig-Beymer(2004)은 수술후 통증(postoperative pain) 관리에 동물매개치료가 놀라운 효과를 보여주며 결과적으로 진통제 약물처방을 경감시켜줄 수 있다고 하였다.

2002년에 시범연구로 동물매개치료 프로그램을 Midwest Hospital에서 실시한 결과, 참여 대상자들이 통증 경감에 대한 높은 효과를 보였다.

참여대상자들은 '병원에서 너무도 즐거운 놀라운 경험', '매일매일 가슴 따뜻한 시간', '아프다는 것을 잊을 수 있었던 행복한 시간'으로 동물매개치료 프로그램 참여 시간을 회상하였다.

보다 체계적인 연구를 위하여 임상시험을 위한 Midwest Hospital 윤리심사(IRB)를 거쳐 프로그램을 확정한 후 대상자를 모집하였다. 동물매개치료 프로그램은 치료도우미견 병원방문 매 회 5-15분의 과정으로 구성되었다. 동물매개치료 적용그룹과 비적용그룹은 모든 조건이 동일하도록 통제받은 후 연구가 수행되었다. 수술 후 시간, 외과의사, 입원기간, 나이, 성별 등의 기초자료가 수집되었다. 연구기간동안 진통제 처방이 통제되었고 필요시 몰핀이 혈관주사로 투여하여 전체 사용량에 대한 양적 비교가 가능하도록 하였다.

연구 결과 총 174명의 참여자 중 87명의 동물매개치료 적용 그룹의 환자들이 87명의 동물매개치료 비적용 그룹 환자들 보다 통계적으로 유의하게 약물 처치를 적게 받은 것으로 밝혀졌다.

연구 기간 중 2그룹간에 수술 후 1-2일째가 가장 큰 약물처치량에 차이를 보였다. 이러한 결과는 동물매개치료의 적용이 통증을 겪는 환자들의 관심을 돌릴 수 있고 기분을 좋아지게 하며, 환자에게 편안함을 느끼게 하고, 결과적으로 통증의 경감에 의한 약물처치 필요성이 없게 만들기 때문인 것으로 판단되었다.

참고문헌 reference

1. 동물매개치료와 심리상담. 김옥진, 임세라. 동일출판사. 2013. 8. 10. Page. 440. ISBN. 978-89-381-0839-5-93510.
2. 동물매개치료 이해와 적용. 김옥진. 2012. 3. 2. 문운당. Page 423. ISBN 978-89-7393-862-9-93520
3. 인간과 동물. 김옥진. 동일출판사. 2014. 8.30. Page 491. ISBN 978-89-381-0928-6-93510.
4. 동물매개치료-CTAC 방법: 개를 활용한 중재활동 기법과 프로그램. 옮긴이 김옥진. 문운당. 2015. 3. 5. page 393. ISBN. 979-11-5692-098-4-93520.
5. 동물매개예술치료. 임세라, 김옥진, 이시종. 출판사: 이담북스. 380 pages. 출판일: 2014. 3. 28. ISBN 978-89-268-6153-0. 13510
6. 동물매개심리상담사 자격수험서. 김옥진, 김복택, 김병수, 김현주, 박우대, 박철, 이시종, 이형석, 임세라, 정민철, 정성곤, 정태호, 조성진, 하윤철, 황인수. 동일출판사. 305 pages. 2013. 10. 15. ISBN. 978-89-381-0866-1-13510.
7. 동물매개치료학. 2011. 2. 28. 이형구, 이종복, 문혜숙, 최옥화, 김옥진, 김병수, 민천식, 황인수. 동일출판사. ISBN. 978-89-381-0799-2-93510. Page 698
8. 동물매개치료학개론. 동일출판. 2010.3. 15. 이형구, 김범수, 김옥진, 김병수, 마영남. page. 558. ISBN. 978-89-381-0693-3-93510
9. 동물매개치료. 학지사. 2007.7.1. 김옥진외 8인. ISBN. 978-89-5891-484-6.
10. 감각 및 인지자극을 위한 동물매개치료 기법. 김옥진. 출판사: 도서출판 서림기획. 159 pages. 출판일: 2014. 8. 20. ISBN 978-89-97251-07-0.
11. Okjin Kim, Sunhwa Hong, Hyun-A Lee, Yung-Ho Chung, Si-Jong Lee. 2015. Animal Assisted Intervention for Rehabilitation therapy and Psychotherapy. In: Marcelo Saad (ed.). Complementary Therapies for the Body, Mind and Soul. ISBN 978-953-51-4251-5. 1st ed. InTech, Rijeka, Croatia.
12. 동물행동상담학. 김옥진, 손민우, 오홍근, 박철, 임세라, 김현주. 동일출판사. 2014. 8.20. Page 257. ISBN978-89-381-0925-5-93490
13. 동물복지학. 김옥진, 박희명, 정태호 저. 문운당. 2013. 8. 30. Page 308. ISBN 979-11-85224-20-6 93520.
14. 반려동물행동학. 김병수, 김옥진, 마영남, 박우대, 이형석, 하윤철, 황인수, 최인학 공저. 2012. 3. 5. 동일출판사. Page 226. ISBN. 978-89-381-0798-5-93510
15. Eva Domenec, Francesc Ristol. Animal Assisted Therapy CTAC method-Techniques and exercises for dog assisted interventions. 1st Ed. Smiles CTAC Inc. 2012.
16. Matuszek S. Animal-Facilitated Therapy in Various Patient Populations. Systematic Literature Review. Holist Nurs Pract 2010;24(4):187 - 203
17. Shelton, L. S., Leeman, M., & O'Hara, C. (2011). Introduction to animal assisted therapy in counseling. The annual VISTAS project sponsored by the American Counseling Association.

찾아보기

A

B

C

D

E

G

H

I

ㅍ

ㅎ

저·자·약·력

저자 | 김 옥 진

서울대학교 수의과대학/대학원 졸업/수의학박사
前 미국 농무부 동물질병연구소 연구과학자
前 서울대학교 의과대학 연구교수
現 원광대학교 동물자원개발연구센터 센터장
現 원광대학교 보건보완의학대학원 동물매개심리치료학과 학과장
現 원광대학교 반려동물산업학과 학과장 교수
現 한국동물매개심리치료학회 회장

동물매개치료 입문

인 쇄 / 2018년 1월 10일
발 행 / 2018년 1월 15일

저 자 / 김 옥 진
펴 낸 이 / 정 창 희
펴 낸 곳 / 동일출판사
주 소 / 서울시 강서구 곰달래로31길7 (2층)
전 화 / 02) 2608-8250
팩 스 / 02) 2608-8265
등록번호 / 제109-90-92166호

ISBN 978-89-381-0995-8-93490
값 / 20,000원